有机化学实验教程

主编 郭 明

副主编 陈红军 况 燚 周建钟 胡莹露 杨雪娟

科学出版社

北 京

内 容 简 介

本书共7章，内容包括：有机化学实验的基础知识和基本要求、有机化学实验基本操作、有机化合物的合成方法、典型有机化合物的定性鉴定和鉴别方法、有机天然产物的提取、有机化合物物理常数测定、分析与表征技术等实验。

本书可作为高等院校化学及相关专业的有机化学实验教材，也可作为科研院所和企事业单位从事有机化学实验工作的相关参考用书。

图书在版编目（CIP）数据

有机化学实验教程 / 郭明主编. —北京：科学出版社，2019.8

ISBN 978-7-03-061747-7

Ⅰ. ①有… Ⅱ. ①郭… Ⅲ. ①有机化学-化学实验-教材 Ⅳ. ①O62-33

中国版本图书馆 CIP 数据核字（2019）第 122146 号

责任编辑：丁　里 / 责任校对：何艳萍

责任印制：赵　博 / 封面设计：迷底书装

科学出版社 出版

北京东黄城根北街16号

邮政编码：100717

http://www.sciencep.com

涿州市般润文化传播有限公司 印刷

科学出版社发行　各地新华书店经销

*

2019年 8 月第 一 版　开本：787×1092　1/16

2024年 1 月第八次印刷　印张：15 3/4

字数：403 000

定价：59.00 元

（如有印装质量问题，我社负责调换）

前　　言

有机化学作为四大化学之一，是高等院校化学类、农林类、环境生态类、材料类、药学类等专业本科生的重要基础课。21 世纪的有机化学，从基础理论到实验方法都有了巨大的进展，显示出蓬勃发展的强劲势头和活力。编写本书以期提高学生的综合素质，巩固理论知识，使学生掌握合成、分离、纯化、萃取、测定、表征等有机化学实验的基本操作技术，初步学会查阅文献；设计撰写实验报告；培养良好的学习方法和学习习惯，以及实事求是和严谨的科学态度。本书根据有机化学发展的现状和趋势以及国内农林院校相关专业人才培养的实际情况进行编写，在有机化学教材的基础上，对理论部分做深入浅出的介绍，并适当引入近年来有机化学发展的新成果。

本书内容覆盖基础理论、基本操作、具体实验 3 个方面，共编写 64 个实验，包括 24 个基本操作实验、5 个特殊操作实验、5 个性质实验、18 个合成实验、7 个有机天然产物提取实验，以及 5 个综合性与设计性实验。本书将理论与实践相结合，注重对学生创造性思维的培养和分析问题能力的训练。在编写过程中以“精、全、新”为指导思想，在科学性、先进性、实用性上下工夫，力求概念准确、深入浅出、突出重点、语言简练，便于教与学。与此同时，本书着重培养学生的基本操作技巧和动手能力。

随着技术的发展，有机化学实验也开始借助一些新型仪器设备。为了使学生了解并学会使用这些仪器，本书增加了各种分析仪器如红外光谱仪、高效液相色谱仪、核磁共振波谱仪、阿贝折射仪及旋转蒸发仪等的使用。本书还增加了一些特殊实验操作，如微型实验、微波及超声波辅助实验，使学生掌握多种化学实验技能，并了解无水无氧操作、相转移催化及催化氢化等技术。本书在内容上既有一定的深度和广度，又有一定的灵活性。由于不同专业、不同实验课对实验要求不同，教师可以针对不同层次的学生选择不同的实验。

本书由郭明任主编，陈红军、况燚、周建钟、胡莹露、杨雪娟为副主编。在本书编写过程中得到浙江农林大学教学改革项目经费资助及北京欧倍尔软件技术开发有限公司的大力支持，在此表示衷心的感谢!

编者虽努力使本书内容实用、新颖和少出错误，但由于水平有限，不妥之处敬请广大师生和读者批评指正。

编　者

2019 年 1 月

目 录

第 1 章　有机化学实验基础知识

1.1　实验室规则与实验安全

1.1.1　实验室规则

为了保证有机化学实验课正常、有效、安全地进行，培养学生的实验安全意识和良好的实验方法，且保证实验课的教学质量，参加实验课的学生必须遵守以下有机化学实验室规则：

(1) 进入实验室之前，认真预习相关实验的内容及其参考资料。了解进入实验室后应该注意的事项及相关的操作要求，掌握基础的实验室安全和紧急救护知识。

(2) 做实验之前，应提前认真预习实验内容，了解实验中每一步操作的目的、意义，关键步骤及难点，以及所用药品的性质和应注意的安全问题，写好实验预习报告后，方可进入实验室。

(3) 进入实验室时应穿着实验服，不得穿拖鞋、背心等裸露太多身体部位的服装；在实验室内不能吸烟、吃喝食物、打电话、玩游戏等。书包、衣服等物品应统一放在教师指定的位置或放在实验室外。

(4) 进入实验室后，必须遵守实验室的各项规章制度，听从教师的指导。提前观察清楚实验室的布局，水、电、气阀门的位置，消防器材和紧急喷淋器材的位置和使用方法，找到实验室废液缸等公用物品的存放处。

(5) 做实验时，应先检查仪器是否完整无损，再将实验装置搭装好，实验装置要搭装规范、美观。经指导教师检查合格后方可进行下一步操作。实验过程中，不得喧哗、打闹，不得擅自离开操作台，更不能离开实验室。

(6) 实验中须严格按操作规程操作，如要改变，必须经指导教师同意。实验中要认真、仔细观察实验现象，如实做好记录，积极思考。实验完成后，由指导教师登记实验结果，并将产品统一回收保管。课后按时写出符合要求的实验报告。

(7) 实验过程中要爱护公物。公用仪器和药品应在指定地点使用，用完后及时放回原处，并保持整洁。节约药品，药品取完后，及时将盖子盖好，防止药品间的相互污染。仪器如有损坏要登记予以补发，并按规章制度赔偿。

(8) 保持实验室的整洁，做到仪器、桌面、地面和水槽的“四净”。固体废弃物(如沸石、棉花等)应倒在垃圾桶中，不得倒入水槽，以免堵塞。废液(易燃液体除外)应倒入专门回收的容器中，注意不要倒错。

(9) 实验过程中若出现意外，应及时向指导教师请示。

(10) 实验结束后，将个人实验台面打扫干净，清洗、整理仪器。学生轮流值日，值日生应负责整理公用仪器和药品，打扫实验室卫生，离开实验室前应检查水、电、气是否关闭，实验室门窗是否关闭。

1.1.2 实验安全

有机化学实验中经常要用到一些有毒有害、易燃易爆、腐蚀性较强的化学药品(如乙醚、硫酸、盐酸、氢氧化钠等)。虽然在选择实验时已经尽量选用毒性较低、比较安全的溶剂和试剂，但是当大量使用时也要注意。因此，在实验中防止火灾、爆炸事故的发生是非常重要的。同时，在实验中还要使用易碎的玻璃仪器和电器设备进行操作。因此，安全用电和防止割伤、灼伤事故的发生也非常重要。

1. 防火

有机实验中所用的溶剂大多是易燃的，故着火是最可能发生的事故之一。引起着火的原因很多，如用敞口容器加热低沸点的溶剂、加热方法不正确等。为了防止着火，实验中应注意：不能用敞口容器加热和放置易燃、易挥发的化学试剂；应根据实验要求和物质的特性选择正确的加热方法，如对沸点低于 80℃的液体，蒸馏时应采用间接加热法，不能直接加热；尽量防止或减少易燃物气体的外逸；处理和使用易燃物时，应远离明火，注意室内通风，及时将蒸气排出；易燃、易挥发的废物不得倒入废液缸和垃圾桶中，应专门回收处理；实验室不得存放大量易燃、易挥发性物质等。

一旦发现着火，应保持沉着冷静，立即熄灭附近火源，切断电源，移开附近的易燃物质，防止火灾蔓延，并撤离实验室，保证人员安全。有机化学实验室的灭火常采用使燃着的物质隔绝空气的办法，通常不能用水。小火可用湿布、防火毯或沙子盖灭；如果电器着火，必须先切断电源，然后才能用二氧化碳灭火器或四氯化碳灭火器灭火(注意：用四氯化碳灭火器灭火时，应打开门窗，否则有光气中毒的危险)，绝不能用水和泡沫灭火器灭火，因为它们能导电，会使人触电，甚至死亡；如果衣服着火，切勿奔跑，用厚的外衣包裹使火熄灭，较严重者应躺在地上(以免火焰烧伤头部)用防火毯紧紧包住直至火熄灭。总之，失火时应根据起火原因和火场周围的情况，采取不同的方法扑灭火焰。无论使用哪一种灭火器材，都应从火的四周开始向中心扑灭。

需要注意的是，水在大多数场合下不能用来扑灭有机物的着火。因为一般有机物密度比水小，泼水后，火不但不熄，反而漂浮在水面燃烧，火随水流蔓延，将会造成更大的火灾事故。若火势不易控制，应立即拨打火警电话 119。常用灭火器的性能及特点如表 1-1 所示。

表 1-1 常用灭火器的性能及特点

灭火器类型	药液成分	使用范围及特点
二氧化碳灭火器	液态 CO_2	适用于电器设备、小范围的油类、忌水的化学药品着火
泡沫灭火器	$Al_2(SO_4)_3$ 和 $NaHCO_3$	适用于油类着火，但污染严重，后处理麻烦
四氯化碳灭火器	液态 CCl_4	适用于电器设备，小范围的汽油、丙酮着火；不能用于活泼金属 K、Na 着火
干粉灭火器	$NaHCO_3$ 等盐类和适量的润滑剂及防潮剂	适用于油类着火，可燃性气体、电器设备、精密仪器、图书文件等物品的初期火灾
1211 灭火器	CF_2ClBr 液化气	适用于油类、有机溶剂、精密仪器、高压电器设备着火

2. 防爆

许多放热反应一旦开始后，就以较快速度进行，生成大量气体，引起猛烈的爆炸，造成事故，有时还会伴随着燃烧。在有机化学实验中，发生爆炸事故一般有以下三种情况：

(1)易燃有机溶剂(特别是低沸点易燃溶剂)在室温时就具有较大的蒸气压。空气中混杂易燃有机溶剂的蒸气压达到某一极限时，遇到明火即发生燃烧爆炸。而且，有机溶剂蒸气的相对密度都比空气大，会沿着桌面或地面扩散至较远处，或沉积在低洼处。因此，切勿将易燃溶剂倒入废液缸内，更不能用敞口容器盛放易燃溶剂。倾倒易燃溶剂应远离火源，最好在通风橱中进行。常用易燃溶剂的蒸气爆炸极限见表1-2。

表1-2 常用易燃溶剂的蒸气爆炸极限

名称	沸点/℃	闪点/℃	爆炸范围(体积分数)/%	名称	沸点/℃	闪点/℃	爆炸范围(体积分数)/%
甲醇	64.96	11	6.72～36.5	丙酮	56.2	−17.5	2.55～12.80
乙醇	78.5	12	3.28～18.95	苯	80.1	−11	1.41～7.10
乙醚	34.51	−45	1.85～36.5				

(2)某些化合物容易发生爆炸，如过氧化物、芳香族多硝基化合物等在受热或受到碰撞时均会发生爆炸。含过氧化物的乙醚在蒸馏时也有爆炸危险，取用时须先检查其中是否有过氧化物。一般可用碘化钾或低铁盐与硫氰化钾试验，如证明有过氧化物存在，必须用硫酸亚铁酸性溶液处理后再用。过氧化物存在不但易发生爆炸，而且影响实验效果，产生副反应。此外，二氧六环、四氢呋喃及某些不饱和碳氢化合物(如丁二烯)也可因产生过氧化物而引起爆炸。乙醇和浓硝酸混合，会因产生多硝基化合物引起极强烈爆炸。气体混合物反应速率随成分而异，当反应速率达到一定值时，即引起爆炸。例如，氢气与空气或氧气混合达一定比例，遇到火焰就会发生爆炸。乙炔与空气也可形成爆炸混合物。汽油、二硫化碳、乙醚的蒸气与空气相混，小火花或电火花即可导致爆炸。

(3)仪器安装不正确或实验操作不当时也可引起爆炸，如蒸馏或反应时实验装置堵塞、减压蒸馏时使用不耐压的仪器等。因此在用玻璃仪器组装实验之前，要先检查玻璃仪器是否有破损。常压操作时，不能在密闭的体系内进行加热，应先检查实验装置是否被堵塞，如发现堵塞现象应停止加热或反应，将堵塞排除后再继续加热或反应。减压蒸馏时，不能用平底烧瓶、锥形瓶、薄壁试管等不耐压容器作为接收瓶或反应瓶。无论是常压蒸馏还是减压蒸馏，均不能将液体蒸干，以免局部过热或产生过氧化物而发生爆炸。

大部分有机溶剂是易燃物质，如果偶尔使用或保管不当，就极易造成燃烧事故，使实验工作受到损失，甚至造成人身事故或火灾。故需注意以下几点：

(1)进行可能发生爆炸的实验，必须在特殊设计的防爆炸装置中进行。使用可能发生爆炸的化学药品，必须做好个人防护——戴面罩，或在防爆玻璃通风橱中进行操作，并设法减少药品用量，或降低浓度(如40%过氧化氢易爆炸，95%肼易爆炸，浓度低危险性小)，进行小量试验。不了解性能的实验，必须先了解清楚再动手，切不可大意。

(2)室内不要保存大量易燃溶剂。少量也需要密塞，切不可放在敞口容器内，须放在阴凉处，并远离明火，不能接近电源及暖气等。对橡皮有腐蚀作用的溶剂不得用橡皮塞。

(3)可燃性溶剂均不能直火加热，必须用水浴、油浴、可调节电压的加热包或电热套。蒸馏乙醚或二硫化碳时更应特别注意，最好用预先加热或通水蒸气加热的热水浴，必须远离火源。

(4)蒸馏、回流易燃液体时，为了防止暴沸及局部过热，瓶内液体量应为容积的1/3～1/2，加热中途不得加入沸石或活性炭，以免液体暴沸冲出导致着火。

(5)注意冷凝管水流是否通畅，干燥管是否阻塞，仪器连接处塞子是否紧密，以免蒸气逸出。用过的溶剂不得倒入下水道，必须设法回收。含有有机溶剂的滤渣不能丢入敞口的废物缸内，燃着的火柴头切不能丢入废物缸内。

除以上化学药品引起爆炸外，也可因温度突变发生爆炸。例如，加水入硫酸；锌加硫酸制氢时，如气体发生器中温度骤降，集气槽内的水极易倒流，可能引起爆炸。

3. 防止中毒

日常接触的化学药品有个别是剧毒药，使用时必须十分谨慎；有的药品经长期接触或接触过多也会产生慢性或急性中毒，影响健康，因此必须十分注意。只要提高警惕、加强防护措施，中毒是完全可以避免的。

1)有毒化学药品侵入人体途径

(1)由呼吸道吸入：有毒气体及有毒药品蒸气经呼吸道侵入人体，经血液循环而至全身，产生急性或慢性全身性中毒。所以，有毒实验必须在通风橱内进行，并保持室内空气流通。

(2)由消化道侵入：这种情况不多，但在使用移液管或吸量管时，注意不得用口吸，必须用洗耳球。任何药品均不得用口尝味，不在实验室内进食，不用实验用具煮食，实验结束时必须洗手，不穿着实验服到食堂、宿舍。

(3)由皮肤黏膜侵入：眼角膜对化学药品非常敏感，因此化学药品对眼睛具有严重的危害。进行实验时，必须戴防护眼镜。一般来说，化学药品不易透过完整的皮肤，但长期接触或皮肤有伤口时很易侵入。同时，用被化学药品沾污的手取食，均能将其带入体内。化学药品如浓酸、浓碱能对皮肤造成化学灼伤。某些脂溶性溶剂、氨基及硝基化合物可引起顽固性湿疹。有的也能经皮肤侵入体内，导致全身中毒，或引起过敏性皮炎。所以在实验操作时，应注意勿使化学药品直接接触皮肤，必要时可戴橡皮手套。

2)有毒化学药品

(1)有毒气体：如溴、氯、氟、氢氰酸、氟化氢、溴化氢、氯化氢、二氧化硫、硫化氢、光气、氨、一氧化碳均为窒息性或具有刺激性气体。使用以上气体或进行有以上气体产生的实验时，应在通风良好的通风橱中进行。对有害气体须设法吸收(如溴化氢)。如遇大量气体逸至室内，应立即关闭气体发生器，开窗使空气流通，并迅速停止一切实验，停火、停电和离开现场。如遇中毒，可立即将中毒人员抬至空气流通处，静卧、保温，必要时进行人工呼吸或给氧，并送医院治疗。

(2)酸和强碱：硝酸、硫酸、盐酸、氢氧化钠、氢氧化钾均刺激皮肤，有腐蚀作用，造成化学烧伤。吸入强酸烟雾，刺激呼吸道。使用时应加倍小心：

(a)储存碱的瓶子不能用玻璃塞，以免腐蚀。

(b)取碱、碎碱时必须戴防护眼镜及橡皮手套。配制碱液时，必须在烧杯中进行，不能在小口瓶或量筒中进行，以防容器受热破裂造成事故。

(c)稀释硫酸时，必须将硫酸慢慢倒入水中，同时搅拌，不要在不耐热的厚玻璃器皿中进行。不允许将水倒入硫酸中。

(d)取用酸或碱液时，不得用移液管或吸量管，必须用量筒或滴管，如遇酸、碱等腐蚀药品倒在地上或桌面，可先用沙或土吸附除去，然后用水冲洗，切记不能用纸片、木屑、干草除强酸。

(e)开启氨水瓶时，必须事先冷却，瓶口朝无人处，最好在通风橱内进行。

(f)如遇皮肤或眼睛受伤，可迅速用大量水冲洗。若是受酸损伤，立即用 3%碳酸氢钠溶液洗；若是皮肤受碱损伤，立即用 1%～2%乙酸溶液洗，眼睛则用饱和硼酸溶液洗。

3)无机化学药品

(1)氰化物及氢氰酸：毒性极强，致毒作用极快，空气中氰化氢含量达 3/10000，数分钟内即可致人死亡；内服极少量氰化物，也可很快中毒死亡，取用时须特别注意：

(a)氰化物必须密封保存，因其易发生以下变化：

空气中　$$KCN + H_2O + CO_2 \longrightarrow KHCO_3 + HCN$$

或　$$2KCN + H_2O + CO_2 \longrightarrow K_2CO_3 + 2HCN$$

潮湿　$$KCN + H_2O \longrightarrow KOH + HCN$$

酸　$$KCN + HCl \longrightarrow KCl + HCN$$

生成的 HCN 具有挥发性，可迅速对人体造成伤害。

(b)要有严格的领用保管制度，取用时必须戴厚口罩、防护眼镜及橡皮手套，手上有伤口时不得进行该项实验。

(c)研磨氰化物时，必须用有盖研钵，在通风橱内进行(不抽风)。

(d)使用过的仪器、桌面均需亲自收拾、用水冲净；手及脸也应仔细洗净；实验服可能沾污，必须及时换洗。

(e)氰化物的销毁方法：使其与亚铁盐在碱性介质中作用生成亚铁氰酸盐。

$$2NaOH + FeSO_4 \longrightarrow Fe(OH)_2 + Na_2SO_4$$

$$Fe(OH)_2 + 6NaCN \longrightarrow 2NaOH + Na_4Fe(CN)_6$$

(2)汞：在室温下即能蒸发，毒性极强，能导致急性中毒或慢性中毒。使用时须注意室内通风，提纯或处理必须在通风橱内进行。如果汞洒落，可用水泵减压收集，分散小汞粒可用硫磺粉、锌粉或三氯化铁溶液清除。

(3)溴：溴液可导致皮肤烧伤，蒸气刺激黏膜，甚至可使眼睛失明。使用时须在通风橱内进行，盛溴玻璃瓶须密塞后放在金属罐中，放在妥当位置，以免撞倒或打破。如打翻，应立即用沙子掩埋。如皮肤被溴烧伤，立即用稀乙醇洗或较多甘油按摩，然后涂以硼酸或凡士林。

(4)金属钠、钾：遇水即发生燃烧爆炸，故使用时必须戴防护眼镜，以免进入眼内，引起严重后果。平时应保存在液状石蜡或煤油中，装入铁罐中盖好，放在干燥处。不能放在纸上称取，必须放在液状石蜡或煤油中称取。

(5)黄磷：极毒。切记不能用手直接取用，否则会引起严重持久烫伤。

4)有机化学药品

(1)有机溶剂：有机溶剂均为脂溶性液体，对皮肤黏膜有刺激作用，对神经系统有选择作用。例如，苯不但刺激皮肤，易引起顽固湿疹，而且对造血系统及中枢神经系统均有严重损害；又如，甲醇对视神经特别有害。大多数有机溶剂蒸气易燃。在条件许可情况下，最好用毒性较低的石油醚、醚、丙酮、二甲苯等代替二硫化碳、苯和卤代烷类。使用时注意防火，保持室内空气流通。一般用苯提取时，应在通风橱内进行。绝不能用有机溶剂洗手。

(2)硫酸二甲酯：直接吸入和皮肤吸收均可导致中毒，且有潜伏期，中毒后呼吸道感到灼痛，对中枢神经影响大。滴在皮肤上能引起坏死、溃疡，恢复慢。

(3)苯胺及苯胺衍生物：直接吸入或皮肤吸收均可导致中毒。慢性中毒引起贫血，且其影响持久。

(4)芳香硝基化合物：化合物中硝基越多，毒性越大，在硝基化合物中增加氯原子，也将增加毒性。这类化合物的特点是能迅速被皮肤吸收，中毒后引起顽固性贫血及黄疸病，刺激皮肤引起湿疹。

(5)苯酚：能够灼伤皮肤，引起坏死或皮炎，皮肤被沾染应立即用温水及稀乙醇洗。

(6)生物碱：大多数具有强烈毒性，皮肤也可吸收，少量即可导致危险中毒，甚至死亡。

(7)致癌物：很多烷化剂长期摄入体内有致癌作用，应予以注意，如硫酸二甲酯、对甲苯磺酸甲酯、*N*-甲基-*N*-亚硝基脲、亚硝基二甲胺、偶氮乙烷和一些丙烯酯类等。一些芳香胺类由于在肝脏中经代谢而生成*N*-羟基化合物而具有致癌作用，如2-乙酰氨基芴、4-乙酰氨基联苯、2-乙酰氨基苯酚、2-萘胺、4-二甲氨基偶氮苯等。部分稠环芳香烃化合物，如3,4-苯并蒽、1,2,5,6-二苯并蒽、9-甲基-1,2-苯并蒽及10-甲基-1,2-苯并蒽等，这些都是致癌物，而9,10-二甲基-1,2-苯并蒽则属于强致癌物。

因此，使用有毒化学药品时必须小心，不要沾污皮肤、吸入蒸气及溅入口中。实验中涉及有毒化学药品时最好在通风橱内进行工作，戴防护眼镜及橡皮手套，小心开启瓶塞及安瓿，以免破损。使用过的仪器必须亲自冲洗干净，残渣废物须丢在指定的废物缸内。经常保持实验室及实验台面整洁也是避免发生事故的重要措施。进食前必须洗手。

总之，在有机化学实验室中，经常接触易燃、易爆炸及有毒的药品。过去偶尔发生一些燃烧和中毒的差错和事故，分析产生这些差错和事故的原因，有的是麻痹大意，违反了操作规程，有的是不了解危险药品的性质，只要熟悉掌握它们的特性，严格遵守操作规程，差错和事故是可以避免的。

4. 防止灼伤

皮肤接触高温、低温或腐蚀性物质后均可能被灼伤。因此，在接触这些物质时应戴好橡皮手套和防护眼镜。发生灼伤时应按下列要求处理：

(1)被碱灼伤时，先用大量水冲洗，然后用1%乙酸溶液或饱和硼酸溶液冲洗，再用水冲洗，最后涂上烫伤膏。

(2)被酸灼伤时，先用大量水冲洗，然后用1%～2%碳酸氢钠溶液冲洗，最后涂上烫伤膏。

(3)被溴灼伤时，应立即用大量水冲洗，再用乙醇擦洗或用2%硫代硫酸钠溶液洗至灼伤处呈白色，然后涂上甘油或鱼肝油软膏加以按摩。

(4)被热水烫伤时，一般在患处涂上红花油，然后擦烫伤膏。

(5)被金属钠灼伤时，可见的小块先用镊子移走，然后用乙醇擦洗，再用水冲洗，最后涂上烫伤膏。

以上这些物质一旦溅入眼中(金属钠除外)，应立即用大量水冲洗，并及时送医院治疗。

5. 防止割伤

玻璃割伤是常见的事故，受伤后要仔细观察伤口有无玻璃碎片。发生割伤后，应先将伤口处的玻璃碎片取出，再用生理盐水洗涤伤口，若伤势不重，让血流片刻，再用消毒棉花和硼酸溶液(或双氧水)洗净伤口，涂上碘酒，用创可贴包好；若伤口较深，应用纱布将伤口包好，迅速去医院处理；若割破静(动)脉血管，流血不止时，应先止血。具体方法是：立即用绷带扎紧伤口上方 5～10 cm 处，或用双手掐住压迫止血，并急送医院救治。

实验室应备有急救箱，内置以下物品：

(1)创可贴、绷带、纱布、棉花、橡皮膏、医用镊子、剪刀、洗眼杯等。

(2)凡士林、玉树油、硼酸软膏、烫伤油膏等。

(3)2%乙酸溶液、1%硼酸溶液、1%及 5%碳酸氢钠溶液、乙醇、甘油、碘酒等。

6. 安全用电及化学危险品

进入实验室后，应首先了解水、电开关及总闸的位置，而且要掌握其使用方法。实验开始时，应先缓缓接通冷凝水(水量要小)，再接通电源打开电热套。绝不能用湿手或手握湿物插(或拔)插头。使用电器前，应检查线路连接是否正确，电器内外要保持干燥，不能有水或其他溶剂。实验做完后，应先关闭电源，再拔插头，然后关冷凝水。值日生在做完值日后，要关闭所有的水闸及总电闸。

化学试剂有化学危险品与非危险品之分，而不少有机化合物属于化学危险品。化学实验者应具有化学危险品的储藏、使用、运输等方面的知识。

中华人民共和国国家标准 GB 12268—2012 规定，化学危险品可分为以下九大类：①爆炸品；②易燃、非易燃无毒、毒性气体；③易燃液体；④易燃固体、易于自燃的物质、遇水放出易燃气体的物质；⑤氧化性物质和有机过氧化物；⑥毒性物质和感染性物质；⑦放射性物质；⑧腐蚀性物质；⑨杂项危险物质和物品，包括危害环境物质。

7. 化学危险品的申购

化学危险品是特殊的商品。化学危险品的采购、调拨、销售活动必须持有化学危险品经营许可证。实验室所需的少量化学危险品应向持有合法经营许可证的企业采购。

8. 化学危险品的运输

运输化学危险品必须按照国家有关危险货物运输管理规定办理。装运化学危险物品时，不得客货混装。载客的火车、船舶、飞机机舱不得装运化学危险品。禁止乘客随身携带、夹带化学危险品乘坐上述交通工具。在异地采购化学危险品时，可在经营企业办理委托快件托运，以便及时满足实验工作的需要。

1.2　有机化学实验常用仪器

1.2.1　玻璃器皿

玻璃的化学成分为 SiO_2、B_2O_3、Al_2O_3、K_2O、Na_2O、CaO、ZnO 等。其中 SiO_2 和 B_2O_3 的熔点较高，故 SiO_2 和 B_2O_3 组成比例高的玻璃具有较好的热稳定性和化学稳定性，能耐受较大的急变温差，受热不易发生破裂，此类玻璃称为硬质玻璃，主要用于制备允许加热的烧器类仪器。相反，SiO_2 和 B_2O_3 含量较低的玻璃，其耐热性、耐急变温差较小，硬度较低，称为软质玻璃，这类玻璃器皿不适合直火加热，加热后也不宜骤冷。

1. 玻璃仪器的种类

玻璃仪器种类繁多，用途各异。一般按能否直接或间接加热，分为烧器和非烧器两大类；按用途和结构特点，分为烧器、量器、瓶类、管类和棒类、加液器和过滤器、有关气体操作的玻璃仪器、标准磨口仪器和其他类八大类。有机化学实验常用玻璃仪器和实验器材如表 1-3 所示。

表 1-3　有机化学实验常用玻璃仪器和实验器材

名称	图示	常用规格	主要用途和注意事项
烧杯		普通、硬度、低型、带把，容积有 1 mL、5 mL、10 mL、15 mL、25 mL、50 mL、100 mL、250 mL、400 mL、600 mL、1000 mL、2000 mL	配制溶液或溶样，加热时液体体积不超过容积的 2/3，火焰加热，需置于石棉网上均匀受热，不可干烧，不可用于盛放挥发性物品，禁止用于加热易燃物
量筒、量杯		具塞、无塞、量储式，容积有 5 mL、10 mL、25 mL、50 mL、100 mL、250 mL、500 mL、1000 mL、2000 mL 等	用于粗略量取一定体积的液体，不可加热，不可用于配制溶液，不能在烘箱内烘干，不能盛放热溶液，要沿壁加入或倒出液体
圆底烧瓶		烧瓶有圆底、平底、长颈、短颈、单颈、双颈、三颈，容积有 50 mL、100 mL、250 mL、500 mL、1000 mL 等	适用于合成反应、常压和减压蒸馏、分馏、水蒸气蒸馏、回流等。三颈烧瓶和双颈烧瓶可以安装温度计、搅拌器、滴液漏斗等其他装置，为使受热均匀，一般不用直火加热
普通蒸馏头（三通管）		以长度 mm 表示，常用磨口仪器	主要用于普通蒸馏、水蒸气蒸馏，侧管连接冷凝管，上口安装温度计，温度计水银球上缘与侧管下缘水平，此处恰为气液共存平衡处，可测沸点
蒸馏弯管		以长度和角度表示，角度多为 75°～105°，常用磨口仪器	蒸馏时若无必要监测温度，可以此替代蒸馏头做简易蒸馏
克氏蒸馏头		以长度 mm 表示，常用磨口仪器	主要用于减压蒸馏。减压蒸馏时应在连接处涂润滑油剂，保证其密闭性。侧管连接冷凝管温度计位置同上，也是沸点测量处
双口接管（Y 形管）		有长度和口径之分	可用于单颈烧瓶上，替代双颈烧瓶，或与蒸馏头配合，作分馏头使用

续表

名称	图示	常用规格	主要用途和注意事项
温度计套管		以长度 mm 表示，常用磨口仪器	固定和密封温度计，注意温度计粗细要合适，螺旋盖内密封垫要保持密封良好，尤其在真空系统中
水冷凝管		有不同的长度和口径规格，如 200 mm、400 mm 等，常用磨口仪器	蒸馏或回流时用于冷却蒸气，适用于沸点在140℃以下物质的蒸气冷却。冷却效果蛇形冷凝管＞球形冷凝管＞直形冷凝管，但使用蛇形冷凝管和球形冷凝管需要垂直安装，而直形冷凝管只要有一定的倾斜角度即可，可平伏倾斜使用。冷却效果还与冷却水流速度有关，沸点较低可加快水流速度，沸点稍高可减缓水流速度。进出水支管处易断裂，操作时要小心，可用水润湿后插入水管
空气冷凝管		有不同的长度和口径规格，如 200 mm、400 mm 等，常用磨口仪器	适用于沸点在 140℃以上物质的蒸气冷却。为加强冷却效果，可增加长度，加热控制应使蒸气上升高度在总长度的一半以下，否则蒸气易溢出
尾接管 （接收管） （接引管） （接液管）		有真空接收管和普通接收管，以长度和口径 mm 表示	磨口真空接收管，尾部支管连接真空泵，可用于减压蒸馏接收，尾部支管连接导管可将有毒有害挥发气体导出。也可用于普通蒸馏。磨口普通接收管仅用于一般蒸馏。无论哪种接收管常压蒸馏，尾部应与大气相通，不要装成密封装置
多尾接收管		以口径 mm 表示，有两尾、三尾、四尾接收管	用于多组分不同沸点区间组分的减压蒸馏、馏分接收，接收管与接收器之间可旋转，注意保持稳定，连接处的密封性减压时，要避免外力冲击
分馏柱		以长度 mm 表示，常用磨口仪器。主要有垂刺和填充两种类型	用于分馏实验，相同长度，填充分馏柱的分流效果更好。分馏柱分离效果通常用理论塔板数评价，两组分沸点差越小，所需塔板数越多。影响分馏柱分离效果的因素主要有温度梯度、热交换效率、塔板数、分流比等
磨口玻璃塞 （空心塞）		以口径和长度表示	用于同口径的磨口仪器的加塞
三角烧瓶 （锥形瓶）		具塞和无塞，容积有 5 mL、10 mL、50 mL、100 mL、250 mL、500 mL、1000 mL 等	用于加热处理试样、滴定分析、临时存放挥发液体等。加热时溶液体积不超过容积的 2/3，加热时要打开塞子，非标口瓶塞子要保持原配

续表

名称	图示	常用规格	主要用途和注意事项
干燥管	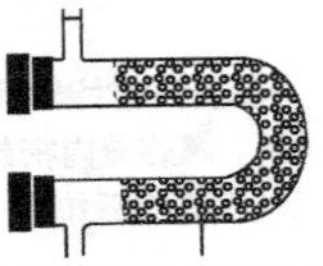	以口径 mm 表示，现多用磨口，有弯形、直形	盛入干燥剂，用于干燥气体或无水反应装置，干燥剂大小适中，不与气体发生反应，两端需用棉花塞好，干燥剂变潮后应立即更换
索氏提取器		以提取筒大小表示，现在一般为标准口	主要用于提取分离，虹吸管和恒压侧管较薄，使用时要小心，防止破裂
培养皿	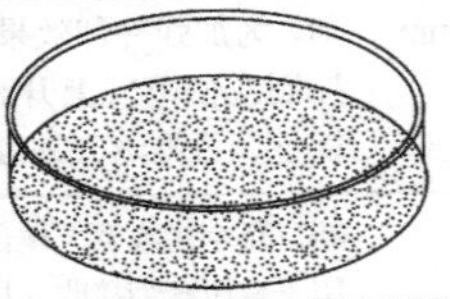	直径有 60 mm、75 mm、95 mm、100 mm、125 mm、150 mm 等	可用于纸层析展开和生物学培养
滴液漏斗	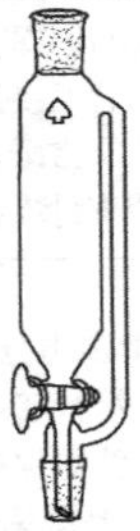	有球形、梨形、筒形之分，带恒压管，为恒压滴液漏斗，容积有 50 mL、100 mL、150 mL、250 mL 等	用于回流或蒸馏等装置上滴加液体，滴液漏斗应用于压力体系，侧面恒压管易破碎，使用时要小心，旋塞要涂抹凡士林进行密封和润滑
分液漏斗	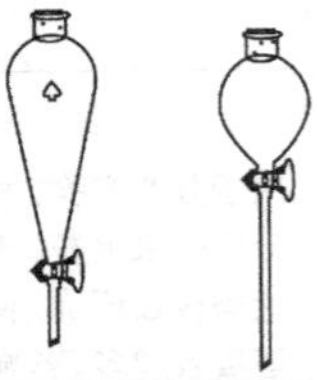	有球形、梨形分液漏斗，容积有 50 mL、100 mL、250 mL、500 mL、1000 mL 等	用于液液萃取，分液。旋塞使用前要用凡士林密封、润滑，使用后洗净，并夹垫纸片。上、下塞为非标准口，注意不要弄丢、弄混
锥形漏斗	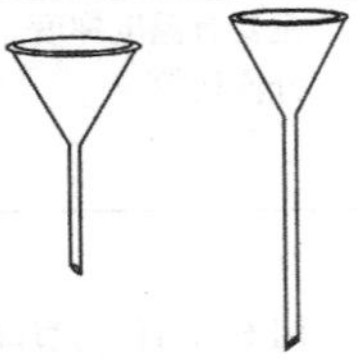	锥角 60°，规格以颈长和口径表示，有常量、少量、微量	长颈漏斗用于定量分析过滤沉淀，短颈漏斗用于一般过滤，不可直接加热，据沉淀量多少选择漏斗大小，玻璃钉漏斗可用于少量沉淀过滤
砂芯漏斗	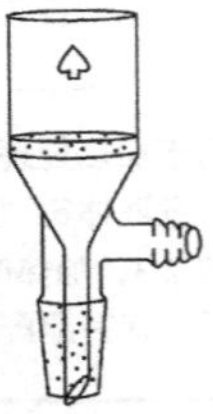	根据玻璃砂芯漏斗的砂芯孔隙大小，分为 G1～G6 等型号。以容积或口径表示，有 30 mm、40 mm、50 mm、60 mm、80 mm	G1：大沉淀和胶状沉淀滤除；G2：大沉淀滤除和气体洗涤；G3：细沉淀滤除和汞过滤；G4：细沉淀滤除；G5：较大杆菌和酵母菌滤除；G6：滤除 0.6～1.4 μm 的病菌必须抽滤，不能急冷急热，不能过滤氢氟酸和碱等，用毕立即洗净

续表

名称	图示	常用规格	主要用途和注意事项
布氏漏斗	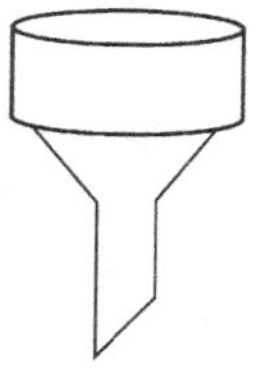	陶瓷，以容积或口径表示，有30 mm、40 mm、50 mm、60 mm、80 mm、100 mm等	用于常规减压过滤
减压过滤瓶（抽滤瓶）（吸滤瓶）	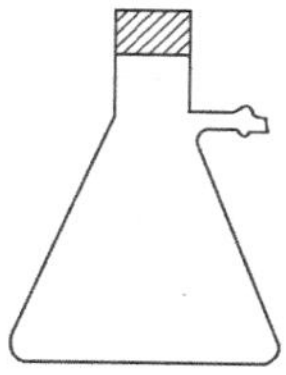	以容积表示，有50 mL、100 mL、250 mL、500 mL、1000 mL等	主要用于减压过滤，不能用于加热
热过滤漏斗		漏斗外有金属加热套层或电热套层	用于热过滤
膜过滤器	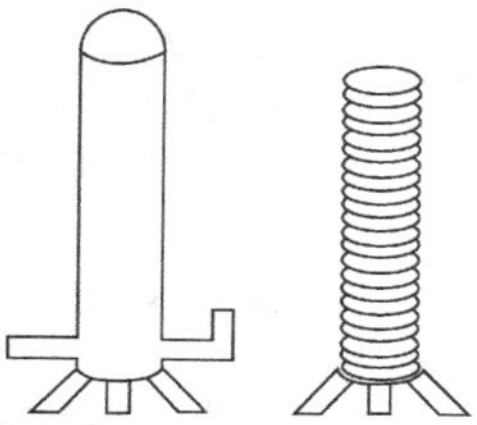	以体积表示	所用滤膜为高分子材料，分为有机系、水系和混合系，有机系和水系分别用于过滤有机相溶液和水相溶液，不能反之选用。孔径范围为0.1～10 μm，孔径为0.45 μm的常用于去除微粒和细菌。微孔膜有正、反面，使用时将孔径略大的粗糙反面朝上
提勒管（b形管）	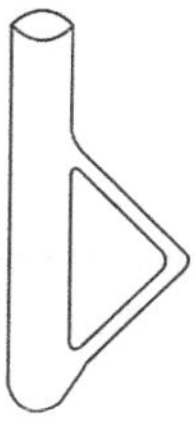	多以体积表示	用于毛细管法熔点测定
层析柱（色谱柱）		以长度/内径表示，种类较多	用于常规柱层析。有常压、中压、加压等诸多品种
蒸发皿	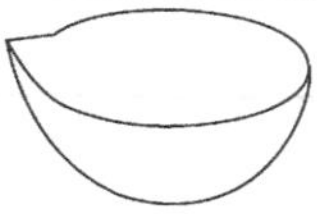	陶瓷，直径45 mm、60 mm、75 mm、90 mm、100 mm、120 mm	用于加热蒸发固液混合物

续表

名称	图示	常用规格	主要用途和注意事项
吸收塔	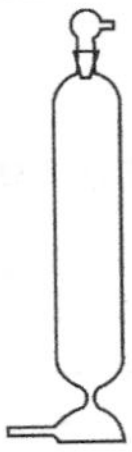	以容积表示，有 125 mL、250 mL、500 mL、1000 mL 等	用于净化气体或吸收废气，反接也可用作安全瓶或缓冲瓶，注意接法要正确，进气管通入液体，洗涤液注入高度应在 1/3 处，不得高于 1/2
研钵	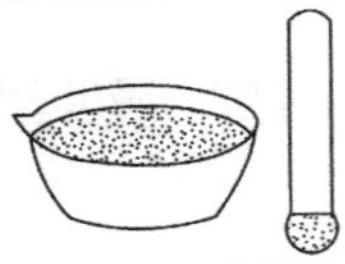	玻璃或陶瓷，常以口径表示，有 70 mm、90 mm、105 mm 等	研磨固体及试剂。不能冲撞，不能烘烤
十字夹（双顶丝）		铝、铁、铜、工程塑料等材质，以长度和口径表示	用于将烧瓶夹固定在铁架台上，夹烧瓶夹的凹口一般向上
烧瓶夹	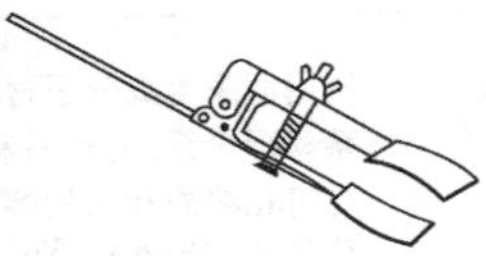	铜、铝、铁等金属材质，以长度和爪宽表示	前爪不分叉，用于固定烧瓶类玻璃仪器时，应夹持在烧瓶口厚料处，不可夹持过紧，以不掉且尚能稍微活动为宜
万用夹（万能夹）	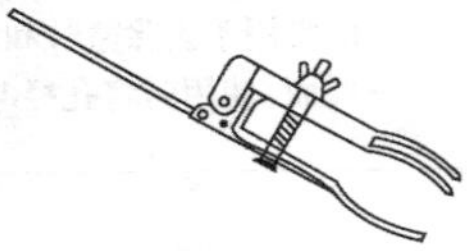	铜、铝、铁等金属材质，以长度和爪宽表示	用于固定除烧瓶外的其他玻璃仪器，使用时注意不要夹得过紧，且夹在玻璃仪器合适的位置，以免夹坏玻璃仪器。因其固定爪分叉且较宽，不太适合夹持烧瓶
铁圈	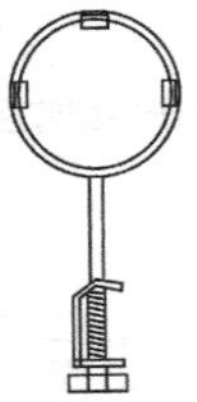	大、中、小一套称为铁三环。有闭合圈和开口圈两种，开口圈更适用于放置分液漏斗	根据托架的玻璃仪器的大小，选择合适口径的铁圈
升降台	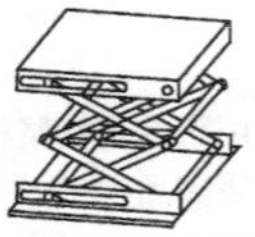	铁质或不锈钢材质	通过调节螺杆可以进行升高、降低调节，用于垫高、托置实验仪器和装置
烧瓶托	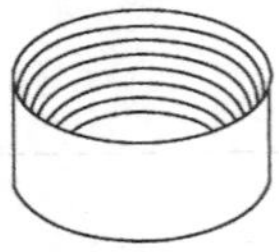	橡胶或软木材质	用于托置各种圆底烧瓶

2. 标准磨口仪器的磨口规格

标准磨口玻璃仪器的各连接部分均按统一标准制造，因此具有标准化、通用化和系列化的特点。表 1-4 是有机化学实验常用标准磨口玻璃仪器的磨口规格。

表 1-4　有机化学实验常用标准磨口玻璃仪器的磨口规格

编号	10	12	14	19	24
磨口锥体大端直径/mm	10.0	12.5	14.5	18.8	24.0

1.2.2　玻璃仪器的清洗与干燥

1. 清洗

化学实验用的玻璃仪器，在实验结束后应立即清洗。久置不洗会使污物牢固地黏附在玻璃表面，造成事后清洗的困难。使用者应养成及时清洗、干燥玻璃仪器的习惯。

玻璃仪器的清洗方法应根据所进行实验的性质、污物量或污染程度而定。最常用的方法是用毛刷沾少许洗衣粉或去污粉轻刷玻璃仪器的内外，再用水淋洗干净即可。要注意毛刷的顶部，若已经露出铁丝，需及时更换，否则容易戳穿烧瓶、烧杯、试管等。

对于黏性或焦油状残迹等，用一般方法不容易清洗干净，可用少量有机溶剂(可以是单一溶剂或混合溶剂)浸泡一段时间，浸泡时间的长短视黏着物溶解情况而定。待黏着物溶解后，将溶剂倒回有盖的溶剂回收瓶内，然后用清水冲洗干净。丙酮、乙醚、乙醇、氯仿、二氯乙烷等是常用的有机溶剂。其中前三种易燃，使用时应远离明火，注意操作的安全性。

对于难洗的酸性黏着物或焦性物质，可用稀碱溶液煮洗，其用量以盖没黏着物为宜。待黏着物溶解后，倒出稀碱溶液，将玻璃仪器用水冲洗干净。用同样方法，可用稀硫酸溶液清洗碱性残留物。

用洗涤剂清洗玻璃仪器，可以代替重铬酸钾和浓硫酸配制成的铬酸洗液。使用洗涤剂清洗可消除配制与使用铬酸洗液时带来的危险。

2. 玻璃仪器的干燥

玻璃仪器经过认真清洗后，都要进行干燥处理，使待用的玻璃仪器处于干燥、清洁的状态。这是因为许多有机反应都要求在无水溶剂中进行，若从反应容器或其他器具中混入水分，将导致实验失败。

1) 自然干燥

将清洗后的玻璃仪器倒置，或者倒插在玻璃仪器架上，让其自然干燥，可供下次实验时使用。但一些有机反应(如格利雅试剂的制备)必须是绝对无水的，所以必须进行烘干处理。

2) 烘箱干燥

用烘箱(或鼓风电烘箱)进行干燥是经常采用的一种干燥方法。将自然干燥的玻璃仪器或经过清洗后的玻璃仪器倒置流去表面水珠后，再送入烘箱干燥。注意，不能将有刻度的容量仪器(如量筒、量杯、容量瓶、移液管、滴定管)放入烘箱内烘干，也不能将抽滤瓶等厚壁器皿进行烘干。有磨口的玻璃仪器，如滴液漏斗、分液漏斗等，应将磨口塞、活塞取下，将其油脂擦去并洗净后再烘干，因漏斗的活塞不能互换，烘干时不要配错。

从烘箱中取出玻璃仪器时，应待烘箱温度自然下降后再取。如因急用，需在烘箱温度较高时取出玻璃仪器，则应将玻璃仪器放置在石棉网上，慢慢冷却至室温。不要将温度较高的玻璃仪器与铁质器皿等冷物体直接接触，以免损坏玻璃仪器。

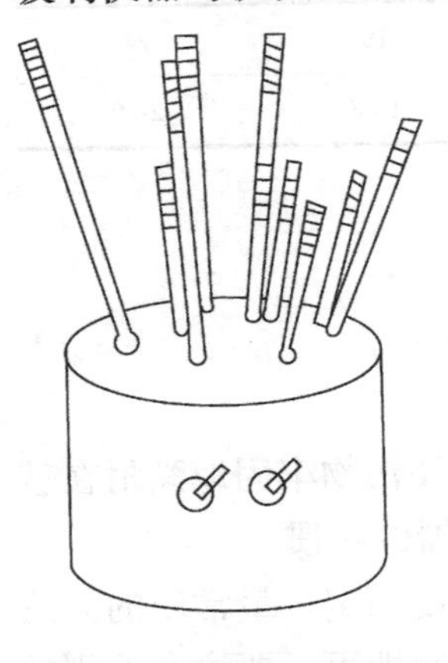
图 1-1　热气流干燥器

3) 热气流干燥

将清洗过的玻璃仪器插入热气流干燥器的各支干燥用的金属管上，经过热空气加热后，可快速干燥，如图 1-1 所示。

4) 有机溶剂干燥

将洗净的玻璃仪器先用少量乙醇洗涤一次，再用少量丙酮洗涤，每次洗后的溶剂应倒入回收瓶中，最后用热气流干燥器或电吹风吹干。

1.2.3　磨口玻璃仪器的使用和保养

磨口玻璃仪器分为普通磨口(非标准磨口)和标准磨口。两种口径规格相同的标准磨口仪器之间可以进行自由连接和组合，也可通过标准磨口转接管连接不同规格的标准磨口仪器。但非标准磨口仪器应保持其成套配件的原配性，否则仪器装配后会漏气或漏水。

磨口玻璃仪器要经常保养，使其随时处于待用的状态，这样可以延长其使用寿命。经过清洗干燥后的各磨口连接部位应垫衬纸片，以防长时间放置后磨口粘连不能开启。在清洗、干燥或保存时，不要使磨口碰撞而损伤，影响磨口部分的密闭性。

磨口玻璃仪器使用不当，会使磨口连接部位或磨口塞粘连在一起，影响实验进程，甚至使仪器报废。例如，用磨口锥形瓶久储氢氧化钠溶液而不经常启用，会使磨口部位粘连，瓶塞无法开启。

在使用标准磨口玻璃仪器组装的反应装置进行实验时，实验完成后，若不及时拆卸仪器并进行清洗，易导致磨口部件之间的粘连。

当磨口塞不能开启或磨口部件发生粘连而不能拆卸时，可尝试用下述方法处理修复：

(1) 用小木块轻轻敲打磨口连接部位使其松动而开启。

(2) 用小火焰均匀地烘烤磨口部位，使磨口连接处的外部受热膨胀而松动。

(3) 将磨口玻璃仪器放入沸水中煮，使磨口连接部位松动。但此法不适用于密闭的带有磨口连接的容器，以免发生容器内气体受热膨胀，使玻璃炸裂而伤人。

(4) 用下列浸渗液体进行浸渗。

(a) 有机溶剂：苯、乙酸乙酯、石油醚、煤油等。

(b) 稀薄的表面活性剂水溶液，如渗透剂琥珀酸二辛酯磺酸钠(OT)。

(c) 布雷德曼(Bredemann)溶液：取 10 份水合三氯乙醛、5 份甘油、3 份 25%盐酸溶液、5 份水配制成溶液。

(d) 水或稀盐酸溶液。用浸渗的方法有时在几分钟内即可将粘连的磨口开启，但有时需要几天才能见效。

(e) 将磨口竖立，向磨口缝隙间滴几滴甘油，若甘油能慢慢地渗入磨口，最终能使磨口松开。

(f) 有的粘连的磨口塞单靠用力旋转就可打开，但因手滑，使不上劲而不能成功。这时可将玻璃塞的上端用软布包裹或衬垫上橡皮，小心地用台钳夹住，再用不太大的力量扭转瓶体，就能打开。

处理粘连的磨口塞应在有经验的教师指导下进行，在上述各项瓶塞开启的操作中，应当用布包裹玻璃仪器，注意安全，防止事故的发生。

1.3　有机化学实验试剂的取用和转移

化学试剂(chemical reagent)是一类具有一定纯度标准的精细化学品，广泛用于物质的合成、分离、定性和定量分析。实验者必须掌握有关化学试剂的相关知识和技能。

1.3.1　化学试剂的纯度等级与标识

优级纯(GR，绿标签)：主成分含量很高、纯度很高，适用于精确分析和研究工作，有的可作为基准物质。

分析纯(AR，红标签)：主成分含量很高、纯度较高，干扰杂质含量很低，适用于工业分析及化学实验。

化学纯(CP，蓝标签)：主成分含量高、纯度较高，存在干扰杂质，适用于化学实验和合成制备。

实验纯(LR，黄标签)：主成分含量高，纯度较差，杂质含量不做选择，只适用于一般化学实验和合成制备。

指定级(ZD)：按照用户要求的质量控制指标，为特定用户定做的化学试剂。

电子纯(MOS)：适用于电子产品生产中，电性杂质含量极低。

当量试剂(3N、4N、5N)：主成分含量分别为 99.9%、99.99%、99.999%以上。

光谱纯(SP)：用于光谱分析。

1.3.2　化学试剂的选择

化学试剂的选择主要根据分析任务、分析方法和对分析结果的要求而进行。选用化学试剂时需要注意以下问题：

(1) 根据不同实验方法对试剂的要求进行选择，如滴定分析要求使用分析纯试剂和去离子水，色谱分析要求使用色谱纯试剂，光谱分析要求使用光谱纯试剂等。在有机化学实验中，合成试剂一般使用化学纯或分析纯即可，但要注意生产日期、氧化程度、含水量、特殊杂质含量等指标是否会对有机化学实验带来严重影响。例如，乙醚有普通乙醚和无水乙醚，若在无水实验中选择不当则会造成实验失败。

(2) 不要超规格使用化学试剂。不同等级的试剂价格往往相差较大，纯度等级越高，价格越昂贵，适当地选择试剂的等级可以节约经费。

(3) 遵守化学试剂的使用原则，确保安全和有效，实验者要知晓化学试剂的性质和使用方法。不要乱用化学试剂。化学试剂不能用作药用或者食用，药用和食用的化学添加剂有特殊的生产工艺和安全卫生要求。

(4) 试剂标签要完整清晰。所有化学试剂、溶液及样品，乃至废液的包装瓶上必须有标签，并标明试剂的名称、规格、质量、浓度、日期等信息。万一标签损坏或脱落，应照原样补加并贴牢。杜绝使用标注不明或内容物与标签不符的试剂，无标签试剂必须取小样谨慎鉴定后方可使用。不能使用和废弃的化学试剂要慎重合理地进行无害化处理，不得随意倾倒。使用完的空瓶应集中存放，统一处理。

1.3.3　化学试剂的取用

取用化学试剂必须做好必要的准备工作：取用试剂前，应了解取用试剂的性质、状态、浓度等基本信息。不同状态的试剂取用方法不同；定性分析与定量分析等取用目的不同，取用的方法、策略和使用的器具也不同；此外，为保证取用试剂的安全性，还要了解试剂的危险性和特殊性，如有必要应事先采取相应的安全防护措施。

1. 固体试剂的取用规则

取用块状固体试剂用镊子(具体操作：先将容器横放，把试剂放入容器口，再把容器慢慢地竖立起来)；取用粉末状或小颗粒状试剂用药匙或纸槽(具体操作：先将试管横放，把盛试剂的药匙或纸槽小心地送入试管底部，再使试管直立)。

(1) 要用干净的药匙取用。用过的药匙必须洗净和擦干后才能使用，以免污染试剂。

(2) 取用试剂后立即盖紧瓶盖，防止试剂与空气中的氧气、二氧化碳等发生反应。

(3) 称量固体试剂时，必须注意不要取多，取多的试剂不能倒回原瓶。因为取出的试剂已经接触空气，有可能已经受到污染，再倒回去容易污染瓶中的剩余试剂。

(4) 一般的固体试剂可以放在干净的纸或表面皿上称量。具有腐蚀性、强氧化性或易潮解的固体试剂不能在纸上称量，应放在玻璃容器内称量。例如，氢氧化钠有腐蚀性，又易潮解，最好放在烧杯中称取，否则容易腐蚀天平。

(5) 有毒的试剂称取时要做好防护措施，如戴好口罩、橡皮手套等。

2. 液体试剂的取用规则

(1) 从滴瓶中取液体试剂时，要用滴瓶中的滴管，滴管绝不能伸入所用的容器中，以免接触器壁而沾污试剂。从试剂瓶中取少量液体试剂时，则需使用专用滴管。装有试剂的滴管不得横置或滴管口向上斜放，以免液体滴入滴管的胶皮帽中，腐蚀胶皮帽，再取试剂时受到污染。

(2) 从细口瓶中取出液体试剂时，用倾注法。先将瓶塞取下，反放在桌面上，手握住试剂瓶上贴标签的一面，逐渐倾斜瓶子，让试剂沿着洁净的管壁流入试管或沿着洁净的玻璃棒注入烧杯中。取出所需量后，将试剂瓶口在容器上靠一下，再逐渐竖起瓶子，以免遗留在瓶口的液体滴流到瓶的外壁。

(3) 在某些不需要准确体积的实验中，可以估计取出液体的量。例如，用滴管取用液体时，1 mL 相当于多少滴，5 mL 液体占容器的几分之几等。倒入溶液的量一般不超过其容积的 1/3。

(4) 定量取用液体时，用量筒或移液管取。量筒用于量度一定体积的液体，可根据需要选用不同量度的量筒，而取用准确量的液体时必须使用移液管。

(5) 取用挥发性强的试剂要在通风橱中进行，做好安全防护措施。

1.3.4　化学试剂的转移

固体试剂的转移：可用玻璃棒或小药匙轻轻将待转移固体试剂从原容器中“拨”出来。

液体试剂的转移：①直接倾倒，一般可以是取液时(如从细口瓶中取液)，或是将反应液倒入试管、烧杯中；②若是可能会洒出的液体，需要使用玻璃棒，如过滤操作、用容量瓶制备液体移液时；③胶头滴管是为了移取少量液体，使其更精确，如容量瓶配制溶液定容时，最后应用胶头滴管滴加至刻度线。

1.4　有机化学实验常用装置

1.4.1　铁架台、铁夹、铁圈

铁架台是用铁板和铁条组成的支撑仪器的工具，是化学实验中使用最广泛的仪器之一，用于固定和支撑各种仪器，常用于过滤、加热、滴定等实验操作。带铁圈的铁架台可代替漏斗架使用。它也常与酒精灯配合使用。

实验时通常会用到较长的滴定管或放置烧杯加热，此时就要借助铁架台将这些装置架在适宜的高度，有利于实验的进行。

使用时的顺序为“由下至上”。铁架台使用时要放在水平的桌面上，铁夹要夹稳。

酸碱试剂滴到铁架台上时要立刻用水冲洗。

实验室使用的铁架台一般分为铁环(俗称铁圈)和铁夹两部分。通常所见铁架台配有一个铁圈和两个铁夹，可以通过旋钮上下调节、移动，达到随时按需固定、调整仪器的目的。结构调整时一般先固定铁圈，如果需要加热的实验应注意铁圈的高度，便于安放酒精灯、高温喷灯或本生灯。然后实验者须检查整体实验装置的气密性，再加上铁夹使其牢固。

容易移动的圆底仪器需要用手扶住直至夹持仪器安装完毕。必须注意在增添铁夹时千万不能过紧，否则容易损坏玻璃仪器，还容易在实验时成为安全隐患。

不适宜加热的仪器切忌放在铁环上直接加热，最好也不要置于易导热的石棉网上加热，较精密的玻璃仪器需要使用水浴对其进行加热。图 1-2 为常见的铁架台、铁夹、铁圈示意图。

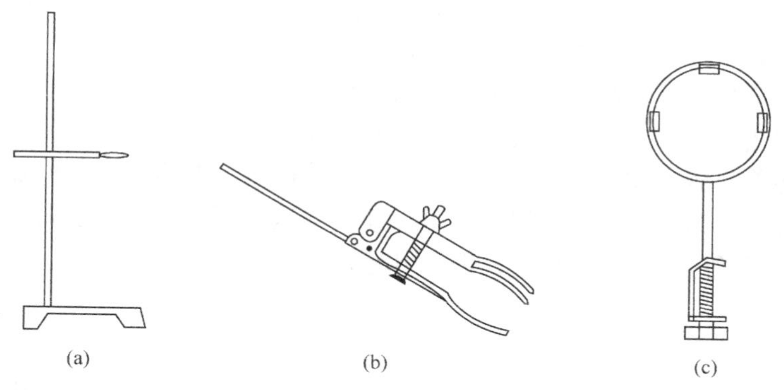

图 1-2　铁架台(a)、铁夹(b)、铁圈(c)示意图

1.4.2　升降台

升降台(图 1-3)是用于调节物体位置高度的一种支撑仪器，用于化学实验时物体或仪器的升降，由上面板、下底板及旋转轴、手轮等组成。

使用方法是将升降台放置平稳，旋转手轮使升降台的上面板调节至所需的高度即可。升降台使用完毕后，应保持清洁，并存放在阴凉、干燥、无腐蚀性气体的地方。

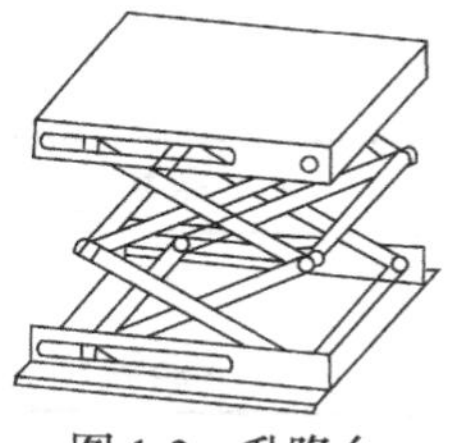

图 1-3　升降台

为了防止升降台变形和故障，不要将其放置在火旁和高温场所；不

要对升降台进行分解、加工、改造，否则会造成破损、故障、损伤等；施加过度的力和冲击会导致升降台故障，不要超负荷作业；定期清洁护理，以保证清洁使用；平放使用。

相关数据如下。

(1) 规格：100 mm×100 mm×150 mm；升降范围：45～150 mm；工作台面：上面板 100 mm×100 mm；下底板 100 mm×100 mm；净重 479 g。

(2) 规格：150 mm×150 mm×260 mm；升降范围：75～260 mm；工作台面：上面板 150 mm×150 mm，下底板 150 mm×150 mm；净重 1270 g。

(3) 规格：200 mm×200 mm×280 mm；升降范围：85～280 mm；工作台面：上面板 200 mm×200 mm，下底板 200 mm×200 mm；净重 1556 g。

1.4.3　加热方法与工具

实验室常用的热源有煤气、乙醇和电能。

为了加速有机化学反应，往往需要加热，从加热方式来看，有直接加热和间接加热。在有机化学实验室中一般不用直接加热。例如，用电热板加热圆底烧瓶，会因受热不均匀，导致局部过热，甚至导致烧瓶破裂。所以，在实验室安全规则中规定禁止用明火直接加热易燃的溶剂。

为了保证加热均匀，一般使用热浴间接加热，作为传热的介质有空气、水、有机液体、熔融的盐和金属。根据加热温度、升温速度等的需要，常采用下列方法。

1. 空气浴

这是利用热空气间接加热，对于沸点在 80℃以上的液体均可采用。

把容器放在石棉网上加热，这就是最简单的空气浴。但是，空气浴受热仍不均匀，因此不能用于回流低沸点易燃的液体或减压蒸馏。

半球形的电热套属于较好的空气浴，因为电热套中的电热丝是玻璃纤维包裹着的，比较安全，一般可加热至 400℃。电热套主要用于回流加热，蒸馏或减压蒸馏以不用为宜，因为在蒸馏过程中随着容器内物质逐渐减少，会使容器壁过热。电热套有各种规格，取用时要与容器的大小相适应。为了便于控制温度，可以连接调压变压器。需要强调的是，当一些易燃液体(如乙醇、乙醚等)洒在电热套上，仍有引起火灾的危险。

2. 水浴

当加热的温度不超过 100℃时，最好使用水浴加热，水浴是较常用的热浴。但是，必须强调指出，当用于钾和钠的操作时，绝不能在水浴中进行。使用水浴时，勿使容器触及水浴器壁或其底部。如果加热温度稍高于 100℃，则可选用适当无机盐类的饱和水溶液作为热溶液，如表 1-5 所示。

表 1-5　盐类饱和水溶液的沸点

盐类	沸点/℃	盐类	沸点/℃
NaCl	109	KNO_3	116
$MgSO_4$	108	$CaCl_2$	180

由于水浴中的水不断蒸发，所以应适时添加热水，使水浴中水面保持稍高于容器内的液面。总之，使用液体热浴时，热浴的液面应略高于容器中的液面。

3. 油浴

油浴适用于 100～250℃，优点是使反应物受热均匀，反应物的温度一般低于油浴液 20℃左右。

常用的油浴液有：

(1)甘油：可以加热到 140～150℃，温度过高时则会分解。

(2)植物油：如菜油、蓖麻油和花生油等，可以加热到 220℃，常加入 1%对苯二酚等抗氧化剂，便于久用，温度过高时则会分解，达到闪点时可能燃烧，使用时要小心。

(3)石蜡：可以加热到 200℃左右，冷却到室温时凝成固体，保存方便。

(4)液状石蜡：可以加热到 200℃左右，温度稍高并不分解，但较易燃烧。

油浴加热时要特别小心，防止着火，当油受热冒烟时，应立即停止加热。

油浴中应插入一支温度计，可以观察油浴的温度和有无过热现象，便于调节火焰控制温度。

油量不能过多，否则受热后有溢出而引起火灾的危险。使用油浴时要极力防止产生可能引起油浴燃烧的因素，要防止油浴时油浴锅中溅入水珠。

加热完毕取出反应容器时，仍用铁夹夹住反应容器使其离开液面悬置片刻，待容器壁上附着的油滴完后，用纸和干布擦干。

4. 酸液

常用的酸液为浓硫酸，可加热至 250～270℃，当加热至 300℃左右时则分解，生成白烟，若添加少量硫酸钾，则加热温度可升到 350℃左右。例如：

浓硫酸(相对密度 1.84)	70%(质量分数)	60%(质量分数)
硫酸钾	30%	40%
加热温度	约 325℃	约 365℃

上述混合物冷却时，即成半固体或固体，因此温度计应在液体未完全冷却前取出。

5. 沙浴

沙浴一般是用铁盆装干燥的细海沙(或河沙)，把反应容器半埋沙中加热。加热沸点在 80℃以上的液体时可以采用，特别适用于加热温度在 220℃以上者，但沙浴的缺点是传热慢，温度上升慢且不易控制，因此沙层要薄一些。沙浴中应插入温度计。温度计水银球要靠近反应器。

6. 金属浴

金属浴是选用适当的低熔合金，可加热至 350℃左右，一般都不超过 350℃，否则合金将会迅速氧化。

加热装置如图 1-4 所示。

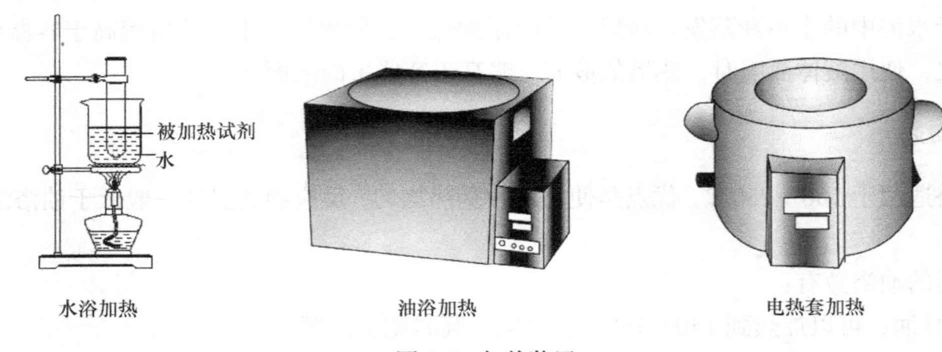

图 1-4　加热装置

1.4.4　反应物料搅拌装置

搅拌器也是有机化学实验必不可少的仪器之一，它可使反应混合物混合得更加均匀，反应体系的温度更加均匀，从而有利于化学反应的进行，特别是非均相反应。

一般搅拌的方法有三种：人工搅拌、磁力搅拌、机械搅拌。人工搅拌一般借助于玻璃棒就可以进行，磁力搅拌是利用磁力搅拌器，机械搅拌则是利用机械搅拌器(电动搅拌器)。

1. *磁力搅拌器*

由于磁力搅拌器(图 1-5)容易安装，因此它可以用来进行连续搅拌。尤其当反应量较少或反应在密闭条件下进行，磁力搅拌器的使用更为方便。但缺点是对于一些黏稠液或有大量固体参加或生成的反应，磁力搅拌器无法顺利使用，这时就应选用机械搅拌器作为搅拌动力。

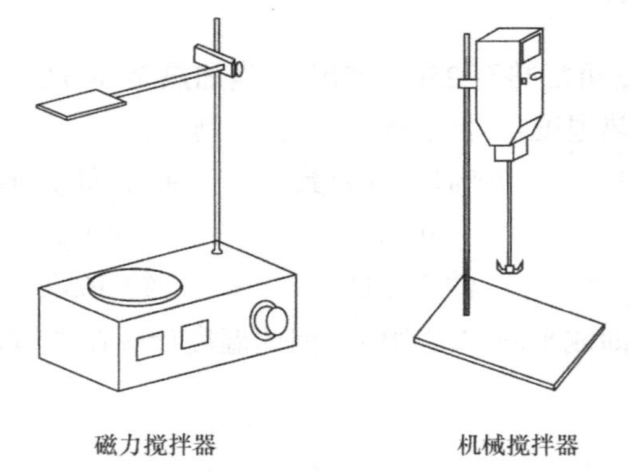

图 1-5　搅拌装置

磁力搅拌器是利用磁场的转动带动磁子的转动。磁子是用一层惰性材料(如聚四氟乙烯等)包裹一小块金属，也可以自制：用一截 10#铁铅丝放入细玻璃管或塑料管中，两端封口。磁子约有 10 mm、20 mm、30 mm 长，还有更长的磁子，磁子的形状有圆柱形、椭圆形和圆形等，可以根据实验的规模选用。

2. *机械搅拌器*

机械搅拌器(图 1-5)主要包括三部分：电机、搅拌棒和搅拌密封装置。

电机是动力部分，固定在支架上，由调速器调节其转动快慢。搅拌棒与电机相连，当接通电源后，电机就带动搅拌棒转动而进行搅拌。搅拌密封装置是搅拌棒与反应器连接的装置，它可以使反应在密封体系中进行。搅拌的效率在很大程度上取决于搅拌棒的结构，可根据反应器的大小、形状、瓶口的大小及反应条件的要求，选择较为合适的搅拌棒。

1.4.5　反应介质

绝大多数有机化学反应都是在有机溶剂中进行的。传统的有机溶剂有甲醇、乙醇、丙酮、苯、甲苯、*N,N*-二甲基甲酰胺(DMF)、四氢呋喃、三氯甲烷等。

水是一种非常理想的绿色溶剂。水是人类生命存在的基础，因而对环境是最为友好的。水价格低廉，无毒，不易燃烧，不易爆炸，水作为介质可以控制反应的 pH，是取代传统挥发性有机溶剂和助剂的理想替代品。然而，水却是有机化学实验中很少使用的溶剂，最简单的原因就是由于疏水效应的影响，绝大多数有机化合物不能溶解在水中。另外，很多有机化合物和中间体(如 $SOCl_2$、格氏试剂等)能与水反应，需要使用无水有机溶剂。

水相有机化学反应的研究已涉及多个反应类型，如周环反应、亲核加成反应和取代反应、金属参与的有机反应、路易斯酸和过渡金属试剂催化的有机反应、聚合反应、氧化和还原反应、加氢反应、水相中的自由基反应等。研究发现，在这些反应中水不仅起溶剂的作用，同时还对反应起独特的加速效应，实现了在有机溶剂中难以进行的反应，而且有利于提高反应的立体选择性。

超临界流体(supercritical fluid，SCF)是一种温度和压力处于其临界点以上，无气液相界面，兼具液体和气体性质的流体。它既有气体的高扩散系数和低黏度，又有与液体相近的密度和对物质良好的溶解能力。研究较多的 SCF 体系有 CO_2、水、氨、甲醇、乙醇、戊烷、乙烷、乙烯等，其中 SCF-CO_2 体系具有无毒、无污染、易分离、操作条件温和、价格低廉等优点，在 SCF 技术中用途广泛。超临界流体可以用于分离，即超临界萃取。它也可以用于化学反应。相对于前者来说，超临界反应显得更具有前沿性。由于传统有机溶剂的固有缺陷，近年来发展了超临界二氧化碳流体作为反应介质的技术。超临界二氧化碳流体作为反应介质有以下优点：①便宜、无毒、易挥发，通过简单的蒸发就能实现产物的分离和彻底干燥；②反应活性低，二氧化碳是非质子性溶剂，不具备强的路易斯酸性或路易斯碱性，对自由基和氧化条件稳定，这也是超临界二氧化碳可以替代传统有机溶剂的关键所在。但是，使用超临界二氧化碳流体需要特定的设备，如果使用不合格的设备，不合格的操作人员，可能会造成人员伤亡。此外，需要一定的能量来压缩二氧化碳，因此，这是一种能耗较高的介质。

离子液体作溶剂进行有机合成反应是近年来的新兴研究领域之一。如氯化钠和硝酸铵之类的盐在室温下是晶格状固体。有趣的是，人们发现各种盐的混合物在室温或接近室温下能熔化，这种阴、阳离子的特殊组合所形成的在室温条件下的“熔盐”称为离子液体。关于离子液体，文献中还有一些其他的描述术语，如室温熔盐、离子流体、液态有机盐、有机离子液体等。

1.4.6　高压气体钢瓶的使用

1. 高压气体钢瓶内装气体的分类

(1)压缩气体临界温度低于−10℃的气体，经加高压压缩仍处于气态的称为压缩气体，如氧气、氢气、空气、氩气、氮气等。这类气体钢瓶若设计压力大于或等于 12 MPa(125 kg/cm²)称为高压气体钢瓶。

(2)液化气体临界温度≥10℃的气体，经加高压压缩转为液态并与其蒸气处于平衡状态的称为液化气体。临界温度在−10～70℃的称为高压液化气体，如二氧化碳、氧化亚氮。临界温度高于70℃，且在60℃时饱和蒸气压大于0.1 MPa的称为低压液化气体，如氨气、氯气、硫化氢等。

(3)溶解气体单纯加高压压缩，可产生分解、爆炸等危险性的气体，必须在加高压的同时将其溶解于适当溶剂，并由多孔性固体物充盛。在15℃以下压力达0.2 MPa以上，称为溶解气体(或气体溶液)，如乙炔。从气体的性质分类可分为剧毒气体，如氟、氯等；易燃气体，如氢气、一氧化碳等；助燃气体，如氧气、氧化亚氮等；不燃气体，如氮气、二氧化碳等。

2. 高压气体钢瓶的安全操作

为了保证安全，高压气体钢瓶用颜色标志，不致使各种气体钢瓶错装、混装。同时，为了不使配件混乱，各种气体钢瓶根据性质不同，阀门转向不同。

通则：易燃气体钢瓶为红色，阀门左转。有毒气体(钢瓶为黄色)、不燃气体阀门右转。高压气体钢瓶颜色及阀门转向如表1-6所示。

表1-6　高压气体钢瓶颜色及阀门转向

气体名称	瓶身颜色		瓶肩颜色		阀门转向
	工业	医药	工业	医药	
氧气(O_2)	黑	黑	—	白	右
氮气(N_2)	灰	—	黑	—	右
氢气(H_2)	红	—	—	黑白	左
乙炔(CH≡CH)	棕	灰	—	—	左
一氧化碳(CO)	红	—	—	—	左
煤气	红	—	—	—	左
氯气	黄	—	黄/红	—	右
氨气	黑	—	黄	—	左
二氧化硫(SO_2)	绿	—	灰	—	右
二氧化碳(CO_2)	灰	—	—	—	右
空气	—	—	—	—	右
氦	—	—	—	—	右

3. 高压气体钢瓶的存放

(1)气体钢瓶应储存于通风阴凉处，不能过冷、过热或忽冷忽热，使瓶材变质；也不能曝于日光及一切热源照射下，因为曝于热力中，瓶壁强度可能减弱，瓶内气体膨胀，压力迅速增长，可能引起爆炸。

(2)气体钢瓶附近不能有还原性有机物，如有油污的棉纱、棉布等，不要用塑料布、油毡之类盖住气体钢瓶，以免爆炸。

(3)气体钢瓶勿放于通道，以免碰倒。

(4)不用的气体钢瓶不要放在实验室，应有专库保存。

(5)不同气体钢瓶不能混放。空瓶与装有气体的钢瓶应分别存放。

(6)在实验室中，不要将气体钢瓶倒放、卧倒，以防止开阀门时喷出压缩液体。要牢固地直立，固定于墙边或实验桌边，最好用固定架固定。

(7)接收气体钢瓶时，应用肥皂水试验阀门有无漏气，如果漏气，要退回厂家，否则会发生危险。

4. 高压气体钢瓶的搬运

气体钢瓶要避免敲击、撞击及滚动。阀门是最脆弱的部分，要加以保护。因此，搬运气体钢瓶时，要注意遵守以下规则。

一般规定：搬运气体钢瓶时，不使气体钢瓶突出车旁或两端，并采取充分措施防止气体钢瓶从车上掉下。运输时不可散置，以免在车辆行进中发生碰撞。不可用磁铁或铁链悬吊，可以用绳索系牢吊装，每次不可超过一个。如果用起重机装卸超过一个时，应用正式设计托架。气体钢瓶搬运时，应罩好气体钢瓶帽，防止阀门在搬运过程中松动，避免危险发生。

1.4.7　仪器的装配与组合

有机化学实验中常见的实验装置如图 1-6～图 1-13 所示。

1. 常用反应装置的性能和使用

1) 回流冷凝装置

在室温下，有些反应速率很小或难以进行。为了使反应尽快地进行，常需要使反应物质较长时间保持沸腾。在这种情况下，就需要使用回流冷凝装置，使蒸气不断地在冷凝管内冷凝而返回反应器中，以防止反应瓶中的物质逃逸损失。图 1-6(a)是最简单的回流冷凝装置，将反应物质放在圆底烧瓶中，在适当的热源上或热浴中加热。直立的冷凝管夹套中自下而上通入冷水，使夹套充满水，水流速度不必很快，能保持蒸气充分冷凝即可。加热的程度也需控制，使蒸气上升的高度不超过冷凝管的 1/3。

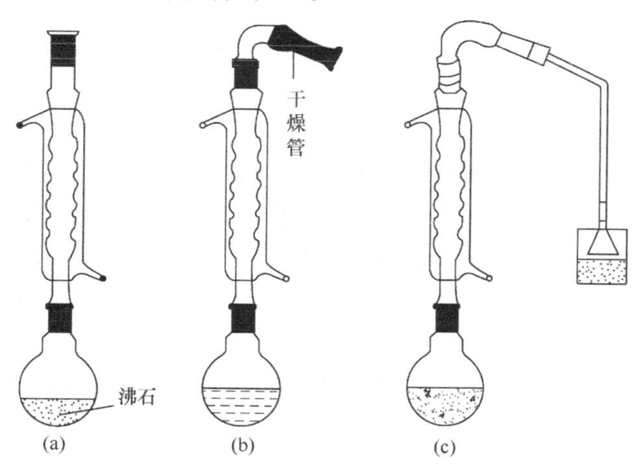

图 1-6　简单回流装置(a)、带干燥装置的回流装置(b)和带气体吸收装置的回流装置(c)

如果反应物怕受潮，可在冷凝管上端口上装接氯化钙干燥管来防止空气中湿气侵入，见图 1-6(b)。

如果反应中会放出有害气体(如溴化氢)，可加接气体吸收装置，见图 1-6(c)。

2)滴加回流冷凝装置

有些反应进行剧烈，放热量大，如将反应物一次加入，会使反应失去控制；有些反应为了控制反应物选择性，也不能将反应物一次加入。在这些情况下，可采用滴加回流冷凝装置(图 1-7)，将一种试剂逐渐滴加进去。常用恒压滴液漏斗进行滴加。

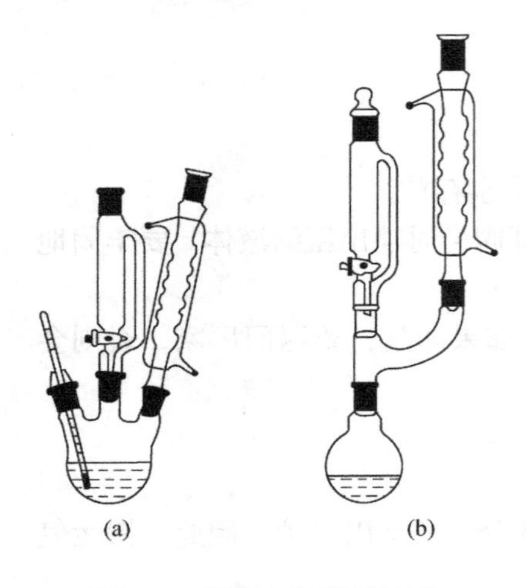

图 1-7　滴加回流冷凝装置

3)回流分水反应装置

在进行某些可逆平衡反应时，为了使正向反应进行到底，可将反应产物之一不断从反应混合物体系中除去，常采用回流分水装置除去生成的水。在图 1-8 的装置中都有一个分水器，回流下来的蒸气冷凝液进入分水器，分层后，有机层自动被送回烧瓶，而生成的水可从分水器中放出去。

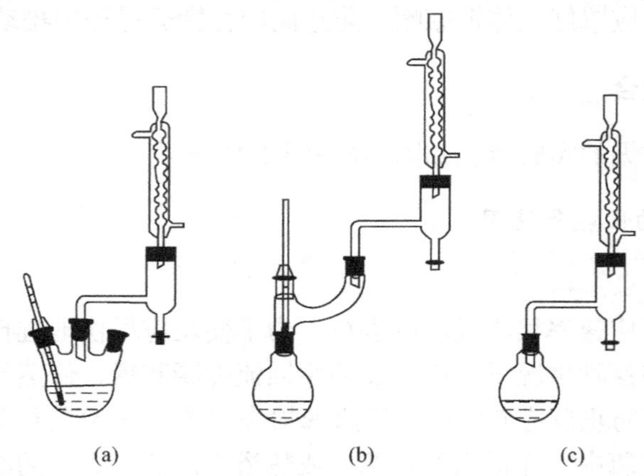

图 1-8　回流分水反应装置

4)简单分馏装置

分馏是分离两种以上沸点相差较小的液体的常用方法。图 1-9 是有机化学实验室常用的分馏装置。

5)滴加分馏反应装置

有些有机化学反应需要一边滴加反应物，一边将产物或产物之一分馏出反应体系，防止产物发生二次反应。可逆平衡反应，分馏出产物能使反应进行到底。这时可用与图 1-10 类似的反应装置进行这种操作。在如图 1-10 所示的装置中，反应产物可单独或形成共沸混合物不断在反应过程中分馏出去，并可通过滴液漏斗将一种试剂逐渐滴加进去以控制反应速率或使这种试剂消耗完全。

必要时可在上述各种反应装置的反应烧瓶外面用冷水浴或冰水浴进行冷却，在某些情况下也可用热浴加热。

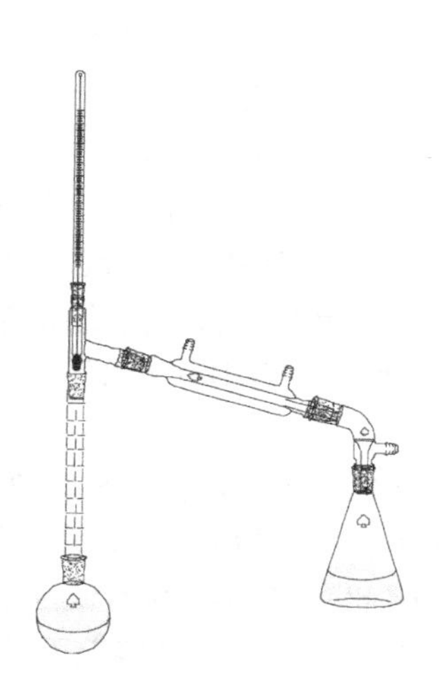

图 1-9　简单分馏装置

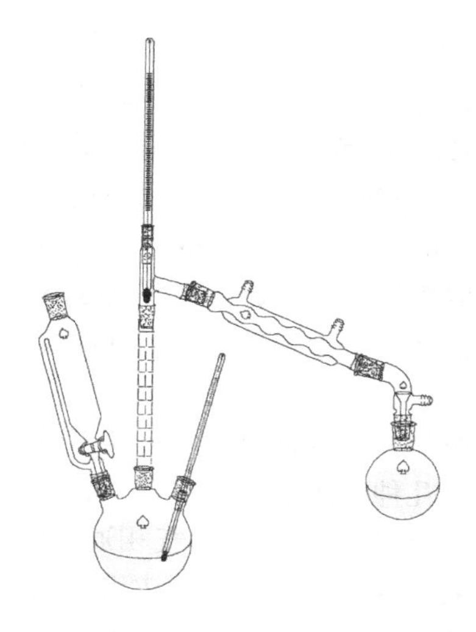

图 1-10　滴加分馏反应装置

6) 搅拌反应装置

用固体和液体或互不相溶的液体进行反应时，为了使反应混合物充分接触，应进行强烈的搅拌或振荡。在反应物量小，反应时间短，而且不需要加热或温度不太高的操作中，用手摇动容器就可达到充分混合的目的。用回流冷凝装置进行反应时，有时需做间歇的振荡。这时可将固定烧瓶和冷凝管的夹子暂时松开，一只手扶住冷凝管，另一只手拿住瓶颈做圆周运动；每次振荡后，应把仪器重新夹好。也可用振荡整个铁台的方法(这时夹子应夹牢)使容器内的反应物充分混合。

在需要用较长时间进行搅拌的实验中，最好用电动搅拌器。电动搅拌的效率高，节省人力，还可以缩短反应时间。图 1-11 是适合不同需要的机械搅拌装置。搅拌棒是用电机带动的。

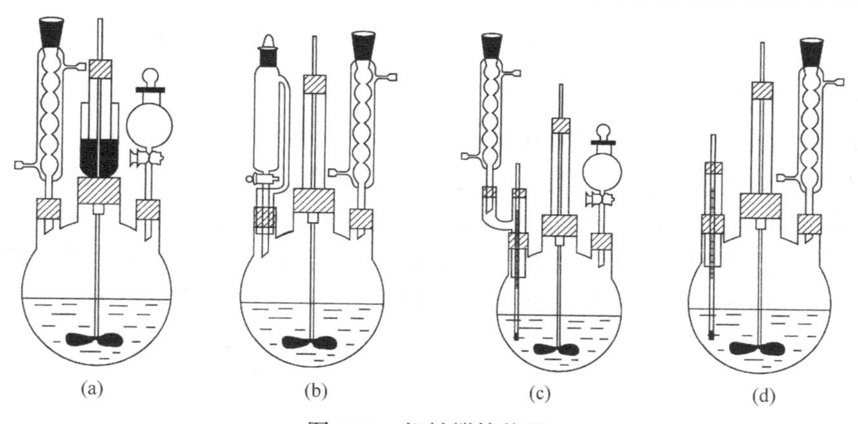

图 1-11　机械搅拌装置

在装配机械搅拌装置时，可采用简单的橡胶管密封[图 1-11(a)]或用液封管[图 1-11(c)]密封。搅拌棒与玻璃管或液封管应配合得合适，不太松也不太紧，搅拌棒能在中间自由地转动。根据搅拌棒的长度(不宜太长)选定三颈烧瓶和电机的位置。先将电机固定好，用短橡胶管(或连接器)把已插入封管中的搅拌棒连接到电机的轴上，然后小心地将三颈烧瓶套上去，至搅拌棒的下端距瓶底约 5 mm，将三颈烧瓶夹紧。检查仪器安装得是否正直，电机的轴和搅拌棒应在同一直线上。用手试验搅拌棒转动是否灵活，再以低转速开动电机，试验运转情况。当搅拌棒与封管之间不发出摩擦声时才能认为仪器装配合格，否则需要进行调整。最后装上冷凝管、滴液漏斗(或温度计)，用夹子夹紧。整套仪器应安装在同一个铁架台上。

在装配实验装置时，使用的玻璃仪器和配装件应洁净、干燥。圆底烧瓶或三颈烧瓶的大小应使反应物占烧瓶容量的 1/3～1/2，最多不超过 2/3。首先将烧瓶固定在合适的高度(下面可以放置煤气灯、电炉、热浴或冷浴)，然后逐一安装冷凝管和其他配件。需要加热的仪器应夹住仪器受热最少的部位，如圆底烧瓶靠近瓶口处。冷凝管则应夹住其中央部位。

7) 蒸馏装置

蒸馏是分离两种以上沸点相差较大的液体和除去有机溶剂的常用方法。图 1-12 是有机化学实验中几种常用的蒸馏装置，可用于不同要求的场合。图 1-12(a)是最常用的普通蒸馏装置。由于这种装置接液处与大气相通，可能会逸出馏液蒸气，因此蒸馏易挥发的低沸点液体时，需在接液管的支管口连接橡皮管，通向水槽或室外。若在接液管的支管口接上干燥装置，则可用作防潮的蒸馏装置，如图 1-12(b)所示。

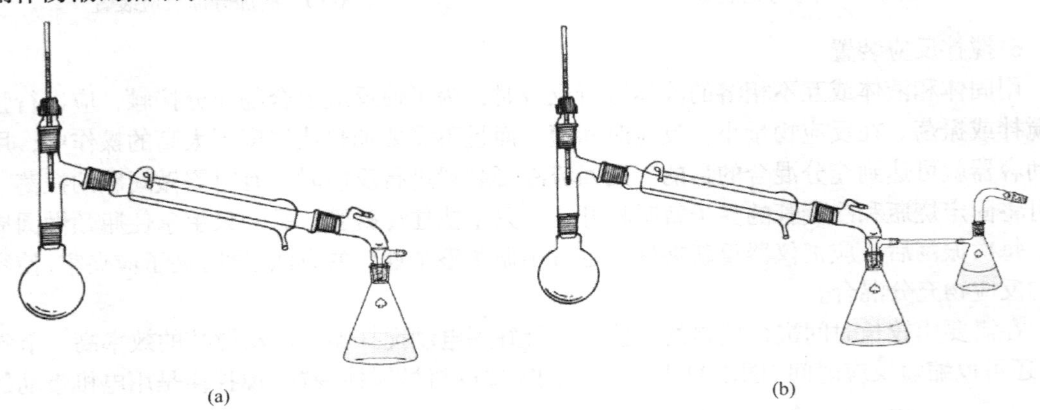

图 1-12　普通蒸馏装置(a)和带干燥装置的蒸馏装置(b)

8) 气体吸收装置

气体吸收装置用于吸收反应过程中生成的刺激性和水溶性的气体(图 1-13)。图 1-13(a)、(b)可用作少量气体的吸收装置。图 1-13(a)中，玻璃漏斗应略微倾斜，使漏斗口一半在水中，另一半在水面上。这样既能防止气体逸出，也可防止水被倒吸至反应瓶中。若反应过程中有大量气体生成或气体逸出时，可使用图 1-13(c)的装置，水至上端流入抽滤瓶中，在恒定的平面上溢出。粗玻璃管恰好伸入水面，被水封住，以防止气体逸入大气中。

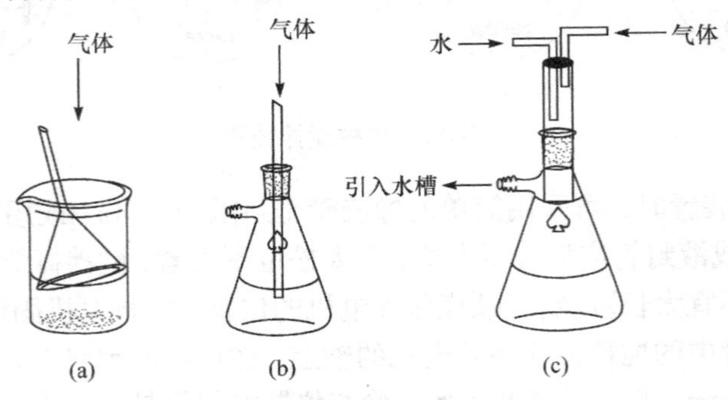

图 1-13　气体吸收装置

2. 仪器的选择、装配与拆卸

有机化学实验的各种反应装置都是由一件件玻璃仪器组装而成的，应根据实验要求选择合适的仪器。一般选择仪器的原则如下：

(1) 烧瓶的选择：根据液体的体积而定，一般液体的体积应占容器体积的 1/3～1/2，也就是说烧瓶容积的大小应是液体体积的 1.5 倍。进行水蒸气蒸馏和减压蒸馏时，液体体积应不超过烧瓶容积的 1/3。

(2) 冷凝管的选择：一般情况下回流用球形冷凝管，蒸馏用直形冷凝管。但是，当蒸馏温度超过 140℃时应改用空气冷凝管，以防温差较大时由于仪器受热不均匀而造成冷凝管断裂。

(3) 温度计的选择：实验室一般备有 150℃和 300℃两种温度计，根据所测温度可选用不同的温度计。一般选用的温度计要高于被测温度 10～20℃。

有机化学实验中仪器装配正确与否，与实验的成败有很大关系。

有机化学实验中所用玻璃仪器间的连接一般采用两种形式：塞子连接和磨口连接。现大多使用磨口连接。

使用标准磨口仪器需要特别注意以下事项：

(1) 必须保持磨口表面清洁，特别是不能沾有固体杂质，否则磨口不能紧密连接。硬质沙粒还会给磨口表面造成永久性的损伤，破坏磨口的严密性。

(2) 标准磨口仪器使用完毕必须立即拆卸，洗净，各个部件分开存放，否则磨口的连接处会发生黏结，难以拆开。非标准磨口部件(如滴液漏斗的旋塞)不能分开存放，应在磨口间夹上纸条以免日久黏结。盐类或碱类溶液会渗入磨口连接处，蒸发后析出固体物质，易使磨口黏结，所以不宜用磨口仪器长期存放这些溶液。使用磨口装置处理这些溶液时，应在磨口涂润滑剂。

(3) 在常压下使用时，磨口一般无需润滑，以免沾污反应物或产物。为防止黏结，也可在磨口靠大端的部位涂敷很少量的润滑脂(凡士林、真空活塞脂或硅脂)。如果要处理盐类溶液或强碱性物质，则应将磨口的全部表面涂上一薄层润滑脂。减压蒸馏使用的磨口仪器必须涂润滑脂(真空活塞脂或硅脂)。在涂润滑脂之前，应将仪器洗刷干净，磨口表面一定要干燥。从内磨口涂有润滑脂的仪器中倾出物料前，应先将磨口表面的润滑脂用有机溶剂擦拭干净(用脱脂棉或滤纸蘸石油醚、乙醚、丙酮等易挥发的有机溶剂)，以免物料受到污染。

在装配一套装置时，首先，所选用的玻璃仪器和配件都要干净，否则往往会影响产物的产量和质量。其次，所选用的器材要恰当。例如，在需要加热的实验中，如需选用圆底烧瓶时，应选用质量好的，其容积大小应为所盛反应物占其容积的 1/2 左右，最多也应不超过 2/3。最后，实验装置(特别是机械搅拌这样的动态操作装置)必须用铁夹固定在铁架台上，才能正常使用，因此要注意铁夹等的正确使用方法。安装仪器时，应选好主要仪器的位置，以热源为准，先下后上，先左后右，逐个将仪器边固定边组装。拆卸的顺序则与组装相反。拆卸前，应先停止加热，移走热源，待稍微冷却后，先取下产物，然后逐个拆掉。拆冷凝管时注意不要将水洒到电热套上。

总之，仪器装配要求做到严密、正确、整齐和稳妥。在常压下进行反应的装置应与大气相通，不能密闭。铁夹的双钳内侧贴有橡皮或绒布，或缠上石棉绳、布条等，否则容易将仪器损坏。使用玻璃仪器时，最基本的原则是切忌对玻璃仪器的任何部分施加过度的压力或局部压力过大。

实验装置的粗糙装配不仅看上去使人感觉不舒服，而且也是潜在的危险。因为扭歪的玻璃仪器在加热时会破裂，有时甚至在放置时也会崩裂。

1.5　实验报告及数据处理

1.5.1　实验报告书写方法

实验报告一般分为三部分：实验预习、实验记录、实验总结。

1. 实验预习

(1) 表明实验目的。

(2) 实验原理及相关化学实验方程式。

(3) 实验装置及流程图。

(4) 实验所用试剂及仪器。

(5) 写出实验步骤或实验流程图。

(6) 分析实验过程中可能出现的问题。

预习要熟练掌握实验原理，明确实验目的，熟悉实验流程，了解实验注意事项。

2. 实验记录

(1) 记录实验过程中的实验现象，如颜色变化、是否有沉淀析出、是否有气体生成等。

(2) 记录实验数据，如样品质量、粗产品质量、提纯样品质量等。

(3) 记录产品性状、物理性质等。

3. 实验总结

(1) 对实验现象逐一做出正确的解释。能用反应式表示的，尽量用反应式表示。

(2) 数据分析及处理。

(3) 实验讨论，包括实验中存在的问题及改进方法。

1.5.2　实验数据处理

1. 误差与偏差

绝对误差：测量值与真实值之间的差值，即

$$E = x - x_T \tag{1-1}$$

绝对误差的单位与测量值的单位相同。误差越小，表示测量值与真实值越接近，准确度越高；反之，误差越大，准确度越低。当测量值大于真实值时，误差为正值，表示测量结果偏高；反之，误差为负值，表示测定结果偏低。

相对误差是指绝对误差相当于真实值的百分比，表示为

$$E_r = \frac{E}{x_T} \times 100\% = \frac{x - x_T}{x_T} \times 100\% \tag{1-2}$$

相对误差有大小、正负之分。相对误差反映的是误差在真实值中所占的比例大小，因此在绝对误差相同的条件下，待测组分含量越高，相对误差越小；反之，相对误差越大。

2. 系统误差和随机误差

1) 系统误差

系统误差是由某种固定的原因造成的，具有重复性、单向性。理论上，系统误差的大小、

正负是可以测定的，所以系统误差又称可测误差。根据系统误差产生的具体原因，可将其分为几类：方法误差、仪器和实际误差、操作误差、主观误差。

2) 随机误差

随机误差也称偶然误差，是由某些难以控制且无法避免的偶然因素造成的，如测定过程中环境条件的微小变化、分析人员对各份试样处理的微小差别等。这些不可避免的偶然因素使分析结果在一定范围内波动而引起随机误差。由于随机误差是由一些不确定的偶然原因造成的，大小和正负不定，有时大有时小，有时正有时负，因此随机误差是无法测量的，是不可避免的，也是不能加以校正的。

3. 相关计算

(1) 产率计算：

$$\text{产率}=\frac{\text{实际产量}}{\text{理论产量}}\times 100\% \tag{1-3}$$

(2) 相关实验要求结果计算。

1.6　有机化学实验文献检索与网络资料应用

查阅文献资料是化学工作者的基本功，特别是在科研工作中，通过文献可以了解相关科研方向的研究现状与最新进展。目前与有机化学相关的文献资料已经相当丰富，许多文献如化学辞典、手册、理化数据和光谱资料等，其数据来源可靠，查阅简便，并不断进行补充更新，是有机化学的知识宝库，也是化学工作者学习和研究的有力工具。随着计算机技术与互联网技术的发展，网上文献资源发挥越来越重要的作用，了解一些与有机化学有关的网上资源对于做好有机化学实验是非常有帮助的。文献资料和网络化学资源不仅可以帮助了解有机物的物理性质、解释实验现象、预测实验结果和选择正确的合成方法，而且还可使实验人员避免重复劳动，取得事半功倍的实验效果。

1. 常用工具书

1)《精细化学品制备手册》

该手册由章思规、辛忠主编，科学技术文献出版社出版，1994 年第 1 版。单元反应部分共十二章，分章介绍磺化、硝化、卤化、还原、胺化、烷基化、氧化、酰化、羟基化、酯化、成环缩合、重氮化与偶合，从工业实用角度介绍这些单元反应的一般规律和工业应用。实例部分收入约 1200 个条目，大致按上述单元反应的顺序编排。实例条目以产品为中心，每一条目按条目标题(中文名称、英文名称)、结构式、分子式和分子量、别名、形状、生产方法、产品规格、原料消耗、用途、危险性质、国内生产厂和参考文献等顺序介绍，便于读者查阅。

2004 年章思规整理主编《精细化学品及中间体手册(上下)》，由化学工业出版社出版。该手册编入精细有机化学品近 4500 种。介绍的内容包括：产品名称、结构式、分子式和分子量、性状、生产方法、用途、参考文献。重点介绍了过去近十余年来国内外根据市场需求开发中间体的最新进展，重要中间体的新品种、新技术、新用途，包括生物资源化工产品开发利用的最新发展。为了查阅方便，该书正文按英文名称的字母顺序排列，书末附有分子式索引、化学文摘(CA)登录号索引和中文标题名称索引。该书可供从事精细化工产品开发研究、规划设计、生产经营和销售方面的人员阅读。

2)《国际化学品安全卡》

《国际化学品安全卡》(ICSC)是联合国环境规划署(UNEP)、国际劳工组织(ILO)和世界卫生组织(WHO)的合作机构国际化学品安全规划署(IPCS)与欧洲联盟委员会(EU)合作编辑的一套具有国际权威性和指导性的化学品安全信息卡片。卡片扼要介绍了2000多种常用有毒化学物质的理化性质、接触可能造成的人体危害和中毒症状、如何预防中毒和爆炸、急救/消防、泄漏处置措施、储存、包装与标志及环境数据等数据，供在工厂、农业、建筑和其他作业场所工作的各类人员使用。

3)《化学化工物性数据手册》

该手册由刘光启、马连湘、刘杰主编，2002 年由化学工业出版社出版。分上、下两卷，上卷为无机卷，下卷为有机卷，两卷共30章，以表格的形式列出12000多种物料的基本物性数据。2013 年出版增订版，也分为无机卷和有机卷。有机卷(增订版)采用法定单位，以物性为主线，用数据表达了8640余种物料的物性，增加了2092种危险品特性和1471种化工产品的质量指标；无机卷(增订版)同样采用法定单位，以物性为主线，用数据表达了3512种无机物料的物性、危险品特性和化工产品的质量指标，内容全面、资料准确、实用性强、方便查阅。

4) *Handbook of Chemistry and Physics*

该书为英文版的物理化学手册，由美国化学橡胶公司(CRC)于1913年首次出版，此手册每隔一两年再版一次，至今已修订100版。内容分6个方面：数据用表、元素、无机化合物、有机化合物、普通化学、普通物理常数和其他。有机化合物是按照1979年国际纯粹与应用化学联合会的原则进行命名的，按照化合物英文名称的字母顺序排列，查阅时使用化合物的英文名称和分子式索引(formula index)可很快查出所需要的化合物的分子式及物理常数。如果化合物分子式中碳、氢、氧的数目较多，在该分子式后面附有不同结构化合物的编号，根据编号可以查出相应的化合物。由于有机化合物有同分异构现象，因此在一个分子式下面常有许多编号，需要逐条去查，这部分列出了15031条常见有机化合物的物理常数。

5) *The Merck Index*

这是一本非常详尽的化学工程工具书，收集了近10000种有机化合物和药物的性质、制法和用途，以及4500多个结构式和40000多种化学产品和药物的命名。化合物按英文名称的字母顺序排列，附有简明的摘要、物理和生物性质，并附文献和参考书。索引中还包括交叉索引和一些化学文摘登录号的索引。在 Organic Name React Lots 部分中，对在国外文献资料中以人名来命名的反应做了简单的介绍。一般用方程式表明反应的原料、产物及主要反应条件，并指出最初发表论文的作者和出处，同时列出有关这个反应的综述性文献资料，便于进一步查阅。该书1889年由美国Merck公司首次出版，2008年已经出版第14版。目前该书由英国皇家化学学会(Royal Society of Chemistry)出版。100多年来，默克指数一直被认为是有关化学品、药物和生物制品的最权威、最可靠的信息来源。现在，英国皇家化学学会在网上提供了这种可信的资源。默克在线索引在一个方便和容易搜索的全文数据库中提供了与印刷版相同的高度权威的信息。它包含超过11500部专著，包括印刷版没有的历史记录。默克在线指数定期更新，由专家提供准确的信息。

6) *Heirloom Dictionary of Organic Compounds*(《海氏有机化合物辞典》)

该书收集了常见的有机化合物条目近30000条，连同衍生物在内共60000多条。主要内容包括有机化合物的组成、分子式、结构式来源、性状、物理常数化合物性质及其衍生物等，并给出了制备化合物的主要文献资料。该书的编排按化合物英文名称的字母顺序排列，便于查找。该书自第 6 版开始，以后每年出一补编，到 1988 年已出了第 6 补编。该书有中文译本，仍然按化合物英文名称的字母顺序排列，在英文名称后面附有中文名称，因此在使用中文译本时，仍需要知道化合物的英文名称。

7) *Lange's Handbook of Chemistry*(《兰氏化学手册》)

该书于 1934 年出版第 1 版，1999 年已经出版第 15 版，由 McGraw-Hill Company 出版。第 1 版至第 10 版由 N. A. Lange 主编，第 11 版至第 15 版由 J. A. Dean 主编。2004 年出版第 16 版，由 J. G. Speight 主编。该书为综合性化学手册，内容包括数学、综合数据和换算表，以及化学各学科中物质的光谱学、热力学性质，其中给出了 7000 多种有机化合物的物理性质。第 16 版中还添加了一些公式，可供读者计算温度、压力等重要数值。

8) *Beilstein's Handbuch der Organischen Chemie*(《贝尔斯坦有机化学手册》)

该书是由留学德国的俄国人贝尔斯坦(F. K. Beilstein)所编，1881 年首次出版，现在多数使用的是 1918 年开始发行的第 4 版共 31 卷，H 称为正篇(Hauptwetk，简称 H)，收集内容到 1909 年为止。之后每 10 年进行一次补充，以后补充的称为补编(Ergä nzungswerk，简称 E)，补编是正编相应各卷内容的补充。

2. 常用期刊文献

(1)《中国科学》，月刊(1951 年创刊)。原为英文版，自 1972 年开始出版中文和英文两种版本。刊登我国各自然科学领域中有水平的研究成果。《中国科学》分为 A、B 两辑，B 辑主要包括化学、生命科学、地学方面的学术论文。

(2)《科学通报》，半月刊(1950 年创刊)。它是自然科学综合性学术刊物，有中文、英文两种版本。

(3)《化学学报》，半月刊(1933 年创刊)。原名《中国化学会会志》。主要刊登化学方面有创造性的、高水平的学术论文。

(4)《高等学校化学学报》，月刊(1980 年创刊)。它是化学学科综合性学术期刊。除重点报道我国高校师生创造性的研究成果外，还反映我国化学学科其他各方面研究人员的最新研究成果。

(5)《有机化学》，月刊(1981 年创刊)。刊登有机化学方面的重要研究成果。

(6)《化学通报》，月刊(1952 年创刊)。以报道知识介绍、专论、教学经验交流等为主，也有研究工作报道。

(7) *Journal of the Chemical Society* (*J. Chem. Soc.*)，月刊(1841 年创刊)。本刊为英国皇家化学学会会志。1962 年起取消卷号，按公历纪元编排。本刊为综合性化学期刊，研究论文包括无机化学、有机化学、生物化学、物理化学。全年末期有主题索引及作者索引。从 1970 年起分四辑出版，均以公历纪元编排，不另设卷号。

(a) *Dalton Transactions*。主要刊载无机化学、物理化学及理论化学方面的文章。

(b) *Perkin Transactions*。Ⅰ：有机化学与生物有机化学；Ⅱ：物理有机化学。

(c) *Journal of the Chemical Society, Faraday Transactions*。Ⅰ：物理化学；Ⅱ：化学物理。

(d) *Chemical Communications*。

(8) *Journal of the American Chemical Society* (*J. Am. Chem. Soc.*)。本刊为美国化学学会会志，是自 1879 年开始的综合性双周期刊，现为周刊。主要刊载研究工作的论文，内容涉及无机化学、有机化学、生物化学、物理化学、高分子化学等领域，并有书刊介绍。每卷末有作者索引和主题索引。

(9) *The Journal of Organic Chemistry* (*J. Org. Chem.*)，月刊(创刊于 1936 年)。主要刊载有机化学方面的研究工作论文。

(10) *Chemical Reviews* (*Chem. Rev.*)，月刊(创刊于 1924 年)。主要刊载化学领域中的专题及发展近况的评论。内容涉及无机化学、有机化学、物理化学等各方面的研究成果与发展概况。

(11) *Tetrahedron*。1957 年创刊，周刊，主要是为了迅速发表有机化学方面的研究工作和评论性综述文章。大部分论文是用英文写的，也有用德文或法文写的论文。

(12) *Tetrahedron Letters*。周刊，主要是为了迅速发表有机化学方面的初步研究工作。大部分论文是用英文写的，也有用德文或法文写的论文。

(13) *Synthesis*。1973 年创刊，主要刊载有机化学合成方面的论文。

(14) *Journal of Organometallic Chemistry* (*J. Organomet. Chem.*)。1963 年创刊，双周刊，主要报道金属有机化学方面的最新进展。

(15) *Chemical Abstracts* (CA)，美国《化学文摘》，是化学化工方面最主要的二次文献，1907 年创刊。自 1962 年起每年出两卷。自 1967 年上半年，即 67 卷开始，逢单期号刊载生物化学类和有机化学类内容；逢双期号刊载大分子类、应用化学与化工、物理化学与分析化学类内容。有关有机化学方面的内容几乎都在单期号内。

3. 网络资源

1) 美国化学学会数据库 (https://pubs.acs.org)

美国化学学会 (American Chemical Society，ACS) 成立于 1876 年，现已成为世界上最大的科技协会之一，其会员数超过 16 万。多年以来，ACS 一直致力于为全球化学研究机构、企业及个人提供高品质的文献资讯及服务，在科学、教育、政策等领域提供了多方位的专业支持，成为享誉全球的科技出版机构。ACS 的期刊被 ISI 的 Journal Citation Report (JCR) 评为：化学领域中被引用次数最多的化学期刊。

ACS 出版 34 种期刊，内容涵盖以下领域：生化研究方法、药物化学、有机化学、普通化学、环境科学、材料学、植物学、毒物学、食品科学、物理化学、环境工程学、工程化学、应用化学、分子生物化学、分析化学、无机与原子能化学、资料系统计算机科学、学科应用、科学训练、燃料与能源、药理与制药学、微生物应用生物科技、聚合物、农业学。

网站除具有索引与全文浏览功能外，还具有强大的搜索功能，查阅文献非常方便。

2) 英国皇家化学学会期刊及数据库 (https://pubs.rsc.org)

英国皇家化学学会 (Royal Society of Chemistry，RSC) 出版的期刊及数据库是化学领域的核心期刊和权威性数据库。

数据库 Methods in Organic Synthesis (MOS) 提供有机合成方面最重要进展的通告服务，提供反应图解，涵盖新反应、新方法，包括新反应和试剂、官能团转化、酶和生物转化等内容，只收录在有机合成方法上具有新颖性特征的条目。数据库 Natural Product Updates (NPU) 收录有关天然产物化学方面最新发展的文摘，内容选自 100 多种主要期刊，包括分离研究、生物合成、新天然产物和来自新来源的已知化合物、结构测定，以及新特性和生物活性等。

3) Beilstein/Gmelin Crossfire 数据库 (http://www.reaxys.com)

数据库包括贝尔斯坦有机化学资料库及盖莫林 (Gmelin) 无机化学资料库，含有 700 多万个有机化合物的结构资料和 1000 多万个化学反应资料以及 2000 万有机物性质和相关文献，内容相当丰富。

CrossFire Beilstein 数据来源为1779～1959年 *Beilstein Handbook* 从正编到第四补编的全部内容和1960年以来的原始文献数据。原始文献数据包括熔点、沸点、密度、折射率、旋光性、从天然产物或衍生物分离的方法。该数据库包含800万种有机化合物和500多万个反应。用户可以用反应物或产物的结构或亚结构进行检索，也可以用相关的化学、物理、生态、毒物学、药理学特性以及书目信息进行检索。在反应式、文献和引用化合物之间有超链接，使用十分方便。

CrossFire Gmelin 是无机化合物和金属有机化合物的结构及相关化学、物理信息的数据库，现在由 MDL Information Systems 发行维护。该数据库的信息来源有两个，一个是1817～1975年 *Gmelin Handbook* 主要卷册和补编的全部内容，另一个是1975年至今的111种涉及无机化学、金属有机化学和物理化学的科学期刊。记录内容为事实、结构、理化数据(包括各种参数)、书目数据等信息。

4) 美国专利和商标局网站数据库(http://www.uspto.gov)

该数据库用于检索美国授权专利和专利申请，免费提供1790年至今的图像格式的美国专利说明书全文，1976年以来的专利还可以看到HTML格式的说明书全文。专利类型包括：发明专利、外观设计专利和植物专利3种。该系统检索功能强大，可以免费获得美国专利全文。

5) John Wiley 电子期刊(http://www.onlinelibrary.wiley.com)

目前 John Wiley 出版的电子期刊有400多种，其学科范围以科学、技术与医学为主。该出版社期刊的学术质量很高，是相关学科的核心资料，其中被SCI收录的核心期刊200多种。学科范围包括：生命科学与医学、数学统计学、物理、化学、地球科学、计算机科学、工程学等，其中化学类期刊100多种。

6) Elsevier Science 电子期刊全文库(http://www.sciencedirect.com)

爱思唯尔(Elsevier)是荷兰一家全球著名的学术期刊出版商，每年出版大量的学术图书和期刊，大部分被SCI、SSCI、EI收录。Elsevier Science 公司出版的期刊是世界上公认的高品位学术期刊。近几年该公司将其出版的2500多种期刊和11000多种图书全部数字化，即 ScienceDirect 全文数据库，并通过网络提供服务。清华大学与 Elsevier Science 公司合作，已在清华大学图书馆设立镜像服务器，访问网址：http://elsevier.lib.tsinghua.edu.cn。非清华大学校园IP地址可通过 Shibboleth 认证直接访问“Elsevier SciVerse Science Direct”。

7) 中国期刊全文数据库(http://www.cnki.net)

该数据库收录1994年至今的6000余种核心与专业特色期刊全文，累积全文800多万篇，题录1500多万条。分为理工A(数理科学)、理工B(化学化工能源与材料)、理工C(工业技术)、农业、医药卫生、文史哲、经济政治与法律、教育与社会科学综合、电子技术与信息科学九大专辑，126个专题数据库，网上数据每日更新。

8)《化学学报》《有机化学》*Chinese Journal of Chemistry* 联合网站(http://sioc-journal.cn/index.htm)

提供《化学学报》、《有机化学》、*Chinese Journal of Chemistry*(《中国化学》)2000年至今发表的论文全文和相关检索服务。

1.7 有机化学实验的发展趋势

为了培养学生的科学素质、研究能力和创新能力，传统的有机化学实验课程正在经历变革。以有机化学实验的绿色化、小量化、开放化和综合多步化建立新的实验体系和教学模式，是有机化学实验教学改革的必经之路，也是现代高校有机实验课程的发展趋势。

有机化学实验是有机化学的重要组成部分。有机化学实验课程在我国高等院校中开设已有相当长的历史，国家和各类高校都十分重视有机化学实验课程的开展和变革。长期以来，为了更好地开展有机化学实验课程，使其能够更好地促进学生对有机化学理论知识的学习，广大实验教师一直在对这门课程进行积极的探索。在过去相当长的一段时间里，有机化学实验课程一直停留在只是把一些经典的、容易完成的实验作为有机化学实验课程的内容。随着时间的推移和现代科技的不断进步，有机化学实验课程出现了新的发展趋势。

1. 有机化学实验的绿色化

绿色化学是当今国际化学科学研究的前沿课题之一。绿色化学是利用化学原理和方法减少或消除对人类健康、生态环境有害的反应原料、催化剂、溶剂和试剂、产物和副产物的新兴学科。在人类对环境保护日益重视的今天，有机化学实验的“绿色化”具有尤为重要的意义。要做到有机化学实验的绿色化，首先要在有机化学实验教学中实施绿色化学理念，其次要在实验过程中不断探索和应用绿色化的方法，主要体现在以下几个方面：

(1) 更新实验内容和设计实验新途径。应用绿色化学的理念，对实验教学课程体系进行重组，在完成教学目的的前提下，改进或重新设计实验内容，淘汰或改进对环境危害较大的化学实验等。

(2) 采用现代教育技术。利用多媒体技术，通过文字、声音、图像等先让学生仿真化学实验，再进行实际操作，从而提高学生对实验的精确控制能力，提高实验的成功率，避免实验失败给师生身体带来的更多危害、对环境造成的污染。

(3) 在日常实验教学中，应注意强化实验操作规范，培养学生良好的实验习惯。在实验过程中，尽量减少实验的失败以及试剂不必要的挥发、浪费等。

(4) 应用新技术，使用新设备。随着科学技术的进步，先进仪器的不断出现为化学实验绿色化提供了技术保障。实验应尽量少使用化学法，多采用仪器法。

(5) 重视“三废”处理。化学实验自身的性质决定了无法彻底消除污染物的产生，对这些废物要进行后续处理。可以通过循环利用、无害化等方法进行处理，尽量减少对环境的污染。

2. 有机化学实验的小量化

现代高校有机化学实验操作的规模，即实验中主要化学试剂的用量，大多仍停留在常量操作的水平，与有机化学及其相关实验技术的快速发展远远不相适应。随着科学技术的进步，有机化学实验正朝着减少反应用量、提高实验质量的方向发展。与传统的常量实验模式相比，小量实验有着很大的优势：

(1) 有效降低实验费用。与常量操作相比，小量操作较大程度地节约了化学试剂、溶剂用量，主要化学试剂的总消耗量降低到原来使用量的40%甚至20%以下，有机溶剂和其他辅助试剂的消耗量也按相应的比例减少，有效地缓解了经费不足的问题。

(2) 提高了实验操作的安全性，减轻了环境污染。由于化学试剂的用量大大减少，燃烧、爆炸、中毒等事故隐患相应减少，有机溶剂、化学试剂蒸气的挥发量，有害气体、废弃物的排放量明显减少，实验产品的储存数量也大为减少，有效地改善了实验环境，也有益于环境保护。

(3) 提高了学生的实验操作技能。由于是小量实验，对学生的实验操作技术提出了更高的要求，有利于学生由易到难、循序渐进地学习掌握有机化学实验的基本技能和各种合成技术，培养学生严谨的科学态度、规范化的操作及动手能力。经过反复训练，学生的分析问题和解决问题能力、实验技术都有了长足的进步。

(4)节约时间，提高了实验效率。采用小实验，实验时间相应可缩短 20%～30%，再配合多步骤实验，实验进度明显加快，在相同的实验时间里，实验内容增加，学生获取的知识也增加。

(5)更新实验内容。过去因试剂量大、原料贵、条件苛刻、溶剂处理不安全等多种因素不能开设的近代新反应、新方法，现在均可由学生在实验室顺利完成，开阔学生的视野。

3. 有机化学实验的开放化

所谓开放式实验教学，是指高校实验室在时间、空间、内容和教学方法等方面对学生开放，由学生自主选择并进行实验学习与研究的教学方式，是现代高校培养综合型、创新型人才的新途径。实验室的开放程度也已成为衡量高校教学、科研是否具有现代化水平的重要标志之一。开放式实验教学对高校的办学资源提出了更高的要求。但是，它有着传统实验教学无法起到的作用，主要体现在以下几个方面：

(1)进一步提高了学生的综合实验能力。开放式实验是学生自拟课题型实验，此类实验课题由学生根据自己的兴趣、爱好，通过查阅相关文献，自拟题目，制定实验任务，提出实验设计的具体方案，并提交可行性报告，经教师和学生共同讨论、审议、修订后，学生即可按照实验方案自主开展的实验活动。充分调动了学生的创新能力和动手能力、独立思维和设计思维，大大增强了学生的独立实验能力。

(2)充分利用了时间和资源。开放式实验是学生结合自身情况，利用业余时间自行计划、实施的实验。这样不但充分利用了学生的业余时间，还提高了学生学习的积极性和自主性。同时，在对学生进行适当的培训后，让他们也有了使用精密、贵重仪器的机会，提高了动手能力，也解决了一些仪器设备使用率偏低、资源未能得到充分利用的情况。

(3)提高了学生的科研能力。开放式实验的每个环节都由学生独立完成，指导教师在整个实验过程中只是起到启发和引导的作用，只有在学生提出请求时才给予必要的指导，而且鼓励学生自行解决实验过程中遇到的困难。此类课题不但提高了学生对科研的认识，而且锻炼了学生的实际工作能力和科研能力，以及团队协作精神等多方面的综合素质，为学生锻炼成长、毕业后服务社会打下坚实的基础。

(4)完善了实验室的管理制度。对应于开放式的实验，就要有开放的实验管理手段。可以利用现代教育技术手段，建立开放实验项目管理系统，包括开放实验项目卡的填写，开放实验项目的申请，以及实验报告的提交、实验成绩的录入等。此外，可以将开放时间、地点，可供选择的实验项目，实验室拥有的仪器设备、仪器的使用说明、注意事项等信息公布于网上，以方便学生随时查阅，并可以网上预约、登记。这样不仅能够大大节约时间，提高管理效率，而且使实验室的管理工作更加灵活、科学、完善。

4. 有机化学实验的综合多步化

现在全国各类高校开设的有机化学实验课程基本都是一次课做一个经典的有机化学实验，它的优点就是实验方法和实验技术都十分成熟，学生做起来容易验证，实验结果的重现性好，但是容易导致学生在实验过程中只是机械地按照课本去完成，束缚了学生的思考能力和创造能力。有机化学实验的综合多步化，就是学生要完成的不再是一个实验，而是由几个实验构成的一个序列，第一个实验的产物作为第二个实验的原料，依次完成下去，最后一个实验才能做出目标产物。综合性多步实验的优点是：

(1)使学生能够把理论和实践结合起来。在理论课上，学生也做多步有机合成，但只是停留在理论，学生没有考虑原料的经济性、反应的具体条件、产品产率等。综合性多步实验使学生加深了对有机合成的认识，能够把知识从理论型转变到应用型。

(2)进一步培养学生严谨的科学态度。在多步实验中，前面的实验产物是后面实验的原料，这就意味着如果第一步的实验结果出错，后面的结果都不会正确，中间的环节出错，前面的工作就全部白做，促使学生在每一步的实验都小心谨慎，确保成功。

(3)提高了药品的利用率，减少实验经费的支出。在综合多步实验中，前面实验的产品都作为后面实验的原料使用，与一个新开实验相比，既减少了对新药品的需求，又减少了实验废弃品排放。可以说，开设综合性多步实验，是一举多得的事情。

5. 结束语

有机化学实验课程从开设以来就不断地进行改革，其根本目的是促进素质教育和加强能力培养。有机化学实验课程的绿色化、小量化、开放化和综合多步化是当今有机化学实验的发展趋势，也是有机化学实验教学改革的必经之路。通过以上发展，最终将建立新的实验体系，学生通过新的实验体系的训练，有机化学实验教学改革也必定能够成功。有机化学实验作为有机化学的基础，它的发展必将推动有机化学学科的进步。

第2章　有机化学基本操作及相关实验

2.1　温度升降操作

加热方法与热源的装置使用参见 1.4.3 小节。

实验一　酒精喷灯的使用及玻璃管(棒)和滴管的制作

【实验目的】

练习塞子的钻孔和玻璃管的简单加工。

【实验原理】

一、灯的使用

酒精灯和酒精喷灯是实验室常用的加热器具。酒精灯的温度一般可达 400～500℃；酒精喷灯的温度可达 700～1000℃。

1. 酒精灯

1)组成

酒精灯由灯壶、灯帽和灯芯构成，其正常火焰分为 3 层：焰心、内焰(还原焰)和外焰(氧化焰)(图 2-1)。进行实验时，一般都用外焰加热。

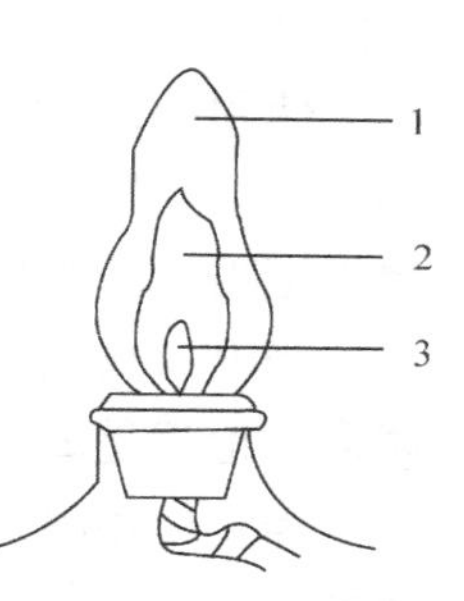

图 2-1　酒精灯火焰

1. 外焰；2. 内焰；3. 焰心

2)使用方法

酒精灯的使用方法见图 2-2。

(1)检查灯芯，并修整齐。

(2)用漏斗添加酒精，添加的量以 1/2～2/3 为宜。

(3)用火柴点燃。

(4)用完后，用灯罩熄灭，再重盖一次，防止冷却后造成负压打不开。

(5)用防风罩可使火焰熄灭后平稳。

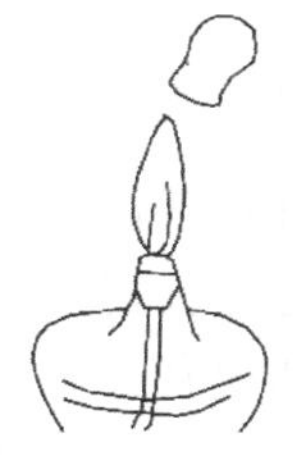

图 2-2　酒精灯的使用方法

2. 酒精喷灯

1) 类型和构造

常用的酒精喷灯有座式和挂式两种。座式酒精喷灯的结构如图 2-3(a)所示，挂式酒精喷灯的结构如图 2-3(b)所示。

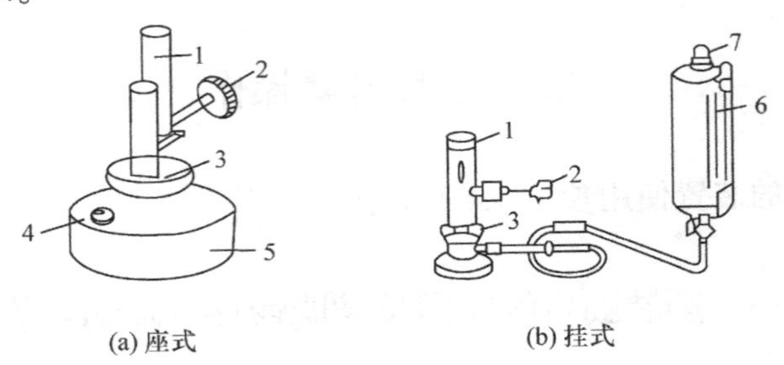

图 2-3　酒精喷灯的类型和构造

1. 灯管；2. 空气调节管；3. 预热盘；4. 铜帽；5. 酒精壶；6. 酒精储罐；7. 盖子

2) 使用方法

酒精喷灯的使用方法如下(以座式酒精喷灯为例)：

旋开加注酒精的螺旋盖，通过漏斗把酒精倒入酒精储罐。为了安全，酒精的量不可超过罐内容积的 80%(约 200 mL)。随即将盖旋紧，避免漏气。

灯管内的酒精蒸气喷口直径为 0.55 mm，容易被灰尘等堵塞，堵塞后就不能引燃，所以每次使用酒精喷灯时，先用捅针捅一捅酒精蒸气喷口，以保证出气口畅通。

使用前，先在预热盘内注 2/3 容量的酒精，然后点燃预热盘内的酒精，以加热金属灯管(此刻要转动空气调节器把入气孔调到最小)。待酒精气化，从喷口喷出时，预热盘内燃烧的火焰便可把喷出的酒精蒸气点燃。若不能点燃，也可用火柴点燃。

当喷口火焰点燃后，再调节空气量，使火焰达到所需的温度。在一般情况下，进入空气越多，也就是氧气越多，火焰温度越高。

停止使用时，可用石棉网覆盖燃烧口，同时用湿布盖在灯座上，使其降温。移动空气调节器，加大空气量，灯焰即熄灭。然后戴隔热手套或用布包裹并旋松螺旋盖(以免烫伤)，使灯壶内的酒精蒸气放出。

喷灯使用完毕，应将剩余酒精倒出。

二、玻璃管(棒)的简单加工

玻璃管(棒)加工前应当洁净，加工时应当干燥。

1. 玻璃管(棒)的截断

将玻璃管(棒)平放在桌面上，根据需要的长度左手按住要切割的部位，右手用锉刀的棱边在要切割的部位朝一个方向(不要来回锯)用力挫出一道凹痕。然后双手持玻璃管(棒)，两拇指齐放在凹痕背面，并轻轻地由凹痕背面向外推折，同时两食指和拇指将玻璃管(棒)向两边拉，如此将玻璃管(棒)截断，如图 2-4(a)所示。两种玻璃管截面的比较如图 2-4(b)所示。

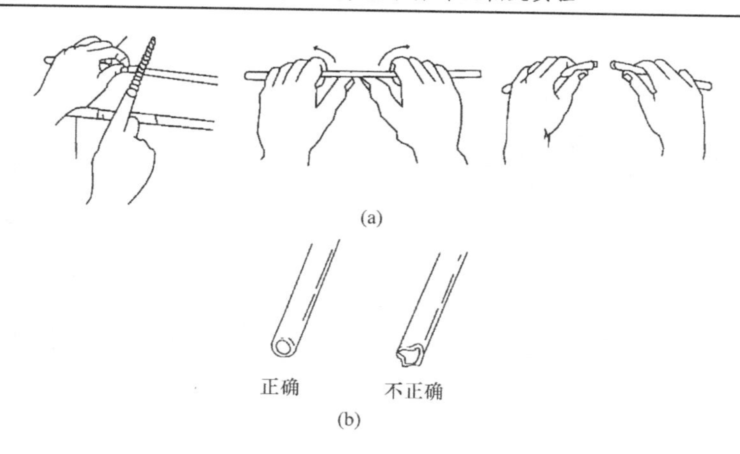

图 2-4　玻璃管(棒)的截断(a)及两种玻璃管截面比较(b)

2. 熔光

切割的玻璃管(棒)，其截面的边缘很锋利，容易割破皮肤、橡皮管或塞子，所以必须放在火焰中熔烧，使其平滑，这个操作称为熔光(或圆口)。将刚切割的玻璃管(棒)的一头插入火焰中熔烧。熔烧时，角度一般为 45°，并不断来回转动玻璃管(棒)，直至管口变成红热平滑为止，如图 2-5 所示。

熔烧时，加热时间过长或过短都不好。过短，玻璃管(棒)口不平滑；过长，管径会变小。转动不匀，会使管口不圆。灼热的玻璃管(棒)应放在石棉网上冷却，切不可直接放在实验台上，以免烧焦台面，也不要用手摸，以免烫伤。

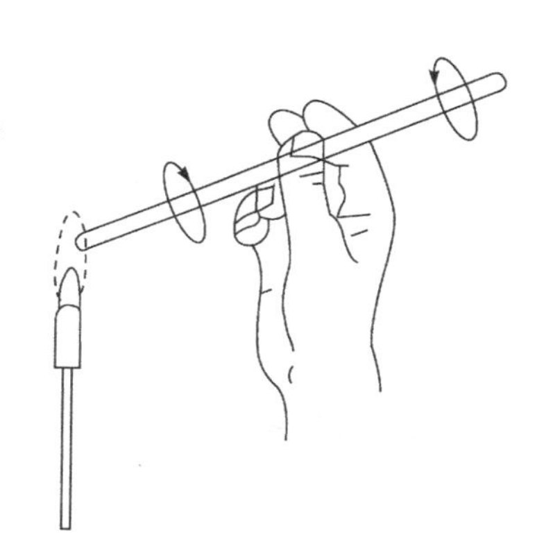

图 2-5　熔烧玻璃管的截面

3. 弯曲

1)烧管

将玻璃管用小火预热一下，然后手持玻璃管，把要弯曲的地方斜插入氧化焰中，以增大玻璃管的受热面积(也可在燃气灯上罩以鱼尾灯头扩展火焰，增大玻璃管的受热面积)，同时缓慢而均匀地转动玻璃管，两手用力要均等，转速要一致，以免玻璃管在火焰中扭曲，一直加热到玻璃管变软，如图 2-6 所示。

2)弯管

自火焰中取出玻璃管，稍等片刻(1～2 s 后)，使各部温度均匀，迅速准确地把玻璃管弯成所需的角度，待玻璃管变硬时再停止。弯管的正确手法是 V 字形，两手在上方，玻璃管的弯曲部分在两手中间的下方，如图 2-7 所示。弯好后等其冷却变硬，再把玻璃管放在石棉网上继续冷却，待玻璃管变硬时再停止。冷却后，应检查其角度是否准确，整个玻璃管是否处在同一个平面上。

120°以上的角度可一次弯成，较小的锐角可分几次弯成。先弯一个较大的角度，然后在第一次受热部位的稍偏左或偏右处进行第二次加热和弯曲，直到弯曲成所需的角度为止，如图 2-8(a)所示。弯管质量好坏如图 2-8(b)所示。

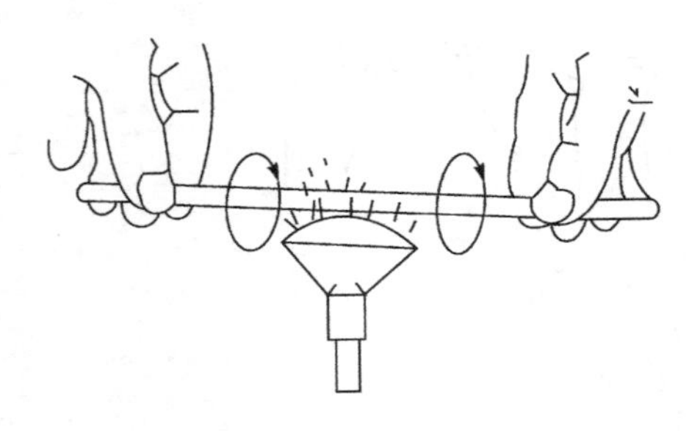

图 2-6　加热玻璃管的方法

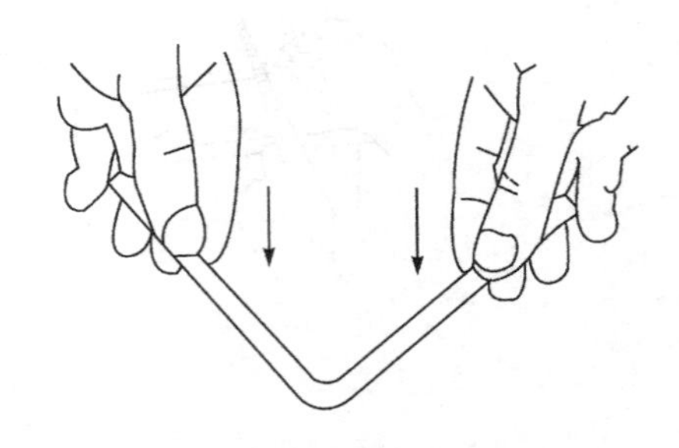

图 2-7　弯制玻璃管

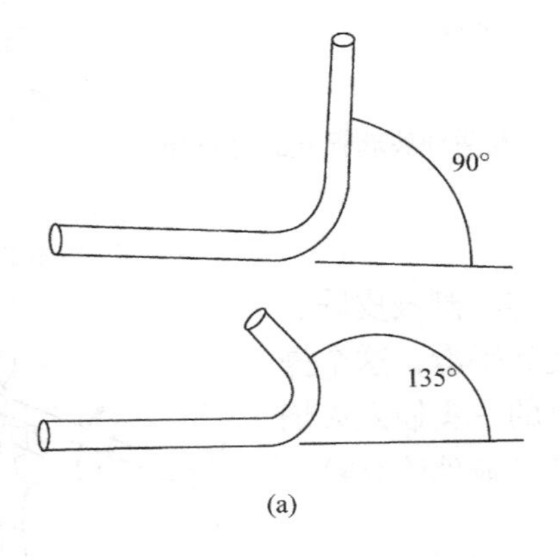

(a)

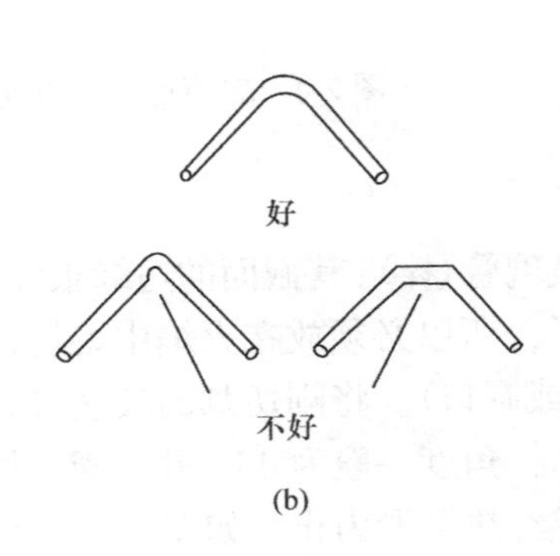

(b)

图 2-8　弯管实例(a)及弯管质量好坏(b)

4. 制备毛细管和滴管

1) 烧管

拉细玻璃管时，加热玻璃管的方法与弯玻璃管基本一样，但是要烧得时间更长，玻璃管软化程度更大，烧至红黄色。

2) 拉管

待玻璃管烧成红黄色软化以后，取出，两手顺着水平方向边拉边旋转玻璃管，拉到所需要的细度时，一手持玻璃管向下垂一会儿。冷却后，按需要长短截断，形成两个尖嘴管。如果要求细管部分具有一定的厚度，应在加热过程中当玻璃管变软后，将其轻缓向中间挤压，减短它的长度，使管壁增厚，然后按上述方法拉细，如图 2-9 所示。

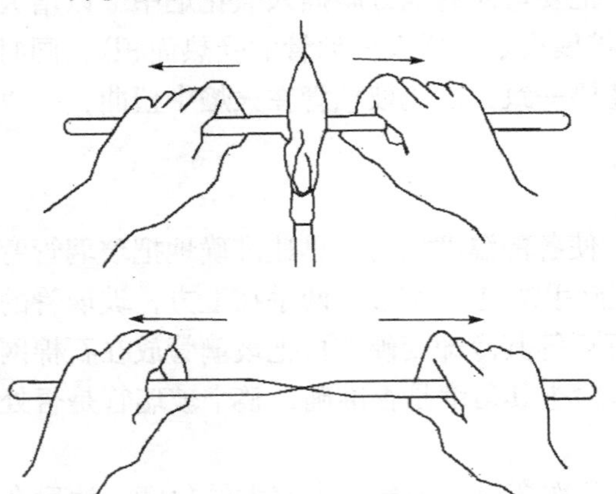

图 2-9　玻璃管的拉制

3) 制滴管的扩口

将未拉细的另一端玻璃管口以 40°斜插入火焰中加热，并不断转动。待管口灼烧至红热后，用金属锉刀柄斜放入管口内迅速而均匀地旋转，将其管口扩开。另一扩口的方法是待管口烧至稍软化后，将玻璃管口垂直放在石棉网上，轻轻向下按一下，将其管口扩开。冷却后，安上胶头即成滴管。

5. 塞子与塞子钻孔

为了能在塞子上装置玻璃管、温度计等，塞子需预先钻孔。常用的钻孔器是一组直径不同的金属管。它的一端有柄，另一端很锋利，可用来钻孔。

1) 塞子大小的选择

塞子的大小应与仪器的口径相适合，塞子塞进瓶口或仪器口的部分不能少于塞子本身高度的1/2，也不能多于2/3。

2) 钻孔器大小的选择

选择一个比要插入橡胶塞的玻璃管口径略粗一点的钻孔器，因为橡胶塞有弹性，孔道钻成后会收缩而使孔径变小。

3) 钻孔的方法

将塞子小头朝上平放在实验台上的一块垫板上(避免钻坏台面)，左手用力按住塞子，不得移动，右手握住钻孔器的手柄，并在钻孔器前端涂点甘油或水。将钻孔器按在选定的位置上，沿一个方向，一边旋转一边用力向下钻动。钻孔器要垂直于塞子的面上，不能左右摆动，更不能倾斜，以免把孔钻斜。钻至深度约达塞子高度的1/2时，反方向旋转并拔出钻孔器，用带柄捅条捅出嵌入钻孔器中的橡胶或软木。然后调换塞子大头，对准原孔的方位，按同样的方法钻孔，直到两端的圆孔贯穿为止；也可不调换塞子的方位，仍按原孔直接钻通到垫板上为止。拔出钻孔器，再捅出钻孔器内嵌入的橡胶或软木。

孔钻好以后，检查孔道是否合适。如果选用的玻璃管可毫不费力地插入塞孔中，说明塞孔太大，塞孔和玻璃管之间不够严密，塞子不能使用。若塞孔略小或不光滑，可用圆锉适当修整。

4) 玻璃管插入橡胶塞的方法

用水或甘油润湿玻璃管的前端，并用布包裹，手握玻璃管前端，边转边插入。

【实验仪器】

仪器：酒精喷灯、锉刀、玻璃管、橡胶乳头、橡胶塞、钻孔器。

【实验步骤】

1. 胶头滴管的拉制

切取26 cm长(内径约5 mm)的玻璃管[1]，将中部置于火焰上加热，拉细玻璃管。要求玻璃管细部的内径为1.5 mm，毛细管长约7 cm，切断并将切口熔光[2]。把尖嘴管的另一端加热至发软，然后在石棉网上压一下，使管口外卷，冷却后，套上胶头即制成胶头滴管[3]。

2. 洗瓶的配制

准备一个500 mL聚氯乙烯塑料瓶，一个适合塑料瓶瓶口大小的橡胶塞，一根33 cm长玻璃管(两端熔光)。

(1) 按前面介绍的塞子钻孔的操作方法，将橡胶塞钻孔。

(2) 按图2-10中洗瓶的形状，依次将33 cm长玻璃管一端5 cm处在酒精喷灯上加热后拉一尖嘴，弯成60°，插入橡胶塞塞孔后，再将另一端离下端3 cm处弯成120°，注意应在同一平面内，即配制成一个洗瓶[4]。

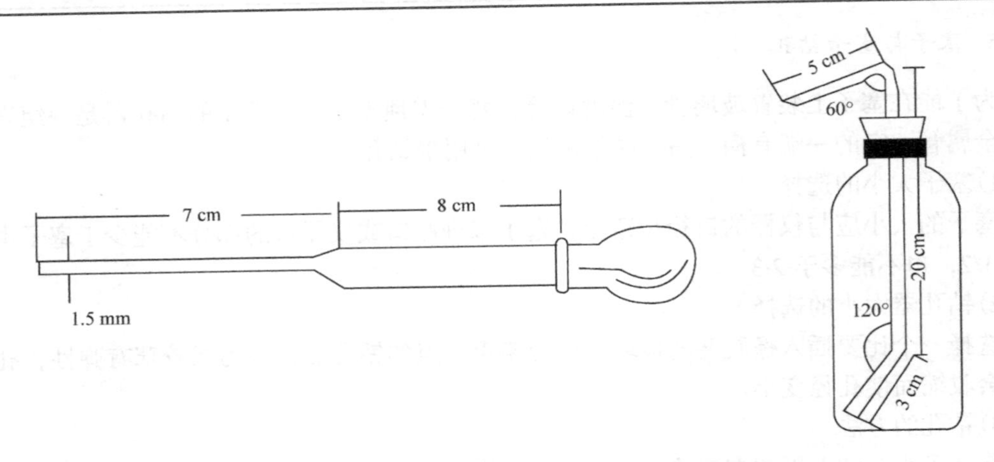

图 2-10　滴管及洗瓶的规格

拉细的操作：两手肘部搁在桌面上，两手执玻璃管两端，掌心相对，加热方向和弯曲方向相同，只不过加热程度强些(玻璃管烧成红黄色)，才从火焰中取出，两手肘部仍搁在桌面上，两手平稳地沿水平方向向相反方向移动，开始时慢些，逐步加快拉成内径约为 1 mm 的毛细管(注：在拉细过程中要边拉边旋转)。

3. 熔点管的拉制

把一根干净、壁厚为 1 mm、直径 8～10 mm 的玻璃管拉成内径约 1 mm 和 3～4 mm 的两种毛细管，再将内径为 1 mm 的毛细管截成 15～20 cm 长，把此毛细管的两端在小火上封闭。使用时，把这根毛细管从中间切断，就是两根熔点管。

4. 沸点管的拉制

将内径 3～4 mm 的毛细管截成 8～9 cm 长，在小火上封闭一端作外管，将内径约 1 mm 的毛细管截成 7～8 cm 长，封闭一端作内管，即可组成沸点管。

【实验步骤流程图】

1. 胶头滴管

切取26 cm长的玻璃管→中部置于火焰上加热→拉细→切断并将切口熔光→另一端加热→石棉网上压一下，使管口外卷→套上胶头→得胶头滴管

2. 洗瓶

塞子钻孔→33 cm长玻璃管一端5 cm处拉一尖嘴→60°弯角→插入橡胶塞→另一端离下端3 cm处弯成120°→得洗瓶

3. 熔点管的拉制

直径8～10 mm的玻璃管 $\xrightarrow[\text{内径约1 mm和3～4 mm}]{\text{拉细，15～20 cm长}}$ 两端在小火上封闭→从中间切断→得两根熔点管

4. 沸点管的拉制

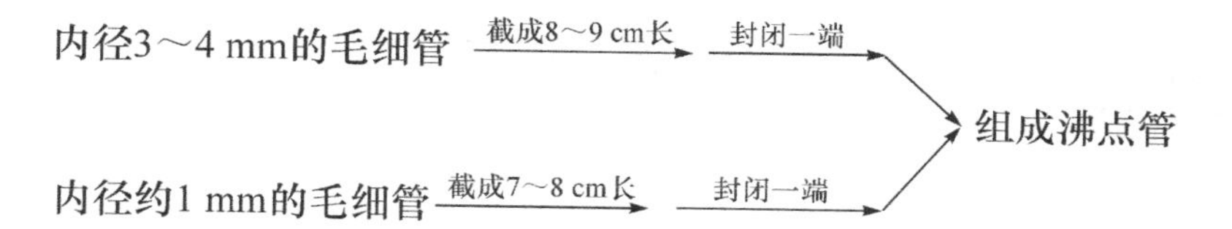

【注意事项】

[1] 切割玻璃管、玻璃棒时要防止划破手。

[2] 使用酒精喷灯前，必须先准备一块湿布备用。

[3] 灼热的玻璃管、玻璃棒要按先后顺序放在石棉网上冷却，切不可直接放在实验台上，以防烧焦台面；未冷却之前，也不要用手摸，以防烫伤手。

[4] 装配洗瓶时，拉好玻璃管尖嘴，弯好 60°后，先装橡胶塞，再弯 120°，并且注意 60°与 120°两个角在同一方向同一平面上。

【思考题】

(1) 选用塞子时要注意什么？如果钻孔器不垂直于塞子的平面，结果会怎样？怎样才能使钻嘴垂直于塞子的平面？为什么塞子钻孔要钻两面？

(2) 截断玻璃管时要注意什么？怎样弯曲和拉细玻璃管？在火焰上加热玻璃管时，怎样才能防止玻璃管被拉歪？

(3) 弯曲和拉细玻璃管时，软化玻璃管的温度有什么不同？为什么要不同？弯制好的曲玻璃管如果立即与冷的物件接触会有什么不良后果？应该怎样避免？

(4) 把玻璃管插入塞子孔道中时要注意什么？怎样才不会割破皮肤？拔出时要怎样操作才安全？

实验二　沸点的测定

【实验目的】

(1) 掌握微量液体沸点的测定原理和方法。

(2) 了解沸点测定的意义。

【实验原理】

液体的分子由于分子运动有从表面逸出的倾向，这种倾向随着温度的升高而增大，进而在液面上部形成蒸气。当分子由液体逸出的速度与分子由蒸气中回到液体中的速度相等时，液面上的蒸气达到饱和，称为饱和蒸气。它对液面所施加的压力称为饱和蒸气压。实验证明，液体的蒸气压只与温度有关，即液体在一定温度下具有一定的蒸气压。

当液体的蒸气压增大到与外界施于液面的总压力(通常是大气压力)相等时，就有大量气泡从液体内部逸出，即液体沸腾。这时的温度称为液体的沸点。

通常所说的沸点是指在 101.3 kPa 下液体沸腾时的温度。在一定外压下，纯液体有机化合物都有一定的沸点，而且沸程也很小(0.5～1℃)。所以测定沸点是鉴定有机化合物和判断物质纯度的依据之一。测定沸点常用的方法有常量法(蒸馏法)和微量法(沸点管法)两种。

【仪器与试剂】

仪器：玻璃管、毛细管、温度计、b形管、酒精灯。
试剂：75%乙醇。

【实验步骤】

微量法测定沸点：

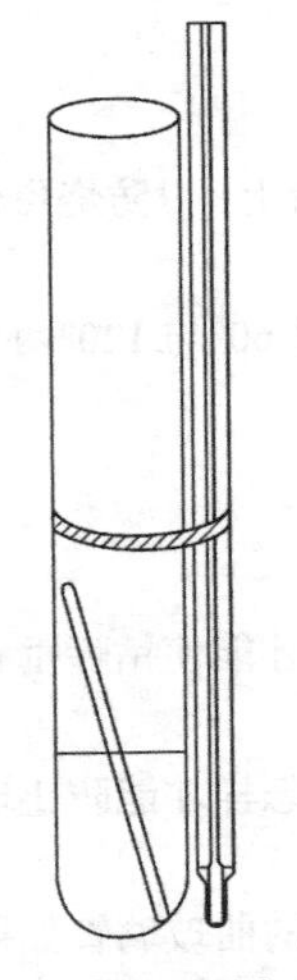
图 2-11　沸点测定装置

(1)沸点管的制备(图 2-11)：沸点管由外管和内管组成，外管用长 7～8 cm、内径 0.2～0.3 cm 的玻璃管将一端烧熔封口制得，内管用市购的毛细管截取 3～4 cm 封其一端而成。测量时将内管开口向下插入外管中。

(2)沸点的测定：取 1～2 滴待测样品滴入沸点管的外管中，将内管插入外管中，用小橡皮圈把内管附于温度计旁，再把该温度计的水银球位于 b 形管两支管中间，然后加热。加热时由于气体膨胀，内管中有小气泡缓缓逸出，当温度升到比沸点稍高时，管内有一连串小气泡快速逸出。这时停止加热，使溶液自行冷却，气泡逸出的速度即渐渐减慢。在最后一个气泡不再冒出并要缩回内管的瞬间记录温度，此时的温度即为该液体的沸点。待温度下降 15～20℃后，可重新加热再测一次(两次所得温度数值不得相差 1℃)。

按上述方法测定乙醇的沸点(78℃)。

【实验步骤流程图】

1～2滴待测样品 $\xrightarrow{\text{至沸点管外管}}$ $\xrightarrow{\text{插入内管}}$ $\xrightarrow{\text{温度计固定}}$ $\xrightarrow{\text{加热}}$ $\xrightarrow{\text{出现一连串气泡}}$ $\xrightarrow{\text{停止加热}}$

$\xrightarrow[\text{至最后一个气泡不再冒出}]{\text{冷却}}$ 记录此时温度，为沸点

【思考题】

如果待测样品取得过多或过少，对测定结果有什么影响？

实验三　熔点的测定

【实验目的】

(1)理解熔点测定的原理和意义。
(2)掌握测定熔点的操作技术。

【实验原理】

化合物的熔点是指在常压下该物质的固、液两相达到平衡时的温度。但通常把晶体物质

受热后由固态转化为液态时的温度作为该化合物的熔点。纯净的固体有机化合物一般都有固定的熔点。在一定的外压下，固、液两相之间的变化是非常敏锐的，自初熔至全熔(称为熔程)温度不超过 0.5～1℃。若混有杂质则熔点有明确变化，不但熔程扩大，而且熔点往往下降。因此，熔点是晶体化合物纯度的重要指标。有机化合物的熔点一般不超过 350℃，较易测定，因此可通过测定熔点鉴定未知有机物和判断有机物的纯度。

在鉴定某未知物时，如测得其熔点与某已知物的熔点相同或相近，不能认为它们为同一物质。还需将它们混合，测该混合物的熔点，若熔点仍不变，才能认为它们为同一物质。若混合物熔点降低，熔程增大，则说明它们属于不同的物质。这种混合熔点实验是检验两种熔点相同或相近的有机物是否为同一物质的最简便方法。

熔点测定装置如图 2-12 所示。

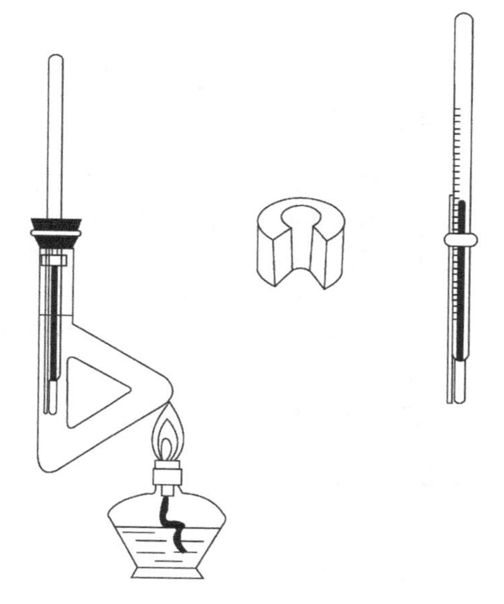

图 2-12　熔点测定装置

【仪器与试剂】

仪器：玻璃管、毛细管、表面皿、酒精灯、b 形管、温度计。

试剂：液状石蜡、尿素、桂皮酸、混合物(尿素：桂皮酸=1：1，质量比)、萘。

【实验步骤】

毛细管法：

(1)准备熔点管[1]：将毛细管截成 6～8 cm 长，将一端用酒精灯外焰封口[2](与外焰成 40°转动加热)。防止将毛细管烧弯、封出疙瘩。

(2)装填样品[3]：取 0.1～0.2 g 预先研细并烘干的样品[4]，堆积于干净的表面皿上，将熔点管开口一端插入样品堆中，反复数次，就有少量样品进入熔点管中。然后将熔点管在垂直的约 40 cm 长玻璃管中自由下落，使样品紧密堆积在熔点管的下端[5]，反复多次，直到样品高 2～3 mm 为止，每种样品装 2～3 根。

(3)仪器装置：将 b 形管固定于铁架台上，倒入液状石蜡作为浴液，其用量以略高于 b 形管的上侧管为宜。

将装有样品的熔点管用橡皮圈固定于温度计的下端，使熔点管装样品的部分位于水银球的中部。然后将此带有熔点管的温度计通过有缺口的软木塞小心插入 b 形管中，使其与管同轴，并使温度计的水银球位于 b 形管两支管的中间。

(4)熔点测定：

粗测：慢慢加热[6]b 形管的支管连接处，使温度每分钟上升约 5℃。观察并记录样品开始熔化时的温度，此为样品的粗测熔点，作为精测的参考。

精测：待浴液温度下降到离粗测熔点下方 30℃左右时，将温度计取出，换另一根熔点管[7]，进行精测。开始升温可稍快，当温度升至离粗测熔点约 10℃时，控制火焰使每分钟升温不超过 1℃。当熔点管中的样品开始塌落、湿润、出现小液滴时，表明样品开始熔化，记录此时温度，此即样品的初熔温度。继续加热，至固体全部消失变为透明液体时再记录温度，此即样品的全熔温度。样品的熔点表示为：$t_{初熔}$～$t_{全熔}$。

实测：尿素(已知物，133～135℃)、桂皮酸(未知物，132～133℃)、混合物(尿素：桂皮酸=1：1，100℃左右)。实验过程中，粗测一次，精测两次。

测量未知纯净样品(如萘)一份。

【实验步骤流程图】

粗测 → 小火加热侧管，升温速度5～6℃/min，至样品熔化，记录近似熔点。

精测
→ ① 热溶液冷却至样品近似熔点以下30℃，同时换一根新的毛细熔点管。
→ ② 加热，开始控制升温速度5～6℃/min。
→ ③ 当温度近似熔点10～15℃，调整火焰使温度上升1℃/min。
→ ④ 观察样品变化，记录初熔和全熔两点温度，即熔程。

【注意事项】

[1] 熔点管必须洁净。若含有灰尘等，能产生4～10℃的误差。

[2] 熔点管底未封好会产生漏管。

[3] 样品粉碎要细，填装要实，否则产生空隙，不易传热，造成熔程变大。

[4] 样品不干燥或含有杂质，会使熔点偏低，熔程变大。

[5] 样品量太少不便观察，而且熔点偏低；太多会造成熔程变大，熔点偏高。

[6] 升温速度应慢，让热传导有充分的时间。升温速度过快，熔点偏高。

[7] 熔点管壁太厚，热传导时间长，会导致熔点升高。

【思考题】

(1)如果毛细管没有密封，会出现什么情况？

(2)为什么需要用干净的表面皿？

(3)如果样品管中样品没有压实，对测定结果有什么影响？

(4)为什么可以用液状石蜡作为浴液？

(5)橡皮圈要位于什么位置？为什么？

(6)如何控制火焰温度？

(7)接近熔点时升温速度为什么要控制得很慢？若升温太快，有什么影响？

(8)是否可以使用第一次测定熔点时已经熔化的有机化合物再做第二次测定？为什么？

2.2　冷却与干燥

2.2.1　冷却

在有机化学实验中，有时须采用一定的冷却剂进行冷却操作，在一定的低温条件下进行反应、分离提纯等。例如：

(1)某些反应要在特定的低温条件下进行，才利于有机物的生成，如重氮化反应一般在0～5℃进行。

(2)沸点很低的有机物，冷却时可减少损失。

(3)要加速结晶的析出。

(4)高度真空蒸馏装置(一般有机化学实验很少应用)。

根据不同的要求，选用适当的冷却剂冷却，最简单的是用水和碎冰的混合物，可冷却至0～5℃。它比单纯用冰块有更大的冷却效能，因为冰水混合物与容器的器壁充分接触。

若在碎冰中酌加适量的盐类，则得冰盐混合冷却剂，其温度可在 0℃以下。例如，常用的食盐与碎冰的混合物(33 : 100，质量比)，其温度可由始温−1℃降至−21.3℃。但在实际操作中温度为−5～−18℃。冰盐浴不宜用大块的冰，而且要按上述比例将食盐均匀撒在碎冰上，这样冷却效果才好。

除上述冰浴或冰盐浴外，无冰时可用某些盐类溶于水吸热作为冷却剂使用，参阅表 2-1 及表 2-2。

表 2-1　用两种盐及水(冰)组成的冷却剂

盐类及其用量/g				温度/℃	
				始温	冷冻
对 100 g 水					
NH_4Cl	31	KNO_3	20	+20	−7.2
NH_4Cl	24	$NaNO_3$	53	+20	−5.8
NH_4NO_3	79	$NaNO_3$	61	+20	−14
对 100 g 冰					
NH_4Cl	26	KNO_3	13.5		−17.9
NH_4Cl	20	NaCl	40		−30.0
NH_4Cl	13	$NaNO_3$	37.5		−30.1
NH_4NO_3	42	NaCl	42		−40.0

表 2-2　用一种盐及水(冰)组成的冷却剂

盐类	用量/g	温度/℃	
		始温	冷冻
对 100 g 水			
KCl	30	+13.6	+0.6
$CH_3COONa \cdot 3H_2O$	95	+10.7	−4.7
NH_4Cl	30	+13.3	−5.1
$NaNO_3$	75	+13.2	−5.3
NH_4NO_3	60	+13.6	−13.6
$CaCl_2 \cdot 6H_2O$	167	+10.0	−15.0
对 100 g 冰			
NH_4Cl	25	−1	−15.4
KCl	30	−1	−11.1
NH_4NO_3	45	−1	−16.7
$NaNO_3$	50	−1	−17.7
NaCl	33	−1	−21.3
$CaCl_2 \cdot 6H_2O$	204	0	−19.7

2.2.2　干燥

有机物干燥的方法大致有物理方法(不加干燥剂)和化学方法(加入干燥剂)两种。

物理方法有吸收、分馏等，近年来应用分子筛脱水。在实验室中常用化学干燥法，其特点是在有机液体中加入干燥剂，干燥剂与水发生化学反应(如 $Na+H_2O \longrightarrow NaOH+H_2\uparrow$)或与水结合生成水化物，从而除去有机液体中所含的水分，达到干燥的目的。用这种方法干燥时，有机液体中所含的水分不能太多(一般在百分之几以下)，否则必须使用大量的干燥剂，同时有机液体因被干燥剂带走而造成的损失也较大。

1. 液体的干燥

1) 常用干燥剂

常用干燥剂的种类很多，选用时必须注意下列几点：①干燥剂与有机物不发生任何化学变化，对有机物也无催化作用；②干燥剂不溶于有机液体中；③干燥剂的干燥速度快，吸水量大，价格便宜。

常用干燥剂有下列几种：

(1) 无水氯化钙：价廉、吸水能力大，是最常用的干燥剂之一，与水化合可生成一、二、四或六水化合物(30℃以下)。它只适用于烃、卤代烃、醚等有机物的干燥，不适用于醇、胺和某些醛、酮、酯等有机物的干燥，因为能与它们形成络合物；也不宜用作酸(或酸性液体)的干燥剂。

(2) 无水硫酸镁：是中性盐，不与有机物和酸性物质发生作用。可作为各类有机物的干燥剂，它与水生成 $MgSO_4 \cdot 7H_2O$(48℃以下)。其价较廉，吸水量大，因此可干燥不能用无水氯化钙干燥的许多化合物。

(3) 无水硫酸钠：用途与无水硫酸镁相似，价廉，但吸水能力和吸水速度都差一些。它与水结合生成 $Na_2SO_4 \cdot 10H_2O$(37℃以下)。当有机物水分较多时，常先用本品处理后再用其他干燥剂处理。

(4) 无水碳酸钾：吸水能力一般，与水生成 $K_2CO_3 \cdot 2H_2O$，作用慢，可用于干燥醇、酯、酮、腈等中性有机物和生物碱等一般的有机碱性物质。但不适用于干燥酸、酚或其他酸性物质。

(5) 金属钠：醚、烷烃等有机物用无水氯化钙或无水硫酸镁等处理后，若仍含有微量的水分，可加入金属钠(切成薄片或压成丝)除去。它不宜用作醇、酯、酸、卤代烃、醛、酮及某些胺等能与碱发生反应或易被还原的有机物的干燥剂。

各类有机物的常用干燥剂列于表 2-3。

表 2-3　各类有机物的常用干燥剂

液态有机化合物	适用的干燥剂
醚类、烷烃、芳烃	$CaCl_2$、Na、P_2O_5
醇类	K_2CO_3、$MgSO_4$、Na_2SO_4、CaO
醛类	$MgSO_4$、Na_2SO_4
酮类	$MgSO_4$、Na_2SO_4、K_2CO_3

续表

液态有机化合物	适用的干燥剂
酸类	$MgSO_4$、Na_2SO_4
酯类	$MgSO_4$、Na_2SO_4、K_2CO_3
卤代烃	$CaCl_2$、$MgSO_4$、Na_2SO_4、P_2O_5
有机碱类(胺类)	NaOH、KOH

2) 液态有机化合物的干燥操作

液态有机化合物的干燥操作一般在干燥的三角烧瓶内进行。把按照条件选定的干燥剂投入液体中，塞紧(用金属钠作干燥剂时例外，此时塞中应插入一个无水氯化钙管，使氢气放空而水汽不致进入)，振荡片刻，静置，使所有的水分全被吸去。如果水分太多或干燥剂用量太少，致使部分干燥剂溶解于水，可将干燥剂滤出，用滴管吸出水层，再加入新的干燥剂，放置一定时间，将液体与干燥剂分离，进行蒸馏精制。

2. 固体的干燥

从重结晶得到的固体常带水分或有机溶剂，应根据化合物的性质选择适当的方法进行干燥。

1) 自然晾干

这是最简便、最经济的干燥方法。把要干燥的化合物先在滤纸上压平，然后在一张滤纸上薄薄地摊开，用另一张滤纸覆盖起来，在空气中慢慢地晾干。

2) 加热干燥

对于热稳定的固体可以放在烘箱内烘干，加热的温度切忌超过该固体的熔点，以免固体变色和分解，如有需要可在真空恒温干燥箱中干燥。

3) 红外灯干燥

红外灯干燥的特点是穿透性强，干燥快。

4) 干燥器干燥

对易吸湿或在较高温度干燥时会分解或变色的化合物可用干燥器干燥。干燥器有普通干燥器和真空干燥器两种。

实验四　升　华

【实验目的】

(1) 了解升华的原理意义。

(2) 学习实验室常用的升华方法。

【实验原理】

某些物质在固态时具有相当高的蒸气压，当加热时，不经过液态而直接气化，蒸气受到冷却又直接冷凝成固体，这个过程称为升华。然而，对固体有机化合物的提纯来说，不管物质蒸气是由液态产生的还是由固态产生的，重要的是使物质蒸气不经过液态而直接转变为固态，从而得到高纯度的物质，这种操作都称为升华。

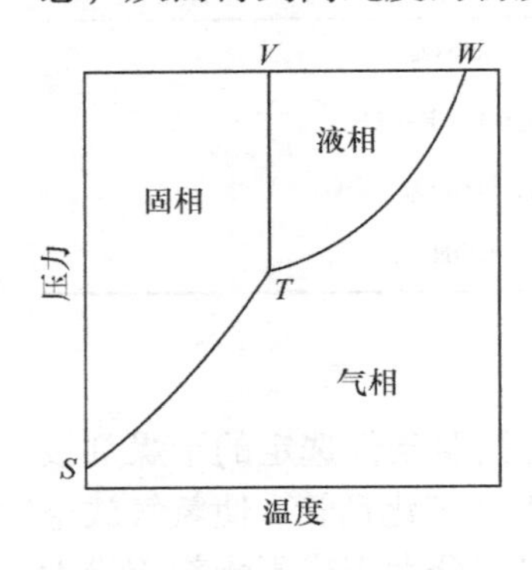

图 2-13　物质的三相平衡图

图 2-13 是物质的三相平衡图。从此图可以看出应当怎样控制升华的条件。图中曲线 *ST* 是固相与气相平衡时固体的蒸气压曲线。*TW* 是液相与气相平衡时液体的蒸气压曲线。*TV* 是固相与液相的平衡曲线，它表示压力对熔点的影响。*T* 为三条曲线的交点，称为三相点，只有在此点固、液、气三相可以同时并存。三相点与物质的熔点(在大气压下固、液两相平衡时的温度)相差很小，只有几分之一度。

在三相点温度以下，物质只有固、气两相。升高温度，固相直接转变成蒸气；降低温度，气相直接转变成固相。因此，凡是在三相点以下具有较高蒸气压的固态物质都可以在三相点温度以下进行升华提纯。

不同的固体物质在其三相点时的蒸气压是不一样的，因而它们升华难易也不相同。一般来说，结构上对称性较高的物质具有较高的熔点，且在熔点温度时具有较高的蒸气压，易于用升华提纯。例如，六氯乙烷的三相点温度为 186℃，蒸气压力为 103.991 kPa(780 mmHg)，而它在 185℃时的蒸气压已达到 101.325 kPa(760 mmHg)，因而它在三相点以下很容易进行升华。樟脑的三相点温度为 179℃，压力为 49.329 kPa(370 mmHg)。由于它在未到达熔点之前就有相当高的蒸气压，所以只要缓缓加热，使温度维持在 179℃以下，它就可不经熔化而直接蒸发完毕。但是若加热太快，蒸气压超过三相点的平衡压力 49.329 kPa(370 mmHg)，樟脑就开始熔化为液体。所以升华时加热应当缓慢进行。

与液态物质的沸点相似，固态物质的蒸气压等于固态物质所受的压力时的温度称为该固态物质的升华点。由此可见，升华点与外压有关，在常压下不易升华的物质，即在三相点时蒸气压较低的物质，如萘在熔点 80℃时的蒸气压仅 933.257 Pa(7 mmHg)，使用一般升华方法不能得到满意的结果。这时可将萘加热至熔点以上，使其具有较高的蒸气压，同时通入空气或惰性气体，促使蒸发速度加快，并降低萘的分压，使蒸气不经过液态而直接凝成固态。此外，还可采取减压升华的方法纯化。

1. 常压升华

通用的常压升华装置如图 2-14 所示。必须注意冷却面与升华物质的距离应尽可能接近。因为升华发生在物质的表面，所以待升华物质应预先粉碎。

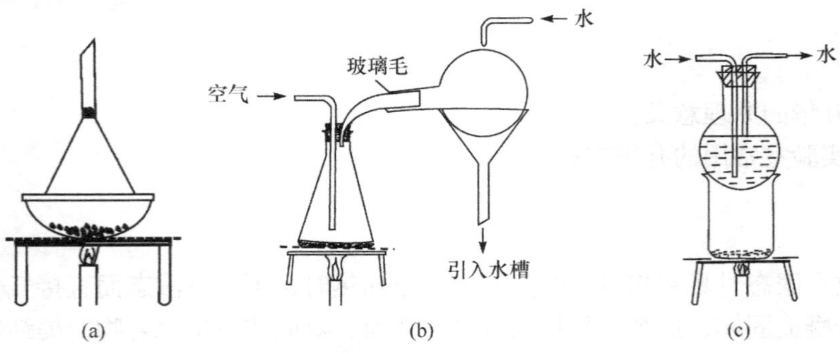

图 2-14　常压升华装置

图 2-14(a)是将待升华的物质置于蒸发皿上，上面覆盖一张滤纸，用针在滤纸上刺一些小孔。滤纸上倒置一个大小合适的玻璃漏斗，漏斗颈部松松地塞一些玻璃毛或棉花，以减少蒸气外逸。为使加热均匀，蒸发皿宜放在铁圈上，下面垫石棉网小火加热(蒸发皿与石棉网之间宜隔开几毫米)，控制加热温度(低于三相点)和加热速度(慢慢升华)。样品开始升华，上升蒸气凝结在滤纸背面，或穿过滤纸孔，凝结在滤纸上面或漏斗壁上。必要时，漏斗外壁上可以用湿布冷却，但不要弄湿滤纸。升华结束后，先移去热源，稍冷后，小心拿下漏斗，轻轻揭开滤纸，将凝结在滤纸正反两面和漏斗壁上的晶体刮到干净的表面皿上。

在空气或惰性气体(常用氮气)流中进行升华的最简单的装置如图 2-14(b)所示。在三角烧瓶上装打有两个孔的塞子，一孔插入玻璃管，以导入气体，另一孔装接液管。接液管大的一端伸入圆底烧瓶颈中，烧瓶口塞一些玻璃毛或棉花。开始升华时即通入气体，将物质蒸气带走，凝结在用冷水冷却的烧瓶内壁上。

较多的物质升华时，可以在烧杯中进行，如图 2-14(c)所示。烧杯上放置通冷却水的烧瓶，烧杯下用热源加热，样品升华后蒸气在烧瓶底部凝结成晶体。

2. 减压升华

图 2-15 是常用的减压升华装置，可用水泵或油泵减压。在减压下，被升华的物质经加热升华后凝结在冷凝指外壁上。升华结束后应慢慢使体系接通大气，以免空气突然冲入而将冷凝指上的晶体吹落；取出冷凝指时也要小心轻拿。

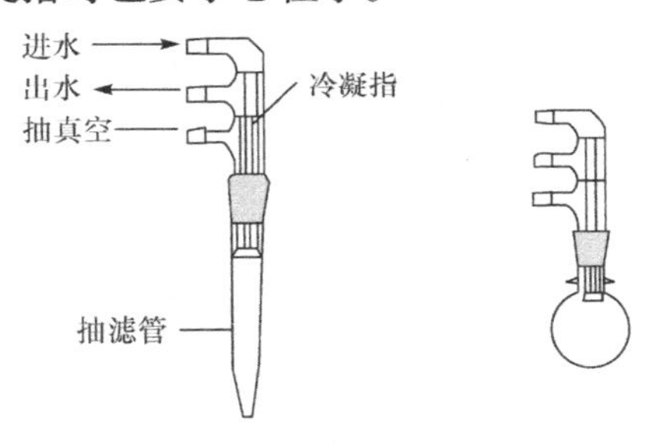

图 2-15　减压升华装置

无论常压升华还是减压升华，加热都应尽可能保持在所需要的温度，常用水浴、油浴等热浴进行加热较为稳妥。

【仪器与试剂】

仪器：蒸发皿、研钵、滤纸、玻璃漏斗、酒精灯、玻璃棒、表面皿、石棉网。

试剂：樟脑或萘与氯化钠的混合物。

【实验步骤】

(1)称取 1 g 待升华物质[1]，烘干后研细，均匀铺放于蒸发皿中，盖上一张刺有十多个小孔的滤纸，然后将一个大小合适的玻璃漏斗罩在滤纸上，漏斗颈用棉花塞住，防止蒸气外逸，减少产品损失。

(2)加热：隔石棉网用酒精灯加热，慢慢升温，温度必须低于其熔点[2]，待有蒸气透过滤纸上升时，调节火焰，使其慢慢升华，上升蒸气遇到漏斗壁冷凝成晶体，附着在漏斗壁上或者落在滤纸上。当透过滤纸的蒸气很少时，停止加热。

(3)产品的收集：用玻璃棒或小刀将漏斗壁和滤纸上的晶体轻轻刮下，置于洁净的表面皿上，即得到纯净的产品，称量，计算产率。

【实验步骤流程图】

1 g待升华物质 —烘干研细→ —铺放于蒸发皿→ —盖上刺有小孔的滤纸→ —罩上玻璃漏斗 / 漏斗颈用棉花塞住→

—加热 / 至透过滤纸的蒸气很少→ —停止加热→ 收集产品，计算产率

【注意事项】

[1] 样品一定要干燥，如有溶剂将会影响升华后固体的凝结。

[2] 升华温度一定控制在固体化合物的熔点以下。

【思考题】

(1)升华操作的关键是什么？

(2)简述常压升华、减压升华的操作过程。

(3)什么样的固体可以用升华进行分离提纯？

2.3　过　　滤

2.3.1　过滤介质

过滤介质的主要作用是支撑滤饼，须具有多孔结构、足够的机械强度和尽可能小的流动阻力且具有耐腐蚀性。

常用的过滤介质有以下类型：①织物介质，如工业滤布、金属丝网等；②粒状介质，如珍珠岩粉、纤维素、硅藻土等；③固体纸板，如脱色木质纸板、合成纤维板等；④过滤膜，由纤维素和其他聚合物构成。粒状介质是作为助滤剂预涂于织物介质表面使用，用于粗滤；固体纸板多用于半精滤及精滤；过滤膜用于精滤及超精滤。

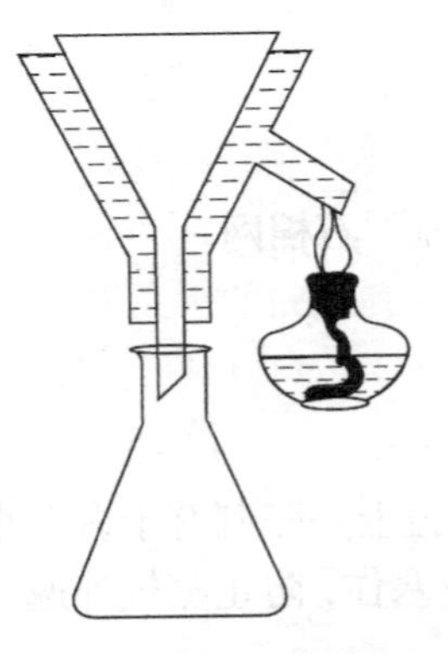

图 2-16　热过滤示意图

2.3.2　热过滤

操作要领：一贴、二低、无依无靠。

用插有玻璃漏斗的铜制热水漏斗过滤(图 2-16)。热水漏斗内、外壁间的空腔可以盛水，使用时在外壳支管处加热，可把夹层中的水烧热使漏斗保温，使过滤在热水保温下进行。用玻璃漏斗过滤热饱和溶液时(加液时不得用玻璃棒引流，也不得将玻璃漏斗颈部紧靠烧杯内壁)，常因冷却导致在玻璃棒上、漏斗中或其颈部析出晶体，使过滤产生困难。

2.3.3 减压过滤

用安装在抽滤瓶上铺有滤纸的布氏漏斗或玻璃砂芯漏斗过滤，抽滤瓶支管与抽气装置连接，过滤在降低的压力下进行，滤液在内、外压差作用下透过滤纸或砂芯流下，实现分离。减压过滤装置包括瓷质布氏漏斗、抽滤瓶、安全瓶和抽气泵(图2-17)。

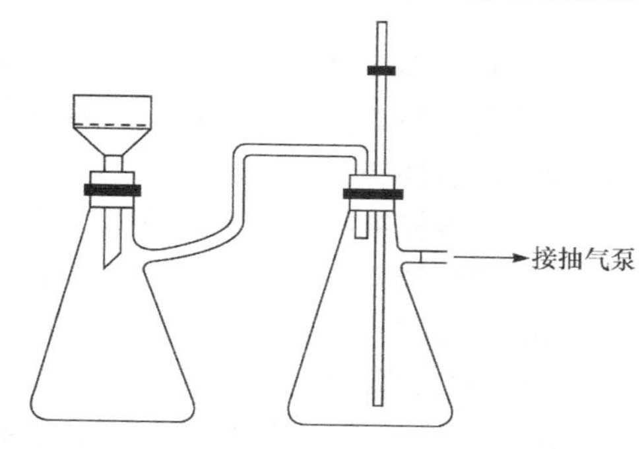

图2-17 减压过滤装置

过滤前，选好比布氏漏斗内径略小的圆形滤纸平铺在漏斗底部，用溶剂润湿，开启抽气装置，使滤纸紧贴在漏斗底。过滤时，小心地将要过滤的混合液倒入漏斗中，使固体均匀分布在整个滤纸面上，一直抽气到几乎没有液体滤出为止。为尽量除净液体，可用玻璃瓶塞挤压滤饼。停止抽滤时，先旋开安全瓶上的旋塞恢复常压，然后关闭抽气泵。在漏斗中洗涤滤饼的方法：把滤饼尽量地抽干、压干，旋开安全瓶上的旋塞恢复常压。把少量溶剂均匀地洒在滤饼上，使溶剂恰能盖住滤饼。静置片刻，使溶剂渗透滤饼，待有滤液从漏斗下端滴下时，重新抽气，再把滤饼尽量抽干、压干。这样反复几次，就可以洗净滤饼。减压过滤的优点是过滤和洗涤的速度快，液体和固体分离得较完全，滤出的固体容易干燥。

实验五 重结晶提纯

【实验目的】

(1)学会固体化合物的提纯方法。

(2)掌握重结晶的操作方法及原理。

(3)熟练掌握重结晶的操作方法。

【实验原理】

从有机反应中获得的固体化合物，由于含有未反应的原料、副产物及催化剂等，往往是不纯的。固体化合物的分离提纯通常采用重结晶法。重结晶是利用被提纯物和杂质在某种溶剂中溶解度的不同，以及被提纯物在此溶剂中不同温度下溶解度的不同进行分离提纯的一种方法。固体物质的溶解度一般随着温度的升高而增大。提纯时将有机物溶解在热的溶剂中制成饱和溶液，冷却后，由于溶解度减小而重新析出晶体，同时全部或大部分杂质仍留在溶液中(若杂质溶解度极小，可在制成饱和溶液后过滤除去)，从而达到分离提纯的目的。

杂质含量过多对重结晶极为不利，不仅增加溶剂用量、降低回收率，而且影响结晶速度和结晶的生成，因此重结晶提纯法一般只适用于纯化杂质含量在5%以下的固体有机物。

重结晶的一般过程如下：

(1)溶剂的选择。

(2)将粗产物溶于适量热的溶剂中制成饱和溶液。

(3)若有不溶性杂质趁热过滤除去。若溶液含有色杂质，则应加适量活性炭煮沸脱色后再进行过滤。

(4)将滤液冷却，使结晶慢慢析出。

(5) 抽气过滤，洗涤结晶以除去吸附的母液。结晶干燥后测其熔点检验纯度。

在重结晶操作中，最重要的是选择合适的溶剂。溶剂的选择应符合下列条件：

(1) 与被提纯物质不发生化学反应。

(2) 对被提纯物质在加热时溶解度较大，冷却时较小。

(3) 对杂质的溶解度或者很大或者很小(前一种情况杂质将留在母液中不析出，后一种情况杂质在热过滤时可除去)。

(4) 对被提纯物质能生成较整齐的晶体。

(5) 沸点较低，容易挥发，易与结晶分离除去。

此外，还要考虑溶剂的价格、易燃程度、毒性大小、操作与回收的难易等。

溶剂的选择除依据化学手册中的溶解度数据选择外，还可以采取试验的方法决定。其方法是取几支小试管，各放入约 0.2 g 需要重结晶的物质，分别加入 1 mL 不同种类的溶剂，加热至完全溶解，冷却后能析出结晶最多的溶剂一般可以认为是最合适的。如果该物质在 1 mL 沸腾溶剂中不能溶解，可分批再加入溶剂，每次 0.5 mL 并加热至沸，若溶剂总量达 3 mL 仍不能全溶，则该溶剂不适用；若能溶于 1.5～3 mL 沸腾溶剂中，则冷却后结晶析出量多的溶剂是较合适的溶剂。常用的重结晶溶剂有水、甲醇、95%乙醇、冰醋酸、丙酮、乙醚、石油醚、乙酸乙酯、苯、氯仿、四氯化碳等。

如果难以选择一种合适的溶剂，可考虑采用混合溶剂。混合溶剂一般由两种能互溶的溶剂组成，其中一种较易溶解被提纯物，而另一种较难溶解，这样可获得良好的溶解性能。先将被提纯物质溶于易溶溶剂中，沸腾时趁热逐渐加入热的难溶溶剂，至溶液变浑浊，再加入少许前一种溶剂或稍加热，溶液又变澄清。放置，冷却，使结晶析出。在此操作中，应维持溶液微沸。

1. 样品的溶解及热过滤

将样品置于容器中，加入较需要量稍少的适宜溶剂，加热至微沸，若未完全溶解，再分次逐渐添加溶剂，每次加入溶剂后都需要加热至微沸，直至样品完全溶解(要注意观察是否有不溶性杂质存在，以免误加过多的溶剂)。要使重结晶得到的产品纯度和回收率高，溶剂的用量是关键。虽然从减少溶解损失来考虑，溶剂应尽可能避免过量，但是这样在热过滤时会引起很大的麻烦和损失(稍遇冷即有结晶析出)，故必须权衡两方面来决定溶剂的用量，一般可比理论量多 20%左右。用水作溶剂，一般在锥形瓶中进行溶解，可不用回流装置。如使用易燃、易挥发的溶剂，则应装上回流冷凝管，溶剂由冷凝管的上口加入。根据溶剂的沸点和易燃性选择适当的热源加热。

当样品全部溶解后，即可趁热过滤，以除去不溶性杂质。若溶液有色，可加入活性炭煮沸脱色。注意加入活性炭时应将溶液稍冷，不得向正在沸腾或即将沸腾的溶液中加入活性炭，以免发生暴沸。加入活性炭后继续加热微沸 3～5 min，再趁热过滤，以除去不溶物和活性炭。

活性炭的用量一般为样品量的 5%左右，如一次不能完全脱色，可重复操作，进行多次脱色。

活性炭不仅可吸附有色杂质，还可吸附树脂状杂质及高度分散的不易滤除的不溶性杂质，当然也会吸附被提纯物质，所以活性炭的用量要适当。

过滤时选用的滤纸质量要紧密，以免活性炭透过滤纸进入溶液中。用普通的过滤方法过滤热的饱和溶液时，常在漏斗颈部析出晶体，使过滤发生困难，这时要采用热过滤的方法过滤。为使热过滤迅速进行，可选一颈短而粗的玻璃漏斗放在烘箱中预热。过滤时趁热取出放在铁架上的铁圈中或盛滤液的锥形瓶上，漏斗中应放一折叠滤纸。图 2-18(a)是一种以水为溶剂的热过滤装置，盛滤液的锥形瓶用小火加热，产生的热蒸气可使玻璃漏斗保温。要注意：若溶剂是易燃有机物，不可用明火加热。为了避免过滤过程中溶液温度下降而使晶体在滤纸上或漏斗颈内析出，还常使用热水漏斗，如图 2-18(b)所示。热水漏斗要用铁夹固定好，并预先把夹套内的水烧热，过滤易燃有机溶剂时一定要熄灭火焰。为了增加滤纸的有效面积，加快过滤速度，常使用折叠滤纸，其折叠方法如图 2-19 所示。

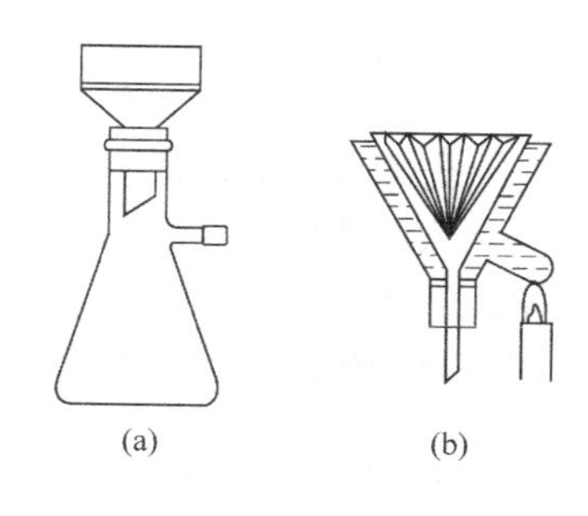

图 2-18　热过滤装置

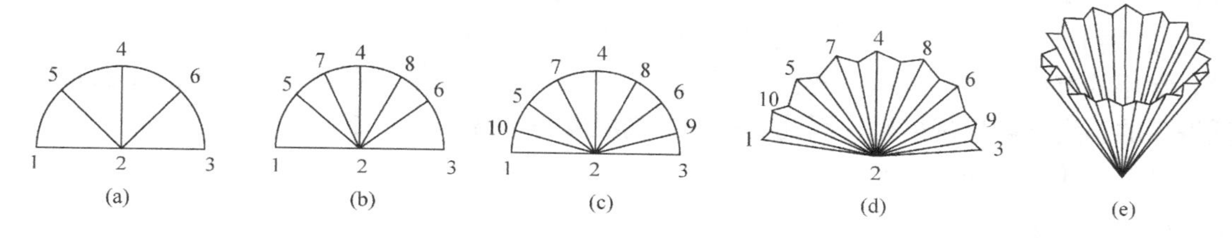

图 2-19　折叠滤纸的方法

将选定的圆滤纸(方滤纸可在折好后再剪)按图 2-19 先一折为二，再沿 2-4 的边折成四分之一，然后将 1-2 的边沿折至 4-2，2-3 的边沿折至 2-4，分别在 2-5 和 2-6 处产生新的折纹；继续将 1-2 折向 2-6，2-3 折向 2-5，分别得到 2-7 和 2-8 的折纹；同样以 2-3 对 2-6，1-2 对 2-5 分别折出 2-9，2-10 的折纹；最后在 8 个等分的每个小格中间以相反方向折成 16 等分，结果得到折扇一样的排列。再在 1-2 和 2-3 处各向内折一小折面，展开后即得到折叠滤纸或称扇形滤纸。在折纹集中的圆心处，折时切勿重压，否则滤纸的中央在过滤时容易破裂。在使用前，应将折好的滤纸翻转并整理好后再放入漏斗中，这样可避免被手指弄脏的一面接触滤液。操作时折叠滤纸向外突出的棱边应紧贴漏斗壁，先用少量热的溶剂润湿滤纸(防止干燥的滤纸吸附溶液中的溶剂而使晶体析出，堵塞滤纸孔)，然后加入过滤的溶液，再用表面皿盖好漏斗，以减少溶剂挥发。

2. 结晶的析出

将滤液在冷水浴中强制冷却，并剧烈搅动，可以得到颗粒很小的晶体。小晶体包含的杂质较少，但其比表面积大，表面吸附的杂质较多。若要得到外形完整均匀且较大的晶体，可将滤液在室温下静置使其缓缓自然冷却。若滤液中已有结晶析出，可加热溶解后再静置冷却，这样得到的结晶一般比较纯净。若冷却后无结晶析出，可采用下述方法处理：

(1)用玻璃棒摩擦容器内壁以形成粗糙面，使溶质分子呈定向排列，易于形成结晶。

(2)投入同一物质的晶种(可用玻璃棒蘸取溶液晾干析出晶体)，有利于结晶形成。

(3)用冰水冷却。

如果析出的不是晶体而是油状物，油状物最终虽然也可以固化，但形成的大块固体往往包含较多的杂质。这时可将溶液重新加热至完全溶解，然后慢慢冷却，一旦油状物析出时便剧烈搅拌，使油状物均匀分散在溶液中而固化，这样包含的母液等杂质就可大大减少。

3. 减压过滤

先用少量溶剂把滤纸润湿，将要过滤的混合物搅匀后，在保持抽气状态下，借助玻璃棒分批倒入漏斗中，并用少量滤液洗出黏附于容器壁上的固体。用干净的玻璃钉(或玻璃塞)铺平并挤压固体，一直抽到几乎没有液体滤出为止。停止抽滤时，关闭抽气泵。结晶表面吸附的母液用少量冷的纯溶剂洗涤除去，重复洗涤一两次即可。取出晶体，母液从抽滤瓶上口倒出。

4. 结晶的干燥

经重结晶得到的产物需要通过测定熔点来检验其纯度。在测熔点前，晶体必须充分干燥，否则熔点会下降。固体干燥的方法很多，可根据所用的溶剂和晶体的性质选择，常用的方法有以下几种：

(1)空气晾干。将固体物转移到表面皿上，铺成薄薄的一层，再用滤纸盖上防尘，室温下放置直到干燥为止，一般需要几天才能彻底干燥，适合于非吸湿性化合物。

(2)烘干。一些对热稳定的固体化合物，可在低于其熔点或接近溶剂沸点的温度下进行干燥。常用的有红外灯、烘箱、蒸汽浴等。必须注意，由于溶剂的存在，结晶可能在较其熔点低得多的温度下就出现熔融，因此要仔细控制温度并经常翻动晶体。

另外，还可用滤纸吸干或置于干燥器中干燥。

【仪器与试剂】

仪器：滤纸、烧杯、铜制热水漏斗、玻璃漏斗、布氏漏斗、抽气泵、抽滤瓶。

试剂：粗苯甲酸、沸石、活性炭、水。

【实验步骤】

称取 3 g 粗苯甲酸，放在 200 mL 烧杯中，加入 120 mL 纯水，加热至沸腾，直至苯甲酸固体全部溶解，若不溶解，可添加适量热水。溶解后放至稍冷，加入适量的活性炭，搅拌煮沸 5～10 min，保持液体 120 mL，趁热用放有折叠滤纸的热水漏斗过滤，用 200 mL 烧杯收集滤液。在过滤过程中，漏斗和溶液均用小火加热保温以免冷却。滤液放置冷却后，有苯甲酸晶体析出，抽气过滤，用母液洗涤烧杯，将残存于烧杯中的晶体移入，再抽气过滤。抽干后，用玻璃钉或玻璃塞挤压晶体，继续抽滤，尽量除去母液，然后将晶体用冷的蒸馏水洗涤两三次，抽干后进行称量，计算产率。

【实验步骤流程图】

称取3 g粗苯甲酸 $\xrightarrow{\text{溶于200 mL烧杯}}$ $\xrightarrow[\text{加热}]{\text{120 mL纯水、沸石，}}$ $\xrightarrow[\text{使其溶解}]{\text{不断搅拌}}$ $\xrightarrow[\text{加适量活性炭}]{\text{稍冷}}$

$\xrightarrow[\text{煮沸5～10 min}]{\text{搅拌}}$ 保持液体120 mL $\xrightarrow[\text{趁热过滤}]{\text{保温}}$ $\xrightarrow[\text{自然冷却}]{\text{200 mL烧杯}}$ $\xrightarrow[\text{抽气过滤}]{\text{晶体析出}}$

母液洗涤烧杯，再次过滤，蒸馏水洗涤两三次，抽干，称量

$$产率=\frac{Y}{3}\times 100\%$$

【思考题】

(1)简述重结晶的一般过程。
(2)重结晶法中溶剂的选择需要满足哪些条件?

2.4　萃取洗涤和分液漏斗的使用

2.4.1　萃取洗涤

萃取(extraction)是利用有机物在两种互不相溶(或微溶)的溶剂中溶解度的不同，使有机物从一种溶剂转移到另一种溶剂中。经过反复多次萃取，将绝大部分有机物提取出来。由于多数有机物在有机溶剂中有更好的溶解性，常用有机溶剂萃取溶解于水溶液中的有机物，是萃取的典型实例。在实验室中进行液-液萃取时，一般在分液漏斗中进行。萃取也是分离和提纯有机物的常用方法。

用一定量的有机溶剂萃取时，把溶剂量分成多次萃取，比用全部量一次萃取效果要好。例如，在 100 mL 水中溶有 4 g 丁酸，15℃时用 100 mL 苯萃取其中的丁酸，用 100 mL 苯一次萃取时，在水中丁酸的剩余量为 1.0 g，但若将 100 mL 苯分三次萃取，则丁酸的剩余量减少为 0.5 g(此数值可由公式计算得出)。一般萃取 3～5 次即可。

另外，萃取时若在水溶液中加入一定量的电解质(如氯化钠)，利用“盐析效应”以降低有机物和萃取溶剂在水溶液中的溶解度，可提高萃取效率。

萃取溶剂的选择应由被萃取的有机物的性质而定。一般难溶于水的物质用石油醚萃取，较易溶于水的物质用苯或乙醚萃取，易溶于水的物质则用乙酸乙酯萃取。在选择溶剂时，不仅要考虑溶剂对被萃取物与杂质应有相反的溶解度，而且溶剂的沸点不宜过高，否则不易回收溶剂，甚至在溶剂回收时可能使产品发生分解。此外，还应考虑溶剂的毒性要小、化学稳定性要高、不与溶质发生化学反应、溶剂的密度也要适当等。

2.4.2　分液漏斗的使用

分液漏斗是一种用来分离两种不相混溶液的仪器，它上口的顶塞、旋塞为非标准磨口，需一一对应。它常用于从溶液中萃取有机物或者用水、碱、酸等洗涤粗品中的杂质。

1. 从液体中萃取

1)使用前的准备工作

(1)分液漏斗上口的顶塞应用小线系在漏斗上口的颈部，旋塞则用橡皮筋绑好，以免脱落打破。

(2)取下旋塞并用纸将旋塞及旋塞腔擦干，在旋塞孔的两侧涂上一层薄薄的凡士林，再小心塞上旋塞并来回旋转数次，使凡士林均匀分布并透明。但上口的顶塞不能涂凡士林。

(3)使用前应先用水检查顶塞、旋塞是否紧密。倒置或旋转旋塞时都必须不漏水方可使用。

2)萃取与洗涤操作

把分液漏斗放置在固定于铁架台的铁环(用石棉绳缠扎)上。关闭旋塞并在漏斗颈下面放一个锥形瓶。由分液漏斗上口倒入溶液与溶剂(液体总体积应不超过漏斗容积的 2/3)，然后盖紧顶塞并封闭气孔。取下分液漏斗，振摇使两层液体充分接触。振摇时，右手捏住漏斗上口颈部，并用食指根部(或手掌)顶住顶塞，以防顶塞松开。用左手大拇指、食指按住处于上方的旋塞把手，既要能防止振摇时旋塞转动或脱落，又要便于灵活地旋开旋塞。漏斗颈向上倾斜30°～45°，如图2-20所示。

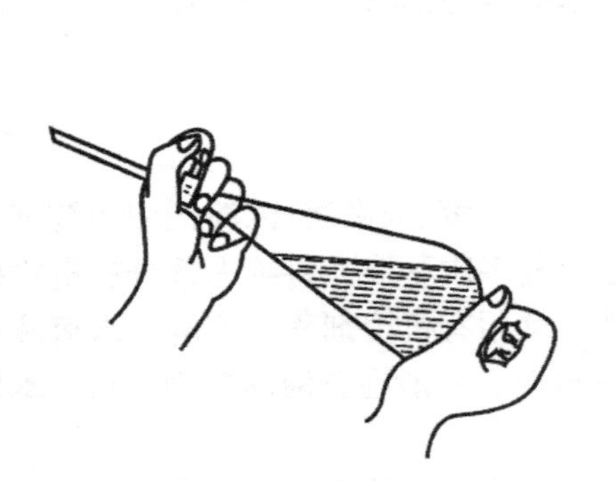

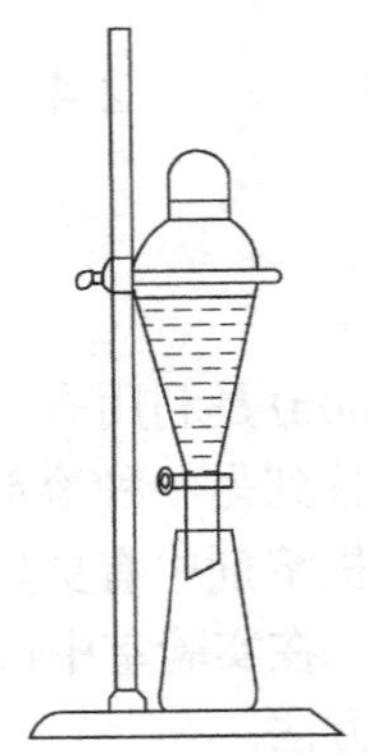

图2-20　分液漏斗的使用

用两手顺时针旋转振摇分液漏斗数秒后，仍保持漏斗的倾斜度，旋开旋塞，放出蒸气或产生的气体，使内外压力平衡。当漏斗内有易挥发有机溶剂(如乙醚)或二氧化碳气体放出时，更应及时放气并注意漏斗管口远离他人。放气完毕，关闭旋塞，再行振摇。如此重复三四次至无明显气体放出。操作易挥发有机物时，不能用手拿球体部分。

3) 两相液体的分离操作

分液漏斗进行液体分离时，必须放置在铁环上静置分层；待两层液体界面清晰时，先将顶塞的凹缝与分液漏斗上口颈部的小孔对好(与大气相通)，再把分液漏斗下端靠在接收瓶壁上，然后缓缓旋开旋塞，放出下层液体，放时先快后慢，当两液面界线接近旋塞时，关闭旋塞并手持漏斗颈稍加振摇，使黏附在漏斗壁上的液体下沉，再静置片刻，下层液体常略有增多，再将下层液体仔细放出，此操作可重复两三次，以便将下层液体分净。当最后一滴下层液体刚刚通过旋塞孔时，关闭旋塞。待颈部液体流完后，将上层液体从上口倒出。绝不可由旋塞放出上层液体，以免被残留在漏斗颈的下层液体沾污。

无论萃取还是洗涤，上、下两层液体都要保留至实验完毕。否则，一旦中间操作失误，就无法补救和检查。

分液漏斗与碱性溶液接触后，必须用水冲洗干净。不用时，顶塞、旋塞应用薄纸条夹好，以防粘住(若已粘住，不要硬扭，可用水泡开)。当分液漏斗需放入烘箱中干燥时，应先卸下顶塞与旋塞，上面的凡士林必须用纸擦净，否则凡士林在烘箱中炭化，很难洗去。

附：乳浊液的破坏方法

当形成乳浊液难以分层时，可采用以下几种方法破坏乳浊液：

(1) 以接近垂直的位置将分液漏斗轻轻回荡或用玻璃棒轻轻搅拌。

(2) 加入食盐(或某些去泡剂)，利用盐析作用破坏乳化。

(3) 若因碱性物质而乳化，加入少量稀硫酸破坏乳化。

(4) 加热或滴加数滴乙醇(改变表面张力)破坏乳化。

2. 从固体混合物中萃取

从固体混合物中萃取所需要的物质，最简单的方法是把固体混合物先研细，放在容器中，加入适当溶剂，用力振荡，然后用过滤或倾析的方法将萃取液和残留的固体分开。若被提取的物质特别容易溶解，也可以将固体混合物放在铺有滤纸的玻璃漏斗中，用溶剂洗涤。这样，所要萃取的物质就可以溶解在溶剂中，从而被萃取出来。

如果萃取物质的溶解度很小，则用洗涤方法要消耗大量的溶剂和很长的时间。在这种情况下，一般用索氏(Soxhlet)提取器(图 2-21)萃取，将滤纸做成与提取器大小相适应的套袋，然后把固体混合物放置在纸套袋内，装入提取器内。溶剂的蒸气从烧瓶进入冷凝管中，冷凝后，回流到固体混合物中，溶剂在提取器内到达一定的高度时，就与所提取的物质一同从侧面的虹吸管流入烧瓶中。溶剂就这样在仪器内循环流动，将所要提取的物质集中到下面的烧瓶中。

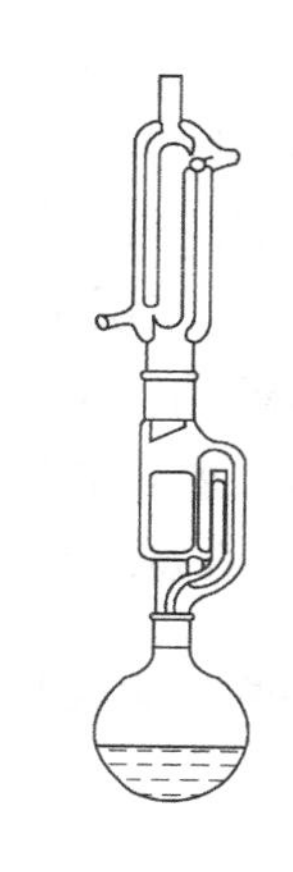

图 2-21　索氏提取器

实验六　甲苯、苯胺、苯甲酸混合物的分离与鉴定

【实验目的】

(1) 了解混合物分离的一般程序。

(2) 掌握萃取分离的原理及实验技术。

(3) 熟悉红外光谱仪的操作、谱图解析及鉴定有机物结构的一般方法。

【实验原理】

本实验是利用混合物中各组分化学性质及溶解性的差异进行分离，利用红外光谱法进行结构鉴定。

【仪器及试剂】

仪器：恒温烘箱、pH 试纸、分液漏斗、漏斗架、烧杯、移液管、玻璃棒。

试剂：甲苯-苯甲酸-苯胺混合物、5% NaOH 溶液、乙醚(AR)、HCl 溶液(2 mol/L、4 mol/L)、$NaHCO_3$ 溶液(1 mol/L)、滤纸。

【实验步骤】

(1) 取 5 mL 甲苯-苯甲酸-苯胺混合物于 100 mL 分液漏斗中，加入 2 mol/L HCl 溶液至 pH=3.0，充分摇动，此时苯胺与 HCl 反应生成易溶于水的苯胺盐酸盐。加入 10 mL 乙醚萃取 5～8 min，静置，分离水层和醚层。

(2) 在水层中加入 5% NaOH 溶液至 pH=10.0，充分摇动，此时苯胺游离出来，再加入 10 mL 乙醚萃取 5～8 min，静置，分离水层和醚层。此时苯胺进入乙醚层，将乙醚挥发除去，剩余物即为苯胺。采用 KBr 涂片法测其红外光谱，解析谱图并与萨特勒标准红外谱图对照，鉴定其结构。

(3) 将第一次分离的乙醚层水洗除去残余 HCl 溶液，再用 1 mol/L $NaHCO_3$ 溶液调至 pH=8.0～9.0，并适当过量，使水相的体积约为 10 mL。此时苯甲酸生成溶于水的苯甲酸钠，加入 10 mL 乙醚萃取 5～8 min，分离乙醚层和水层。

(4) 将乙醚层常压蒸馏，截取甲苯馏分，用 KBr 涂片法测其红外光谱。

(5) 水层用 4 mol/L HCl 溶液酸化至 pH=2.0～3.0，此时苯甲酸钠转变为苯甲酸，过滤得苯甲酸粗品，用水重结晶得苯甲酸纯品，于 110℃恒温烘箱干燥 2 h，用固体压片法测其红外(IR)光谱，鉴定其结构。

(6) 对测得的红外光谱进行解析，推导分子结构，并与标准谱图对照确定。

【实验步骤流程图】

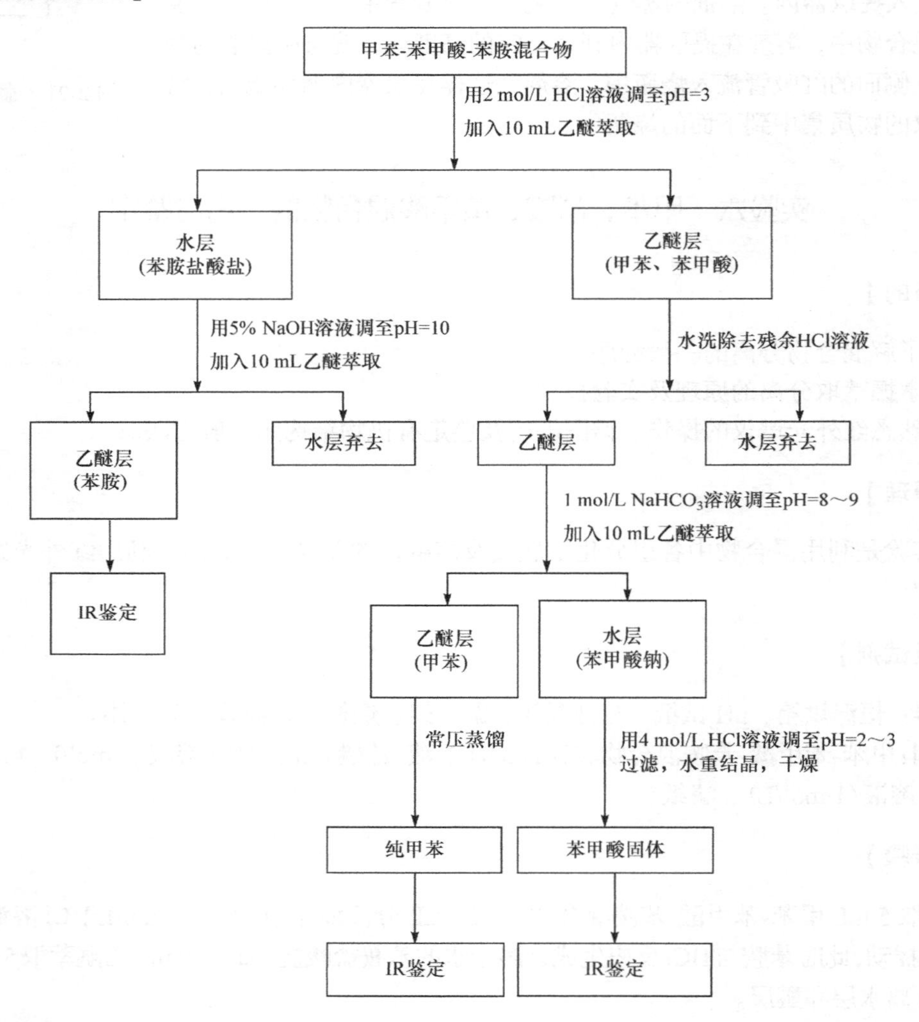

【思考题】

(1) 对于甲苯-苯甲酸-苯胺混合物样品，除文中介绍的分析流程和分析方法外，再设计一两种分析流程。

(2) 除红外光谱法外，有机化合物的结构鉴定还有哪些常用的方法？

(3) 分离开的各组分如何鉴定其纯度？

实验七　乙酸乙酯萃取乙酸的萃取率的测定

用溶剂从固体或液体混合物中提取所需要的物质，这一操作过程称为萃取。萃取不仅是提取和纯化有机化合物的常用方法，而且可以洗去混合物中的少量杂质。

【实验目的】

(1) 掌握萃取分离的原理和方法。

(2) 掌握利用萃取的方法分离混合物。

【实验原理】

萃取是提取、分离或纯化有机化合物的常用操作之一。按萃取两相的不同，萃取可分为液-液萃取、液-固萃取。这里主要介绍液-液萃取。

液-液萃取是利用同一物质在两种互不相溶(或微溶)的溶剂中具有不同溶解度的性质，将其从一种溶剂转移到另一种溶剂中，从而达到分离或提纯的一种方法。

分配定律是液-液萃取方法的主要理论依据。在一定温度下，同一种物质(M)在两种互不相溶的溶剂(A、B)中遵循如下分配原理：

$$\frac{c_A(\text{物质在A溶剂中的浓度})}{c_B(\text{物质在B溶剂中的浓度})}=K \tag{2-1}$$

在萃取时，提高分配系数 K 可以提高萃取的效率。改变溶质在水中的溶解度，增大分配系数的方法有：①利用“盐析效应”，在水相中加入强电解质(如氯化钠)，可降低溶质在水中的溶解度；②改变溶液 pH，可影响某些酸碱物质的水溶性。

利用分配定律可以计算出经过 n 次萃取后化合物在水相中的剩余量。

设 V 为样品溶液的体积，W_0 为萃取前溶质的总量，W_1 为萃取一次后溶质留在水溶液中的量，W_2 为萃取两次后溶质的剩余量，W_n 为萃取 n 次后溶质的剩余量，S 为每次使用的萃取溶剂的体积。

经一次萃取后，在原溶液和有机相中溶质的浓度分别为 W_1/V 和 $(W_0-W_1)/S$，两者之比等于 K，即有

$$\frac{W_1/V}{(W_0-W_1)/S}=K \tag{2-2}$$

整理后得

$$W_1=W_0\frac{KV}{KV+S} \tag{2-3}$$

经两次萃取则有

$$W_2=W_0\left(\frac{KV}{KV+S}\right)^2 \tag{2-4}$$

经 n 次萃取则有

$$W_n = W_0\left(\frac{KV}{KV+S}\right)^n \tag{2-5}$$

式中，$\frac{KV}{KV+S}<1$。

因此，n 越大，W_n 就越小，也就是说，以一定量的溶剂[1]进行多次萃取比用全量一次萃取效果好。

当然，这并不是说萃取次数越多，萃取率就越高，一般以萃取 3 次为宜，每次所用萃取剂约相当于被萃取溶液体积的 1/3。

此外，萃取率还与溶剂的选择密切相关。一般来说，选择溶剂的基本原则是，对被提取物质溶解度较大；与原溶剂不相混溶；沸点低，毒性小。例如，从水中萃取有机物时常用氯仿、石油醚、乙醚[2]、乙酸乙酯等溶剂，若从有机物中洗除其中的酸、碱或其他水溶性杂质时，可分别用稀碱、稀酸或直接用水洗涤。

如果要从固体中提取某些组分，则是利用样品中被提取组分和杂质在同一溶剂中具有不同溶解度的性质进行提取和分离。常采用浸出法，利用溶剂的长时间浸泡溶解可将固体混合物中所需要的物质浸取出来。这种方法不需要特殊仪器，但效率不高，耗时长且溶剂用量大，一般用于提取大量固体混合物中的物质。提取少量固体混合物中的物质时，可利用脂肪提取器，应用溶剂回流及虹吸原理，可使一定量的溶剂多次与固体接触时都是新鲜的，提取效率很高。

【仪器与试剂】

仪器：移液管、分液漏斗、量筒、锥形瓶。

试剂：2%乙酸、乙酸乙酯(AR)、酚酞指示剂、NaOH 标准溶液。

【实验步骤】

用乙酸乙酯从乙酸溶液中萃取乙酸步骤如下。

1. 一次萃取

用移液管准确移取 5.00 mL 2%乙酸溶液于 60 mL 分液漏斗中，用量筒取 14 mL 乙酸乙酯加入分液漏斗中，萃取[3]，静置，分层[4]。下层水溶液分离至 250 mL 锥形瓶中，加 5 mL 水，加入 2 滴酚酞作指示剂，用 NaOH 标准溶液滴定至粉红色。记录 NaOH 溶液用量。分液漏斗中上层的乙酸乙酯从上口倒出[5]，回收。

2. 两次萃取

在 60 mL 分液漏斗中加入 5.00 mL 2%乙酸溶液，用 7 mL 乙酸乙酯进行萃取，下层水溶液分离至另一洁净的分液漏斗中，回收上层酯液。向装有原水层的分液漏斗中加入 7 mL 乙酸乙酯再萃取一次。下层水溶液分离至 250 mL 锥形瓶中[6]，加 5 mL 水，加入 2 滴酚酞作指示剂，用 NaOH 标准溶液滴定至粉红色，记录 NaOH 溶液用量。分液漏斗中上层的乙酸乙酯从上口倒出，回收。

计算萃取率，比较一定量的溶剂全量一次萃取和分两次萃取的萃取效果。

$$\text{萃取率} = \left[1 - \frac{c_{\text{NaOH}} \times V(\text{mL})}{1000 \times n_{\text{乙酸}}}\right] \times 100\% \tag{2-6}$$

【实验步骤流程图】

一次萃取：

[萃取]　5.00 mL 2% 乙酸溶液 $\xrightarrow{\text{60 mL分液漏斗}}$ $\xrightarrow{\text{加入14 mL乙酸乙酯}}$ 萃取、静置、分层→分液

[滴定]　下层液体 $\xrightarrow[\text{2滴酚酞}]{\text{加5 mL水}}$ NaOH标准溶液滴定至粉红色→记录NaOH溶液用量→乙酸乙酯回收

两次萃取：

[第一次萃取]　5.00 mL 2% 乙酸溶液 $\xrightarrow{\text{60 mL分液漏斗}}$ $\xrightarrow{\text{加入7 mL乙酸乙酯}}$ 萃取、静置、分层→分液

[第二次萃取]　下层液体 $\xrightarrow{\text{另一干净分液漏斗(下层乙酸乙酯回收)}}$ $\xrightarrow{\text{7 mL乙酸乙酯萃取第二次}}$

[滴定]　下层液体 $\xrightarrow[\text{2滴酚酞}]{\text{加5 mL水}}$ NaOH标准溶液滴定至粉红色→记录NaOH溶液用量→乙酸乙酯回收

【注意事项】

[1] 所用分液漏斗的容积一般要比待处理的液体体积大 1～2 倍。在分液漏斗的旋塞上应涂一层薄薄的凡士林，注意不要抹在旋塞孔中，然后转动旋塞使其均匀透明。在萃取操作之前，应先加入适量的水以检查旋塞处是否漏液。

[2] 使用低沸点溶剂(如乙醚)作萃取剂，应注意在摇荡过程中要不时放气。否则，分液漏斗中的液体易从顶塞处喷出。

[3] 如果在振荡过程中，液体出现乳化现象，可以加入强电解质(如食盐)破乳。

[4] 分液时，如果一时不知哪一层是萃取层，则可以通过再加入少量萃取剂来判断：当加入的萃取剂穿过分液漏斗中的上层液溶入下层液，则下层是萃取相；反之，则上层是萃取相。为了避免出现失误，最好将上、下两层液体都保留到操作结束。

[5] 分液时，上层液应从漏斗上口倒出，以免萃取层受污染。

[6] 如果打开旋塞却不见液体从分液漏斗下端流出，首先应检查分液漏斗顶塞是否打开。如果顶塞已打开，液体仍然放不出，则应检查旋塞孔是否被堵塞。

【思考题】

(1) 萃取法的原理是什么？

(2) 如何提高萃取效果？

2.5 蒸 馏 技 术

蒸馏是提纯液体物质和分离混合物的一种常用方法。通过蒸馏还可以测出化合物的沸点，所以它对鉴定纯粹的液体有机化合物也具有一定的意义。

2.5.1 蒸馏原理

液体的分子由于分子运动有从表面逸出的倾向，这种倾向随着温度的升高而增大，即液体在一定温度下具有一定的蒸气压，当其温度达到沸点时，即液体的蒸气压等于外压时(达到饱和蒸气压)，就有大量气泡从液体内部逸出，即液体沸腾。一种物质在不同温度下的饱和蒸气压变化是蒸馏分离的基础。将液体加热至沸腾，使液体变为蒸气，然后使蒸气冷却再凝结为液体，这两个过程的联合操作称为蒸馏。

很明显，蒸馏可将易挥发和不易挥发的物质分离开，也可将沸点不同的液体混合物分离开(液体混合物各组分的沸点必须相差很大，至少 30℃以上才能达到较好的分离效果)。

纯粹的液体有机化合物在一定压力下具有一定的沸点。但由于有机化合物常和其他组分形成二元或三元共沸混合物(或恒沸混合物)，它们也有一定的沸点(高于或低于其中的每一组分)，因此具有固定沸点的液体不一定都是纯粹的化合物。一般不纯物质的沸点取决于杂质的物理性质以及它和纯物质间的相互作用：若杂质是不挥发的，溶液的沸点比纯物质的沸点略有升高(但在蒸馏时，实际上测量的并不是溶液的沸点，而是逸出蒸气与其冷凝液平衡时的温度，即是馏出液的沸点而不是瓶中蒸馏液的沸点)；若杂质是挥发性的，则蒸馏时液体的沸点会逐渐上升；或者由于组成了共沸混合物，在蒸馏过程中温度可保持不变，停留在某一范围内。

2.5.2 蒸馏装置及操作

1. *蒸馏装置及安装*

最简单的蒸馏装置如图 1-12 所示。常压蒸馏装置主要由蒸馏瓶、蒸馏头、温度计套管、温度计、冷凝管、接液管和接收瓶等组成。蒸馏液体沸点在 140℃以下时，用直形冷凝管；蒸馏液体沸点在 140℃以上时，由于用水冷凝管温差大，冷凝管容易爆裂，故应改用空气冷凝管(高沸点化合物用空气冷凝管也可达到冷却目的)。蒸馏易吸潮的液体时，在接液管的支管处应连干燥管；蒸馏易燃的液体时，在接液管的支管处接一橡皮管通入水槽，并将接收瓶在冰水浴中冷却。

安装仪器的顺序一般是自下而上，从左到右，全套仪器装置的轴线要在同一平面内，稳妥、端正。

安装步骤：先从热源开始，在铁架台上放好电热套、水浴或油浴等，再根据电热套的高度依次安装铁圈、石棉网，然后安装蒸馏瓶(烧瓶)、蒸馏头、温度计。注意瓶底应距石棉网 1～2 mm，不要触及石棉网；用水浴或油浴时，瓶底应距水浴(或油浴)锅底 1～2 cm。蒸馏瓶用铁夹垂直夹好。安装冷凝管时，用合适的橡皮管连接冷凝管，调整位置使其与已装好的蒸馏瓶高度相适应并与蒸馏头的侧管同轴，然后松开固定冷凝管的铁夹，使冷凝管沿此轴移动与蒸馏瓶连接。铁夹不应夹得太紧或太松，以夹住后稍用力尚能转动为宜(完好的铁夹内通常垫以橡皮等软性物质，以免夹破仪器)。在冷凝管尾部通过接液管连接接收瓶(用锥形瓶或圆底烧瓶)。正式接收馏液的接收瓶应事先称量并记录(注意：夹铁夹的十字头的螺口要向上，夹子上的旋把也要向上，以便于操作)。

安装时，烧瓶夹与冷凝管夹应分别夹在烧瓶的瓶颈口及冷凝管的中部。温度计水银球的上线应与蒸馏头侧管的下线在同一水平线上。蒸馏头与冷凝管连接成卧式，冷凝管的下口与接液管连接。冷凝水应从冷凝管的下口流入，上口流出，以保证冷凝管中始终充满水。

2. 蒸馏操作

1) 加料

根据蒸馏物的量，选择大小合适的蒸馏瓶，蒸馏液体一般不要超过蒸馏瓶容积的 2/3，也不要少于 1/3。将液体小心倒入蒸馏瓶(或用漏斗)，加入少量沸石，安好装置。为了使蒸馏顺利进行，在液体装入烧瓶后和加热之前，必须在烧瓶内加入少量沸石。因为烧瓶的内表面很光滑，容易发生过热而突然沸腾，致使蒸馏不能顺利进行。当添加新的沸石时，必须待烧瓶内的液体冷却到室温以后才可加入，否则有发生急剧沸腾的危险。沸石只能使用一次，当液体冷却之后，原来加入的沸石即失去效果，所以继续蒸馏时须加入新的沸石。在常压蒸馏中，具有多孔、不易碎、与蒸馏物质不发生化学反应的物质均可用作沸石。常用的沸石是切成 1～2 mm 的素烧陶土或碎瓷片。

2) 加热

根据被蒸馏液体的沸点选择加热装置，被蒸馏液体的沸点在 80℃以下时，用热水浴加热；液体沸点在 100℃以上时，在石棉网上用简易空气浴或油浴加热；液体沸点在 200℃以上时，用沙浴、空气浴及电热套等加热。

用水冷凝管时，先由冷凝管下口缓缓通入冷水，自上口流出引至水槽中，然后就可以开始加热。当蒸馏瓶中的物质开始沸腾时，温度急剧上升。当温度上升到被蒸馏物质沸点上下 1℃时，将加热强度调节到每秒流出 1～2 滴的速度。在整个蒸馏过程中，应使温度计水银球上常有被冷凝的液滴。此时的温度即为液体与蒸气平衡时的温度。温度计的读数就是液体(馏出液)的沸点。蒸馏时加热的火焰不能太大，否则会在蒸馏瓶的颈部造成过热现象，使一部分液体蒸气直接受到火焰的热量，这样由温度计读得的沸点会偏高；另外，蒸馏也不能进行得太慢，否则温度计的水银球不能被馏出液蒸气充分浸润而使温度计上所读得的沸点偏低或不规则。

3) 收集馏分

进行蒸馏前，至少要准备两个接收瓶。因为在到达预期物质的沸点之前，沸点较低的液体先蒸出。这部分馏液称为“前馏分”或“馏头”。前馏分蒸完，温度趋于稳定后，蒸出的就是较纯的物质，这时应更换一个洁净、干燥的接收瓶接收，记下这部分液体开始馏出时和最后一滴时温度计的读数，即是该馏分的沸程(沸点范围)。一般液体中或多或少含有一些高沸点杂质，在所需要的馏分蒸完后，若再继续加热升高温度，温度计的读数会显著升高，若维持原来的加热强度，就不会有馏液蒸出，温度会下降。这时就应停止蒸馏。

蒸馏完毕，应先灭火，然后停止通水，拆下仪器。拆除仪器的顺序和装配的顺序相反，先取下接收瓶，然后拆下接液管、冷凝管、蒸馏头和蒸馏瓶等。

3. 注意事项

在蒸馏操作中，应注意以下几点：

(1)控制好加热温度。如果采用热浴，热浴的温度应比蒸馏液体的沸点高出若干度，否则难以将被蒸馏物蒸馏出来。热浴温度比蒸馏液体沸点高出越多，蒸馏速度越快。但是，热浴的温度也不能过高，否则会导致蒸馏瓶和冷凝器上部的蒸气压超过大气压，有可能发生事故，特别是在蒸馏低沸点物质时尤其需注意。一般来说，热浴的温度不能比蒸馏物质的沸点高出 30℃。整个蒸馏过程要随时添加浴液，以保持浴液液面超过蒸馏瓶中的液面至少 1 cm。

(2)蒸馏高沸点物质时，由于易被冷凝，往往蒸气未到达蒸馏瓶的侧管处就已经被冷凝而滴回蒸馏瓶中。因此，应选用短颈蒸馏瓶或者采取其他保温措施等，保证蒸馏顺利进行。

(3)蒸馏之前，必须了解被蒸馏的物质及其杂质的沸点和饱和蒸气压，以决定何时(在什么温度时)收集馏分。

(4)蒸馏瓶应采用圆底烧瓶。沸点为 40～150℃的液体可采用简单的常压蒸馏。对于沸点在 150℃以上的液体，或沸点虽在 150℃以下但对热不稳定、易热分解的液体，可以采用减压蒸馏和水蒸气蒸馏。

实验八　蒸　　馏

【实验目的】

(1)掌握并理解蒸馏的原理，以及沸点测定的原理。
(2)掌握蒸馏和沸点测定的基本操作。
(3)掌握蒸馏装置仪器的安装和拆卸。

【实验原理】

在同一温度下，不同沸点的物质具有不同的蒸气压，低沸点的物质蒸气压大，高沸点的物质蒸气压小。当两种沸点不同的化合物混合在一起时，由于在一定的温度下混合物中各组分的蒸气压不同，因此当加热至沸腾时，其蒸气的组成与液体的组成各不相同，蒸气中低沸点物质的百分含量较在原混合液中的百分含量大，而高沸点物质的情况则相反。图 2-22 是 A 和 B 两组分体系(理想溶液)在大气压下的温度-组成曲线。下面一条曲线代表 A、B 不同组成混合物的沸点，上面一条曲线代表在沸点时与液体达到平衡的蒸气的组成。T_A 和 T_B 分别是纯 A 和纯 B 的沸点。

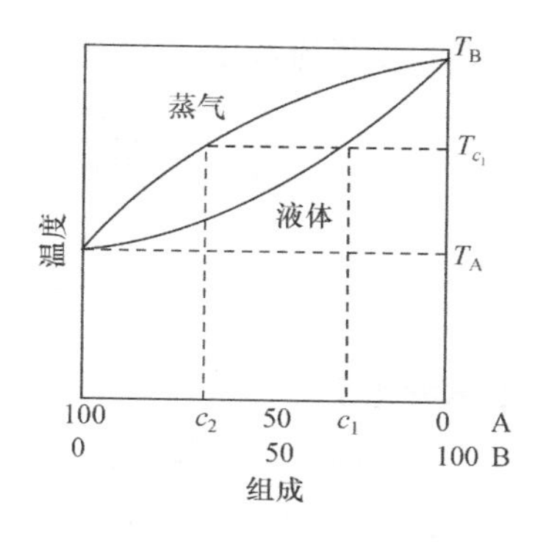

图 2-22　二组分温度-组成曲线

从图 2-22 中可以看出，组成为 c_1 的 A 和 B 混合液在 T_{c_1} 处沸腾，其蒸气组成为 c_2，与原混合液相比，它含有更多的低沸点组分 A。当进行蒸馏时，A 从混合液中选择性地分离出来，同时混合液的组成逐渐地从 c_1 变化到 100%，B 液体的沸点逐渐从 T_{c_1} 升高到 T_B，蒸气组成也逐渐从 c_2 变成 100%。

所以，蒸馏液体混合物，先蒸出的是含低沸点物质的组分，后蒸出的是含高沸点物质的组分，不挥发的组分则留在蒸馏瓶中，这样就可以达到将各组分分离的目的。但要达到好的分离效果，液体混合物各组分的沸点差一般须达到 30℃以上。

液体沸腾时，溶解在液体中的空气或吸附在容器壁上的空气有助于蒸气气泡（气化中心）的形成，粗糙的瓶壁也有促进作用。如果液体中几乎不存在空气，且瓶壁洁净、光滑，则形成气泡就很困难。这时，温度上升到超过沸点可能也不沸腾，这种现象称为“过热”。一旦有气泡形成，由于液体在此温度时的蒸气压已远远超过大气压和液层压力之和，气泡增大上升得非常快，使液体冲溢出瓶外而产生“暴沸”。因此，在加热前应加入素烧瓷片、沸石等助沸物。助沸物表面疏松多孔，吸附有空气，可起到气化中心的作用，保证沸腾平稳进行。在任何情况下，切忌将沸石加到已接近或正在沸腾的液体中，否则易产生暴沸。如果加热前忘记加沸石，应停止加热，待液体稍冷后再补加。如果沸腾过程中停下来，再重新加热时也须补加新的沸石，因为原来的沸石在加热时空气已部分溢出，冷却后吸附了液体，可能已经失效。

【仪器与试剂】

仪器：直形冷凝管、圆底烧瓶、蒸馏头、接液管、锥形瓶、温度计、温度计套管。

试剂：待蒸馏的液体、沸石。

【实验步骤】

将待蒸馏的液体加入蒸馏瓶中，然后加入一两粒沸石，安好装置，检查接口处是否配合紧密不漏气，接通冷凝水。开始时以小火加热，然后调整加热速度，使温度慢慢上升，注意观察液体气化情况。当蒸气的顶端升到温度计水银球部位时，温度开始急剧上升，此时应控制好温度，使温度计水银球上总附有液滴，以保持气、液两相平衡，这时的温度正是馏出液的沸点。记下第一滴馏出液滴入接收瓶时的温度。调节火力，控制蒸馏速度，以每秒 1～2 滴自接液管滴下为宜。当温度由不稳定到稳定时，更换接收瓶继续蒸馏，并记录此时的温度。如果温度变化较大，应多换几个接收瓶，分段收集馏分，并记录每段馏分的沸点范围。在保持原来加热温度的情况下，不再有馏出液蒸出，而且温度突然下降时，说明该馏分基本蒸馏完毕。当瓶中剩余约 1 mL 液体时，立即停止蒸馏，绝不能蒸干。若馏程（沸点范围）有要求，则按要求收集，一般至少要准备两个接收瓶，一个接收沸点范围前的馏分，另一个接收沸点范围内的馏分。蒸馏完毕后，应先撤掉热源，再关闭冷却水，按照与安装装置相反的顺序拆卸仪器。

蒸馏乙醚等低沸点物质时，应将接液管的支管口接橡皮管伸入水槽中。如蒸馏时有有害气体逸出，还应将接液管的支管口接橡皮管导入吸收装置中。

【实验步骤流程图】

待蒸馏液体装入蒸馏瓶 →(沸石)→(密闭性检测)→(加热/观察)→ 保持温度计水银球上有液滴 → 记录第一滴馏出液的温度

→(控制流速/每秒1～2滴)→(馏出液速度稳定/更换接收瓶)→ 记录每段馏分温度范围，完毕

【思考题】

(1)蒸馏装置中，温度计应装在什么位置？试画出温度计的位置。

(2)蒸馏开始后，发现未加沸石，应如何补救？

实验九 回流(无水乙醇的制备)

【实验目的】

(1)学习实验室用氧化钙制备无水乙醇的方法。

(2)掌握无水回流、无水蒸馏等常规无水操作。

【实验原理】

在室温下，有些反应速率很小或难以进行。为了使反应尽快地进行，常需保持反应在溶剂中缓缓地沸腾若干时间。为了不致损失挥发性的溶剂或反应物，应当用回流冷凝器使蒸气仍冷凝回流到反应器皿中，这个操作称为回流，常用回流装置见图2-23。

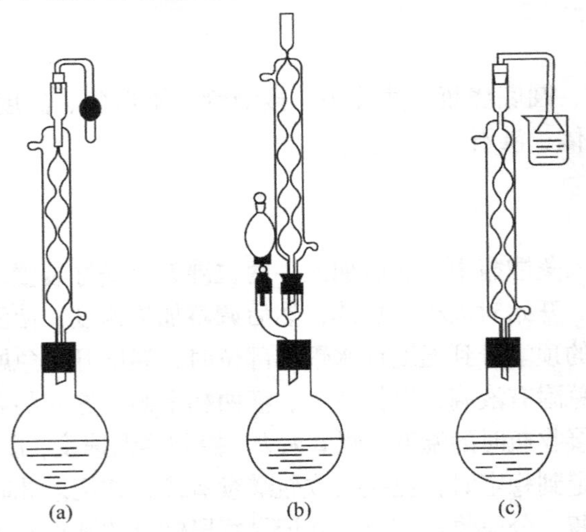

图2-23 回流装置

当用挥发性溶剂(如乙醇、醚、石油醚)加热溶解物质时，或反应放热会使挥发性物质损失时，也应该用回流冷凝器。回流时，为了使挥发性物质充分冷凝下来，切勿沸腾过激。为了防止过热、暴沸，常加入止暴剂(如多孔瓷片或沸石)。有些反应要求在无水情况下进行，为了防止空气中的湿气进入而影响反应，可在回流冷凝器上端装氯化钙干燥管，见图2-23(a)；如果反应中有有害气体放出(如溴化氢等)，可加接气体吸收装置，见图2-23(c)。

本实验用氧化钙与95%乙醇中的水反应从而脱去水，通过无水蒸馏操作制得无水乙醇：

$$CaO + H_2O = Ca(OH)_2$$

【仪器与试剂】

仪器：电热套、圆底烧瓶、球形冷凝管、直形冷凝管、温度计、蒸馏头、接液管、锥形瓶、干燥管。

试剂：95%乙醇、氧化钙(CP)、无水氯化钙(AR)、无水硫酸铜(AR)、氢氧化钠(AR)。

【实验步骤】

(1)回流[1]加热除水：在 50 mL 圆底烧瓶中加入 20 mL 95%乙醇，慢慢放入 8 g 小颗粒状的生石灰(氧化钙[2])和约 0.1 g 氢氧化钠。装上回流装置，冷凝管上接盛有无水氯化钙[3]的干燥管。加热回流[4]约 1 h。

(2)蒸馏：回流完毕，改为蒸馏装置将干燥的三角烧瓶作接收器，接液管支口上接盛有无水氯化钙的干燥管，加热蒸馏。蒸馏完毕，称量，计算产率。

(3)蒸馏制得的无水乙醇用无水硫酸铜检验含水量。

(4)测产品的折射率(见折射率的测定实验)。

【实验步骤流程图】

20 mL 95%乙醇
8 g生石灰 $\xrightarrow[\text{接干燥管}]{\text{回流1 h}}$ 蒸馏→产率计算→无水硫酸铜检验含水量→测折射率
0.1 g氢氧化钠

【注意事项】

[1] 实验所用仪器需彻底干燥。
[2] 所用氧化钙应为小颗粒状。
[3] 干燥管中的棉花不要塞得太紧，干燥剂用粒状无水氯化钙。
[4] 加热温度要适当，控制好回流速度。

【思考题】

(1)回流装置有什么特点？
(2)回流装置上有一球形冷凝管，能否用标准塞将球形冷凝管堵住？为什么？

实验十 分 馏

【实验目的】

(1)了解分馏的原理和意义，以及分馏柱的种类和选用的方法。
(2)学习实验室常用分馏的操作方法。

【实验原理】

蒸馏作为分离液态有机化合物的常用方法，要求其组分的沸点至少要相差 30℃，只有当组分的沸点差达 30℃以上时，才能用蒸馏法充分分离。因此，对沸点相近的混合物，仅用一次蒸馏不可能将它们分开。若要获得良好的分离效果，就要采用分馏的方法。

分馏的基本原理与蒸馏类似，不同处是在装置上多一个分馏柱，柱内温度梯度升高，使气化、冷凝的过程由一次改为多次进行，达到多次蒸馏的目的，使混合物更好地分离。实际上，分馏就是多次蒸馏。分馏的方法在工业和实验室中被广泛应用。最精密的分馏设备已能将沸点相差仅 1～2℃的混合物分开。当沸腾混合物蒸气进入分馏柱时，高沸点组分易被冷凝，而蒸气中低沸点组分相对增多。冷凝液下移时又与上升的蒸气接触，二者进行热量交换。这时，下移冷凝液中低沸点组分受热再次气化上升，高沸点组分仍呈液态下移，而上升蒸气中高沸点组分被冷凝下来，低沸点组分继续呈蒸气上升。这样经反复多次的热交换，分馏柱内不同高度的各段，其组分不同，相距越远，组分的差别就越大。柱上端蒸气中低沸点组分的含量将越来越高，使得低沸点物质最后被蒸馏出来，高沸点物质不断流回烧瓶内，从而将沸点不同的物质分开。

下面以图 2-24 为例进一步说明分馏原理。组成为 c_1 的 A、B 二组分混合物在温度 T_a 沸腾，沸腾的蒸气进入分馏柱冷凝下来，这种冷凝液具有组成 c_2。该冷凝液在下移途中与上升的蒸气进行热交换再次气化，产生组成为 c_3 的蒸气，再冷凝、气化可得组成为 c_4 的蒸气。如此继续下去，如果分馏柱有足够的高度，或具有足够的表面积供多次气化和冷凝，则最后从柱顶出来的馏出液将接近纯 A。直到分离出所有的 A，随后蒸气的温度才能升高到纯 B 的沸点。

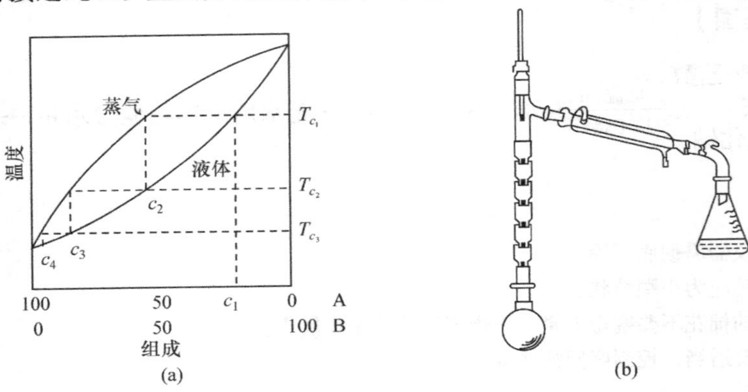

图 2-24　二组分温度-组成曲线(a)及简单分馏装置(b)

在分馏过程中，有时可能得到具有固定沸点的混合物，这种混合物称为共沸混合物(或恒沸混合物)。它的沸点(高于或低于其中的任一组分)称为共沸点(或恒沸点)。蒸馏时形成共沸混合物的各组分总是以恒定的比例在恒定的沸点下一起蒸馏出来，因此不能用分馏法进一步分离。有机化合物之间以及有机化合物和水之间形成的大多是低沸点共沸混合物，几种常见的共沸混合物如表 2-4 所示。共沸混合物虽不能用分馏来分离，但它不是化合物，它的组成和沸点随压力而改变，用其他方法破坏共沸组分后再蒸馏可得到纯的组分。

表 2-4　几种常见的共沸混合物

共沸混合物	各组分的沸点/℃	共沸混合物的组成(质量分数)/%	共沸混合物的沸点/℃
乙醇-水	78.3，100	95.6 : 4.4	78.1
正丁醇-水	117.7，100	62.5 : 37.5	92.2
苯-水	80.4，100	91.2 : 8.8	69.2
氯化氢-水	−83.7，100	20.2 : 79.8	108.6

续表

共沸混合物	各组分的沸点/℃	共沸混合物的组成(质量分数)/%	共沸混合物的沸点/℃
甲酸-水	101，100	74 : 26	107
乙醇-氯仿	78.3，61.2	79 : 3	59.4
甲醇-苯	64.7，80.4	39 : 61	48.3
乙醇-苯	78.3，80.4	32 : 68	68.2
甲苯-乙酸	101.5，118.5	72 : 28	105.4
氯仿-丙酮	61.2，56.4	80 : 20	64.7
乙醇-苯-水	78.3，80.4，100	19 : 74 : 7	64.9
乙酸丁酯-正丁醇-水	126.5，117.7，100	63 : 29 : 8	90.7
正丁醇-正丁醚-水	117.7，142.4，100	34.6 : 35.5 : 29.9	90.6

实验室中简单分馏装置包括圆底烧瓶、分馏柱、冷凝器和接收器四个部分(图 2-25)。

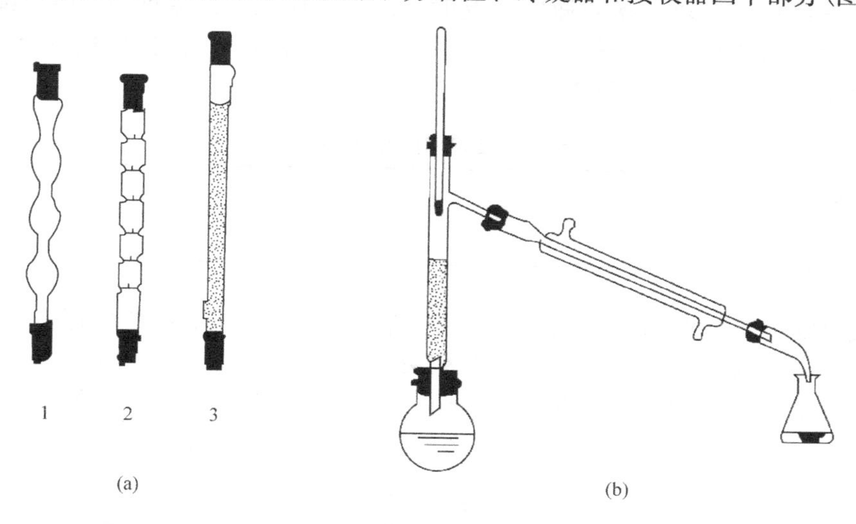

图 2-25　分馏柱(a)和简单分馏装置(b)
1. 球形分馏柱；2. 刺形分馏柱[韦式(Vigreux)分馏柱]；3. 填充式分馏柱

安装过程与蒸馏类似，自下而上，先夹住蒸馏瓶，再装上韦氏分馏柱和蒸馏头。要注意使分馏柱保持垂直，然后装上温度计、冷凝管、接液管、接收瓶，并在指定的位置夹好夹子，夹子一般不宜夹得太紧，以免应力过大造成仪器破损。

有机化学实验中常用的分馏柱有填充式分馏柱和韦氏分馏柱(图 2-25)。填充式分馏柱在柱内填上各种惰性材料(如玻璃珠、陶瓷)或各种形状的金属片等以提高表面积，分馏效率较高，适合分离一些沸点差较小的化合物。韦氏分馏柱结构简单，分馏效率较低，适合分离少量且沸点差较大的物质。若要分离沸点差很小的化合物，则必须使用精密分馏装置。

在分馏过程中，应防止回流液体在柱内聚集，否则会减少液体和上升蒸气的接触，并且上升的蒸气易将下移的液体顶住(上升的蒸气受到阻塞)，甚至冲入冷凝管中造成“液泛”。为避免此现象，可在柱身包扎石棉绳、石棉布等保温，防止回流冷凝液过多造成“液泛”，提高分馏效率。

【仪器与试剂】

仪器：圆底烧瓶、石棉绳、韦氏分馏柱、蒸馏头、直形冷凝管、接液管、锥形瓶、温度计、温度计套管。

试剂：四氯化碳(AR)、甲苯(AR)、素烧瓷片。

【实验步骤】

四氯化碳-甲苯混合物的分馏步骤如下。

(1)把 50 mL 四氯化碳及 50 mL 甲苯，几小块素烧瓷片放在 250 mL 圆底烧瓶中，如图 2-24 所示把仪器装置安装完毕后，用石棉绳包裹分馏柱身，尽量减少散热。把第 1 号圆底烧瓶作为接收瓶，接收瓶与周围灯焰要有相当的距离。选择好热浴(本实验用油浴)。开始用小火加热，以使加热均匀，防止过热。当液体开始沸腾时，即见到一圈圈气液沿分馏柱慢慢上升，待其停止上升后，调节热源，升高温度，当蒸气上升到分馏柱顶部，开始有馏出液流出时，立即记录第一滴馏出液落到接收瓶中的温度，此时更应控制好温度[1]，使蒸馏的速度以 1 mL/min 为宜。首先以第 1 号接收瓶收集 76～81℃的馏分，依次更换接收瓶，分段收集以下温度范围的四段馏出液(表 2-5)。

表 2-5 四段馏出液温度范围

接收瓶的编号	1	2	3	4
收集温度范围/℃	76～81	81～88	88～98	98～108

当蒸气温度达到 108℃时则停止蒸馏。撤去油浴，让圆底烧瓶冷却(约数分钟)，使分馏柱内的液体回流至瓶内[2]，将圆底烧瓶内的残液倾入第 5 号接收瓶中。分别量出并在表 2-6 中记录各接收瓶馏出液的体积(量准至 0.1 mL)。操作时要注意防火，应在离灯焰较远的地方进行。

表 2-6 四氯化碳-甲苯混合物分馏的馏分

序号	温度/℃	各温度范围馏出液的体积/mL	
		第一次	第二次
1	76～81		
2	81～88		
3	88～98		
4	98～108		
5	残液		

(2)为了分出较纯的组分，依照下面的方法进行第二次分馏[3]。先将第一次的馏出液 1(第 1 号接收瓶)倒入空的圆底烧瓶中，如前所述装置进行分馏，仍用第 1 号接收瓶收集 76～81℃馏出液；当温度升至 81℃时，停止加热，冷却圆底烧瓶，将第一次的馏出液 2(第 2 号接收瓶)加入圆底烧瓶内残液中，继续加热分馏，把 81℃以前的馏出液收集在第 1 号接收瓶中，而 81～88℃的馏出液收集于原第 2 号接收瓶中；待温度上升到 88℃时即终止加热，冷却后，将第一

次的馏出液3加入圆底烧瓶残液中，继续分馏，分别以第1号、第2号和第3号接收瓶收集76～81℃、81～88℃和88～98℃的馏出液；依次继续蒸馏第一次的第4号及第5号接收瓶馏出液，操作同上。至分馏第5号接收瓶的馏出液时，残留在烧瓶中的液体即为第二次分馏的第5部分馏分。

在表2-6中记录第二次分馏得到的各段馏出液的体积。

(3)为了定性地估计分馏的效率,可将两端的馏出液(第1号和第5号接收瓶)做以下实验。

(a)分别取1～2滴馏出液放入有水的试管中，观察是上浮还是下沉。为什么？

(b)分别取几滴馏出液于瓷蒸发皿中，点火观察能否燃烧？有没有火焰？

(4)做完实验并记录结果以后，把所有的馏出液均倒入指定的瓶中。

以观察到的温度为纵坐标，馏出液的体积为横坐标作图，得分馏曲线。

【实验步骤流程图】

1. 第一次分馏

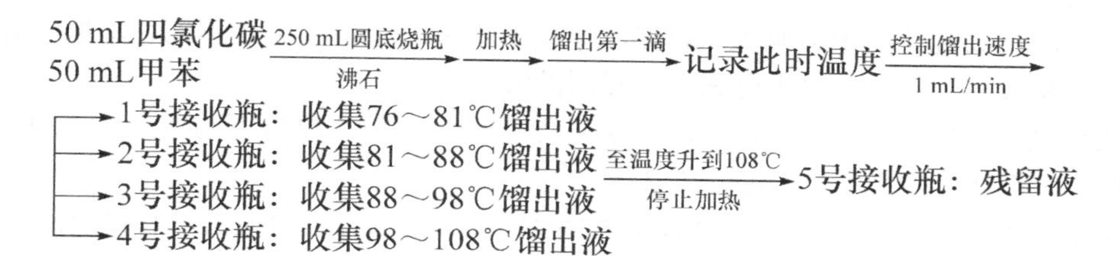

2. 第二次分馏

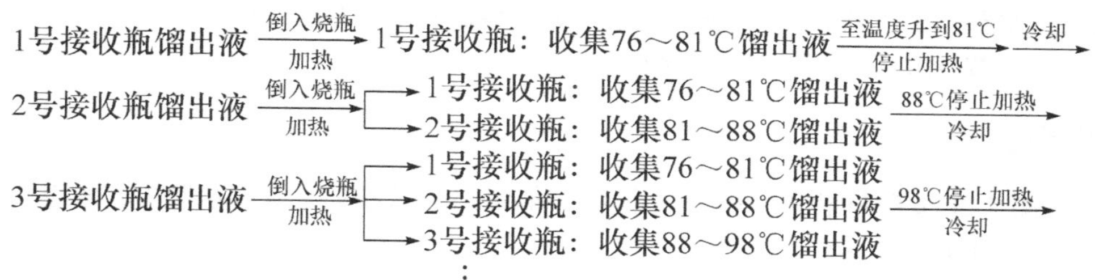

(操作同上，至分馏第5号接收瓶的馏出液)

记录各段馏出液体积，绘制分馏曲线

【注意事项】

[1] 分馏应缓慢进行，控制好馏出速度。

[2] 要有相当量的液体自分馏柱流回烧瓶内。

[3] 必须尽量减少分馏柱的热量损失，可以用保温材料包住柱身。

【思考题】

(1)什么是蒸馏、分馏？两者在原理、装置、操作方面有什么异同？

(2)什么是暴沸？如何防止暴沸？

(3)分馏柱的分馏效率的高低取决于哪些因素？

实验十一　水蒸气蒸馏

【实验目的】

(1) 了解水蒸气蒸馏的基本原理、使用范围（场合）和被蒸馏物应具备的条件。

(2) 熟练掌握常量水蒸气蒸馏仪器的组装和使用方法。

【实验原理】

根据道尔顿（Dalton）分压定律，两种互不相溶的液体混合物的蒸气压等于两液体单独存在时的蒸气压之和。因为当组成混合物的两液体的蒸气压之和等于大气压力时混合物就开始沸腾（此时的温度为共沸点），所以互不相溶的液体混合物的沸点要比每一物质单独存在时的沸点低。因此，在不溶于水的有机物质中，进行水蒸气蒸馏时，在比该物质的沸点低得多的温度，即比 100℃还要低的温度就可使该物质和水一起蒸馏出来。

水蒸气蒸馏的应用范围如下：①某些沸点高的有机物，在常压下蒸馏虽可与副产品分离，但易将其破坏；②混合物中含有大量树脂状杂质或不挥发杂质，采用蒸馏、萃取等方法都难以分离；③从较多固体反应物中分离出被吸附的液体。

被提纯的物质应具备的条件：①不溶或难溶于水；②共沸腾下与水不发生化学反应；③在 100℃左右时，必须具有一定的蒸气压。

实验室常用水蒸气蒸馏装置包括水蒸气发生器、蒸馏部分、冷凝部分和接收部分。

【仪器与试剂】

仪器：水蒸气发生器、圆底烧瓶、蒸馏头、冷凝管、接液管、油浴锅。

试剂：苯胺（AR）、无水 $MgSO_4$（AR）。

【实验步骤】

(1) 按图 2-26 安装好装置，检查气密性，将 50 mL 苯胺加入圆底烧瓶中，水蒸气发生器中加入占容器 3/4 的水。

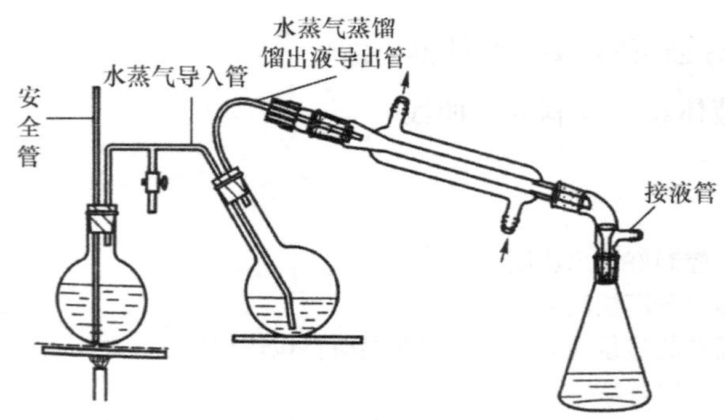

图 2-26　水蒸气蒸馏实验装置

(2) 打开 T 形管螺旋夹，加热水蒸气发生器至沸腾，水蒸气导入装有苯胺的圆底烧瓶，开始水蒸气蒸馏。如由于水蒸气的冷凝而使蒸馏瓶内液体量增加，可适当加热蒸馏瓶。但要控制蒸馏速度，以每秒 2～3 滴为宜，以免发生意外。

(3)当馏出液无明显油珠时，停止蒸馏，此时必须先旋开螺旋夹，然后移开热源。

(4)将馏出液置于分液漏斗中，静置，将水层分去，得到苯胺，然后将无水 $MgSO_4$ 加入苯胺中，除去残留在苯胺中的水分，过滤，称量，计算产率并回收苯胺。

【实验步骤流程图】

苯胺圆底烧瓶 —打开T形管螺旋夹→ —加热水蒸气发生器至沸腾（可适当加热蒸馏瓶）→ —控制蒸馏速度每秒2～3滴→ —至馏出液无明显油珠→ 停止蒸馏 → 分液，弃水层 —无水 $MgSO_4$ 干燥→ 过滤，称量

【思考题】

(1)进行水蒸气蒸馏时，水蒸气导入管的末端为什么要插到接近容器底部?

(2)在水蒸气蒸馏过程中，经常要检查什么事项?若安全管中水位上升很高，说明什么问题?如何处理才能解决?

实验十二　减压蒸馏

【实验目的】

(1)理解减压蒸馏的基本原理和适用条件。

(2)熟练掌握减压蒸馏仪器的安装和操作方法。

【实验原理】

减压蒸馏是分离、提纯有机物的重要方法之一，它特别适用于沸点较高及在常压下蒸馏时易分解、氧化和聚合的物质。有时在蒸馏、回收大量溶剂时，为提高蒸馏速度也考虑采用减压蒸馏的方法。

液体的沸点是指它的饱和蒸气压等于外界大气压时的温度，所以液体沸腾的温度是随外界压力的降低而降低的。用真空泵连接盛有液体的容器，使液体表面上的压力降低，即可降低液体的沸点。这种在较低压力下进行蒸馏的操作称为减压蒸馏，减压蒸馏时物质的沸点与压力有关。

为了使用方便，常把不同的真空度划分为几个等级：

低真空度[101.32～1.3332 kPa(760～10 mmHg)]：一般可用水泵获得。水泵所达到的最大真空度受水蒸气压力限制，因此水温在 3～4℃时，水泵可达 0.7999 kPa(6 mmHg)的真空度；而水温在 20～25℃时，只能达到 2.266～3.333 kPa(17～25 mmHg)。

中真空度[1333.2～13.332 Pa(10～10^{-1} mmHg)]：一般可用油泵获得。

高真空度[<13.332 Pa(10^{-1} mmHg)]：一般用扩散泵获得。它是利用一种液体的蒸发和冷凝，使空气附着在凝聚的液滴表面上，达到富集气体分子的目的。该泵的作用一方面是抽走集结的气体分子，另一方面是降低所用液体的气化点，使其易沸腾。扩散泵所用的工作液可以是泵油或其他特殊油类，其极限真空主要取决于工作液的性质。

减压蒸馏装置可分为蒸馏、抽气以及保护和测压装置三部分，如图 2-27 所示。

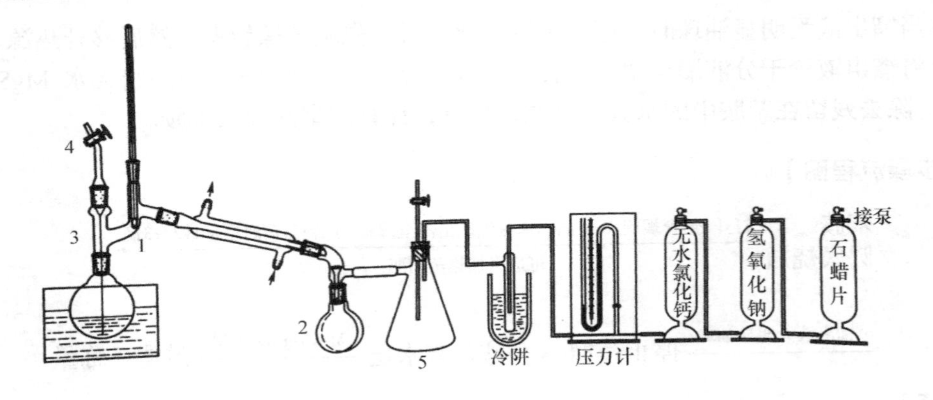

图 2-27　减压蒸馏装置

1. 减压蒸馏瓶；2. 接收器；3. 玻璃管(末端为毛细管)；4. 螺旋夹；5. 安全瓶

1. 蒸馏部分

这一部分与普通蒸馏相似，也可以分为三个组成部分。

(1) 减压蒸馏瓶(克氏蒸馏瓶)有两个颈，其目的是避免减压蒸馏时瓶内液体由于沸腾而冲入冷凝管中。瓶的一颈中插入温度计，另一颈中插入一根距瓶底 1～2 mm 的末端拉成细丝的毛细管。毛细管的上端连有一段带螺旋夹的橡皮管，螺旋夹用以调节进入空气的量，使极少量的空气进入液体，呈微小气泡冒出，作为液体沸腾的气化中心，使蒸馏平稳进行，又起到搅拌作用。

(2) 冷凝管和普通蒸馏相同。

(3) 接液管和普通蒸馏不同，其上具有可供连接抽气设备的小支管。蒸馏时，若要收集不同的馏分而又不中断蒸馏，则可用两尾或多尾接液管。转动多尾接液管，就可使不同的馏分进入指定的接收器中。

2. 抽气部分

实验室通常用水泵或油泵进行减压。水泵(水循环泵)：所能达到的最低压力为 1 kPa。油泵：油泵的效能取决于油泵的机械结构及真空泵油的好坏。好的油泵能抽至真空度为 13.3 Pa。油泵结构较精密，工作条件要求较高。蒸馏时，如果有挥发性的有机溶剂、水或酸的蒸气，都会损坏油泵及降低其真空度。因此，使用时必须十分注意油泵的保护。

3. 保护和测压装置部分

为了保护油泵，必须在馏液接收器与油泵之间顺次安装安全瓶、冷阱和吸收塔。冷阱中冷却剂的选择根据需要而定。吸收塔(干燥塔)通常设三个：第一个装无水氯化钙或硅胶，吸收水汽；第二个装粒状氢氧化钠，吸收酸性气体；第三个装石蜡片，吸收烃类气体。

实验室通常利用水银压力计测量减压系统的压力。水银压力计有开口式水银压力计和封闭式水银压力计。

【仪器与试剂】

仪器：减压蒸馏装置。

试剂：待蒸馏液体[1]、无水氯化钙(AR)、硅胶、粒状氢氧化钠(AR)、石蜡片。

【实验步骤】

(1)装置安装完毕[2]，在克氏蒸馏瓶中加入需蒸馏的液体，一般不得超过容积的 1/2，打开抽气泵，慢慢关闭安全瓶上的两通旋塞，调节螺旋夹，使导入空气量以能冒出一连串的小气泡为宜。

(2)当达到所要求的真空度且压力稳定后[3]，开始加热。热浴的温度一般比液体的沸点高 20℃左右。液体沸腾时，应调节热源，经常注意压力计上所示的压力，若不符，则应进行调节，待达到所需沸点时，旋转多尾接液管，接收所需馏分，蒸馏速度以每秒 0.5～1 滴为宜。

(3)蒸馏完毕[4]，撤去热源，稍冷后，旋开螺旋夹，并慢慢打开安全瓶上的两通旋塞，平衡内、外压力，使压力计的水银柱缓慢恢复原状。若打开太快，水银柱快速下降，有冲破压力计的可能。待内、外压力平衡后，才可关闭抽气泵电源，以免抽气泵中的油倒吸入吸收塔中。

【实验步骤流程图】

待蒸馏液体、克氏蒸馏瓶 —打开抽气泵→ —关闭两通旋塞→ —调节螺旋夹（至能冒出一连串的小气泡）→ —加热→ —接收所需馏分（每秒0.5～1滴）→

—蒸馏完毕（稍冷）→ —旋开螺旋夹→ —慢慢打开两通旋塞（平衡内、外压力）→ 关闭电源，结束

【注意事项】

[1] 待蒸馏液体中若含有低沸点物质，通常先进行普通蒸馏，再进行水泵减压蒸馏，而油泵减压蒸馏应在水泵减压蒸馏后进行。

[2] 装置妥当后，先旋紧橡皮管上的螺旋夹，打开安全瓶上的两通旋塞，使体系与大气相通，启动油泵(长时间未用的真空泵，启动前应先用手转动皮带轮，能转动时再启动)抽气，逐渐关闭两通旋塞至完全关闭，注意观察瓶内的鼓泡情况(如发现鼓泡太剧烈，有冲料危险，立即将两通旋塞旋开些)，从压力计上观察体系内压力符合要求，然后小心旋开两通旋塞，同时注意观察压力计上的读数，调节体系内压到所需值(根据沸点与压力关系)。

[3] 在系统充分抽真空后通冷凝水，再加热(一般用油浴)蒸馏，一旦减压蒸馏开始，应密切注意蒸馏情况，调整体系内压，经常记录压力和相应的沸点值，根据要求收集不同温度的馏分。

[4] 蒸馏完毕，移去热源，慢慢旋开螺旋夹(防止倒吸)，并慢慢打开两通旋塞，平衡内、外压力，使压力计的水银柱慢慢地恢复原状(若打开得太快，水银柱很快上升，有冲破压力计的可能)，然后关闭油泵和冷却水。

【思考题】

(1)进行减压蒸馏时，为什么必须用热浴加热，而不能直接用火加热？为什么进行减压蒸馏时须先抽气才能加热？

(2)当减压蒸完所要的化合物后，应如何停止减压蒸馏？为什么？

实验十三　旋 转 蒸 发

【实验目的】

(1)掌握旋转蒸发的原理及应用。

(2)进一步理解减压蒸馏的原理和操作。

【实验原理】

旋转蒸发仪的工作原理是通过电子控制，使蒸馏烧瓶在最适合速度下恒速旋转以增大蒸发面积。通过真空泵使烧瓶处于负压状态，烧瓶在旋转的同时置于水浴锅中恒温加热，溶液在负压下在烧瓶内进行加热扩散蒸发。它既可进行常压蒸馏操作，也可进行减压蒸馏操作，是化学工业、医药工业、高等院校和科研实验室等单位用于制备及分析实验用于浓缩、干燥、回收等较为理想的必备基本仪器。

【仪器与试剂】

仪器：旋转蒸发装置、卡口。

试剂：待蒸馏液体。

【实验步骤】

按图 2-28 安装好旋转蒸发仪[1]的各部件，使仪器稳固[2]，装上接收瓶，用卡口卡牢，打开冷凝水。

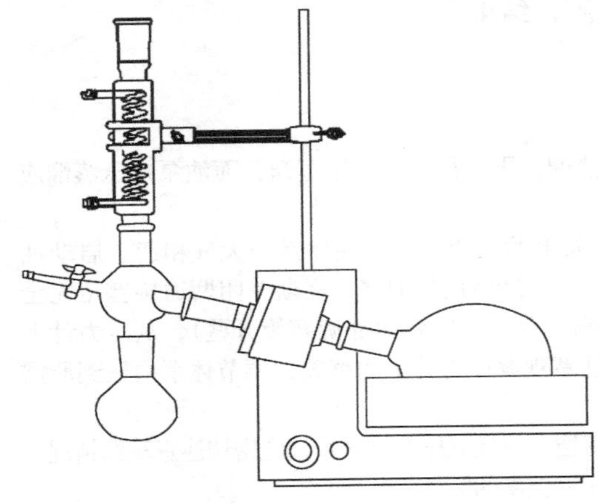

图 2-28　旋转蒸发装置

(1) 在烧瓶中加入待蒸馏液体，体积不能超过 2/3。装好烧瓶，用卡口卡牢。

(2) 打开水泵电源[3]，抽真空[4]，待烧瓶吸住后，用升降控制开关将烧瓶置于水浴内。

(3) 打开旋转蒸发仪的电源，慢慢向右旋，调整至稳定的转速。

(4) 加热水浴，根据烧瓶内液体的沸点设定加热温度。

(5) 在设定温度下旋转蒸发。

(6) 蒸完后，用升降控制开关使烧瓶离开水浴，关闭转速旋钮，停止旋转。打开真空活塞，使体系通大气，取下烧瓶，关闭水泵。

【实验步骤流程图】

待蒸馏液体 $\xrightarrow[\text{卡口卡牢}]{\text{烧瓶}}$ 抽真空，吸住烧瓶→稳定转速→设定温度→旋转蒸发→

蒸发完毕→ 烧瓶离开水浴
关闭转速旋钮 →通大气，取烧瓶，关水泵

【注意事项】

[1] 玻璃仪器应轻拿轻放，装前应洗干净，擦干或烘干。

[2] 各磨口、密封面、密封圈及接头安装前都需要涂一层真空脂。

[3] 加热槽通电前必须加水，不允许无水干烧。

[4] 如真空抽不上来，需检查：①各接头、接口是否密封；②密封圈、密封面是否有效；③主轴与密封圈之间真空脂是否涂好；④真空泵及其橡皮管是否漏气；⑤玻璃件是否有裂缝、碎裂、损坏的现象。

【思考题】

(1) 使用油泵时应注意哪些问题?

(2) 在什么情况下才使用减压蒸馏?

(3) 简述旋转蒸发仪的结构原理及使用步骤。

2.6 干燥技术

在有机化学实验中，许多有机反应需要在无水的条件下进行，如在制备格氏试剂(Grignard reagent)或酰氯的反应中，若不能保证反应体系的充分干燥，就得不到预期产物。无论是气体、液体还是固体物质，常需要干燥。依据被干燥物质的性质和物态差异，可以选择不同的干燥方法和相应的干燥仪器。

2.6.1 液体有机化合物的干燥

从水溶液中分离出的液体有机物常含有少量水，若不干燥脱水，直接蒸馏可能与水形成共沸混合物，使前馏分增多，还有可能与有机物发生水解等化学反应，所以蒸馏前一般都要进行干燥。

1. 共沸除水

利用蒸(分)馏和生成共沸混合物的方法除去少量水分或溶剂。共沸除水的方法在工业上已获得广泛应用。许多液体有机物能与水形成二元、三元、四元共沸混合物，可用共沸蒸馏法除去其中的水分；当共沸混合物的沸点与其有机组分的沸点相差不大时，可采用分馏法干燥。共沸点均低于该溶剂本身的沸点，因此当共沸混合物蒸馏完毕时，剩下的就是无水溶剂。例如，无水苯沸点为 80.3℃，由 29.6%水和 70.4%苯组成的共沸混合物在 69.3℃沸腾，若蒸馏含有少量水的苯，则上述组成的混合物首先被蒸出，最后蒸出无水苯。当用二元共沸混合物不能使液体干燥时，可向混合物中加入能形成三元共沸混合物的液体，如将苯加入 95%乙醇中，经过分馏(理论塔板数不少于 10)后，可得到无水乙醇。此法还可用于除去反应过程中生成的水或醇(如酯化反应)，以达到提高产率的目的。

2. 使用干燥剂除水

液体有机化合物的干燥，除上述方法外，通常还将干燥剂直接与其接触。为了有效地进行干燥，选择干燥剂时必须注意以下几个问题：

(1) 选用干燥剂应与被干燥的液体有机化合物不发生化学反应，不溶解于该有机物中。例如，酸性化合物不能用碱性干燥剂，同样碱性化合物不能用酸性干燥剂。有些干燥剂能与被干燥的有机液体生成配合物，所以也不能用来干燥该类化合物。强碱性干燥剂(如氧化钙、氢氧化钠)能催化某些醛和酮类发生化学反应如自动氧化反应，也可使酯或酰胺发生水解反应。所以选择干燥剂应注意其应用范围。常用干燥剂见表 2-7。

表 2-7 各类有机物常用干燥剂

化合物类型	干燥剂
烃	$CaCl_2$、$CaSO_4$、P_2O_5、Na(不能用于烯烃)
卤代烃	$CaCl_2$、$CaSO_4$、$MgSO_4$、Na_2SO_4、P_2O_5
醇	K_2CO_3、$MgSO_4$、CaO、Na_2SO_4、$CaSO_4$、Mg(加少量 I_2 催化)
醚	$CaCl_2$、Na、$CaSO_4$、$MgSO_4$、P_2O_5
醛	$CaSO_4$、$MgSO_4$、Na_2SO_4
酮	K_2CO_3、$CaCl_2$、$MgSO_4$、Na_2SO_4、$CaSO_4$
酸、酚	$MgSO_4$、Na_2SO_4、$CaSO_4$
酯	$CaSO_4$、$MgSO_4$、Na_2SO_4、K_2CO_3
胺	KOH、NaOH、K_2CO_3、CaO
硝基化合物	$CaCl_2$、$MgSO_4$、Na_2SO_4、$CaSO_4$

(2)使用干燥剂时，不仅要考虑它的干燥能力(吸水容量)，而且要考虑它的干燥效能(干燥速度)。吸水容量是指单位质量干燥剂所吸收的水量；干燥效能是指达到平衡时液体干燥的程度。对于形成水合物的无机盐干燥剂，常用吸水后结晶水的蒸气压来表示。例如，硫酸钠形成10个结晶水的水合物，其吸水容量达1.25，在25℃时水蒸气压为255.98 Pa(1.92 mmHg)。氯化钙最多能形成6个结晶水的水合物，其吸水容量为0.97，在25℃时水蒸气压为40.00 Pa(0.30 mmHg)。因此，硫酸钠的吸水容量较大，但干燥效能弱，而氯化钙的吸水容量较小，但干燥效能较强。在干燥含水量较大而又不易干燥的化合物时，常先用吸水量较大的干燥剂除去大部分水，再用干燥效能较强的干燥剂，当然在选用干燥剂时还要注意一些其他因素。常用干燥剂的性能与应用范围见表2-8。

表 2-8 常用干燥剂的性能与应用范围

干燥剂	吸水作用	酸碱性	效能	干燥速度	应用范围
氯化钙	$CaCl_2 \cdot nH_2O$ n=1,2,4,6	中性	中等	较快，但吸水后表面被薄层液体所覆盖，应放置较长时间	能与醇、酚胺、酰胺及某些醛、酮、酯形成配合物，因而不能用于干燥这些化合物
硫酸镁	$MgSO_4 \cdot nH_2O$ n=1,2,4,5,6,7	中性	较弱	较快	应用范围广，可代替 $CaCl_2$，并可用于干燥酯、醛、酮、腈、酰胺等不能用 $CaCl_2$ 干燥的化合物
硫酸钠	$Na_2SO_4 \cdot 10H_2O$	中性	弱	缓慢	一般用于有机液体的初步干燥
硫酸钙	$CaSO_4 \cdot \frac{1}{2}H_2O$	中性	强	快	中性，常与硫酸镁(钠)配合，用于最后干燥
碳酸钾	$K_2CO_3 \cdot \frac{1}{2}H_2O$	弱碱性	较弱	慢	干燥醇、酮、酯、胺及杂环等碱性化合物；不适用于酸、酚及其他酸性化合物的干燥
氢氧化钾(钠)	溶于水	强碱性	中等	快	用于干燥胺、杂环等碱性化合物；不能用于干燥醇、醇、醛、酮、酸、酚等
金属钠	$Na+H_2O \longrightarrow NaOH+\frac{1}{2}H_2$	碱性	强	快	限于干燥醚、烃类中的痕量水分。用时切成小块或压成钠丝

续表

干燥剂	吸水作用	酸碱性	效能	干燥速度	应用范围
氧化钙	$CaO+H_2O \longrightarrow Ca(OH)_2$	碱性	强	较快	适用于干燥低级醇类
五氧化二磷	$P_2O_5+3H_2O \longrightarrow 2H_3PO_4$	酸性	强	快，但吸水后表面被黏浆液覆盖，操作不便	适用于干燥醚、烃、卤代烃、腈等化合物中的痕量水分；不适用于干燥醇、酸、胺、酮等
分子筛	物理吸附	中性	强	快	适用于干燥各类有机化合物

(3) 干燥剂的用量。根据水在液体中的溶解度和干燥剂的吸水量，可以计算出干燥剂的最低用量。例如，室温时水在乙醚中的溶解度为 1%～1.5%，若用氯化钙干燥 100 mL 含水的乙醚，用氯化钙的吸水容量为 0.97，可以算出至少需要氯化钙 1～1.5 g，但实际用量却远超过最低用量，才能使干燥完成。这是因为干燥乙醚是可逆过程，乙醚中的水分不可能完全除尽；另外，要得到最高水合物需要的时间很长，因此往往不能达到它应有的吸水量，所以干燥剂的实际用量大大超过计算用量。干燥其他有机液体时，通过查阅手册可以了解水在其中的溶解度，从而估计干燥剂的用量。由于干燥剂同时吸收一部分有机液体，影响产品的产量，所以干燥剂的用量应有所控制，必要时可先加入少量干燥剂静置一段时间，过滤后再加入新的干燥剂，或先用吸水量较大的干燥剂干燥，过滤后再用干燥性能强的干燥剂。10 mL 样品需加入 0.05～1.0 g 干燥剂。由于液体中水分的含量不同，干燥剂的质量、颗粒大小和干燥温度不同，实际操作中难以确定具体的数量，但上面介绍的条件对选择干燥剂具有重要的参考价值。

(4) 干燥时的温度。对生成水合物的干燥剂，应当注意，加热虽然可以加快干燥速度，但远不如水合物放出水的速度快，因此干燥通常在室温下进行，蒸前应将干燥剂滤去。

3. 操作步骤

(1) 在加入干燥剂前，应尽可能将被干燥液体内的水分离干净，不应有任何可见的水层及悬浮水珠。将该液体置于干燥洁净的锥形瓶中，加入颗粒大小合适、均匀的干燥剂，用塞子塞紧，并不时振摇，加速水合平衡的建立。若发现有水层，必须将水层分去或用滴管将水吸去，再加入一点干燥剂。若干燥剂附在瓶壁互相黏结，通常是因为干燥剂用量不够，应补加。放置半小时以上，最好过夜。有时在干燥前，液体出现浑浊，经干燥后变为澄清透明液，且干燥剂棱角分明，不粘瓶壁，流动性好，这可作为水分基本除去的标志。当然也有液体虽然澄清透明，但不一定说明含水分，因为澄清透明与否和水在有机液体中的溶解度有关。将已干燥的有机液体通过装有一小团脱脂棉或折叠滤纸的漏斗直接滤入蒸馏瓶中进行蒸馏。必要时，可用少量干燥溶剂迅速洗涤干燥剂，将洗液和滤液合并。干燥后的液体进行蒸馏或其他处理时，都应根据无水操作的要求进行。仪器装置中凡是与大气相通处均应装上合适的干燥管，以防潮气侵入。

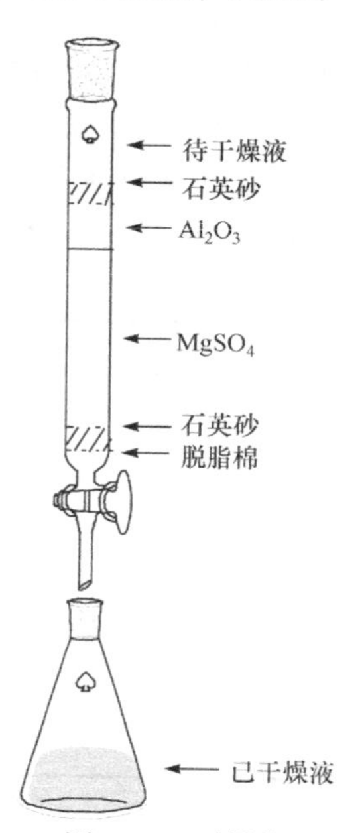

图 2-29　干燥柱

(2) 微量液体的干燥。有时需干燥物质的量很少，但又要求干燥效果好，损失少，可采用干燥柱干燥。将一小团脱脂棉用干净的细铁丝塞入滴管细口端，将合适的干燥剂均匀填入柱内，制成干燥柱，如图 2-29 所示。先用干燥溶剂湿润柱体，再将溶有待干燥物质的溶液通过干燥柱，最后用少量干燥溶剂淋洗，并用胶头挤压尽量除尽吸附剂中的溶液，蒸除溶剂即得干燥后的物质。

2.6.2 固体有机化合物的干燥

固体有机化合物的干燥主要是指除去残留在固体上的少量低沸点溶剂，如水、乙醚、丙酮、苯等。由于固体有机物的挥发性较溶剂小，所以可采用蒸发和吸收的方法达到干燥的目的。蒸发的方法有自然干燥和加热干燥。有时蒸发和吸收两法并用，如真空恒温干燥器。

1. 自然干燥

自然干燥是最经济、最方便的方法。但需注意，被干燥的固体有机物应稳定、不分解、不吸潮。干燥时，要把被干燥固体放在表面皿或其他敞口容器中，尽量摊成薄层，再盖上滤纸，防止灰尘落入，然后在室温下放置直到干燥为止。

2. 加热干燥

为了加快干燥，对于熔点较高且遇热不分解、不易燃的固体，可使用红外灯、烘箱或微波干燥。加热温度应低于固体有机物的熔点，并不时翻动，不能有结块现象，放置温度计以便控制温度。红外线穿透性很强，能使溶剂从固体内部的各部分蒸发出来，因此比普通加热(溶剂从固体表面蒸发)干燥快。微波干燥是利用微波与水、极性溶剂、被处理的物质等分子间的相互作用，吸收微波能使自身发热，整个物料同时被加热。微波能在瞬间穿透到被加热物体中，不需热传导过程，数分钟就能把微波能转换为物质的热能，因此加热速度快、干燥效率高。用烘箱或微波干燥时，必须注意样品中不得含有易燃溶剂，而且要严格控制温度以免样品熔化或着火。当被干燥的物质数量较大时，可采用真空恒温干燥箱，其优点是使样品维持在一定的温度和真空下进行干燥，干燥量大，效率高。

3. 干燥器干燥

对易分解、吸潮或升华的有机固体化合物，不能用上述方法干燥，应放在干燥器内用干燥剂干燥。一般采用以下三种干燥器：

(1)普通干燥器。一般适用于保存易潮解或升华的样品，但干燥效率不高，耗费时间长。干燥剂通常放在多孔瓷板下面，待干燥的样品放在表面皿或培养皿中，置于瓷板上面。所用干燥剂由被除去溶剂的性质而定，具体见表 2-9。

表 2-9 干燥器内常用的干燥剂

干燥剂	除去的溶质或杂质
氧化钙	水、酸
氯化钙	水、醇
硅胶	水
分子筛	水、残余溶剂(小分子)
氢氧化钠	水、酸蒸气、醇
硫酸	水、醇、酸(不适用于真空干燥器)
五氧化二磷	水、醇、酸
石蜡片	烃类、醇、醚、氯仿、四氯化碳、苯、甲苯

(2)真空干燥器。它比普通干燥器干燥效率高，如图 2-30(b)所示。真空干燥器的盖子上

有一玻璃旋塞，用以抽真空，常用水泵抽气，需接上安全瓶，以免在水压变化时使水倒吸入干燥器内。旋塞下端的玻璃管呈弯钩状，口向上，这样可防止在通入大气解除真空取样时，因空气流入太快将固体吹散。当然最好在放试样的器皿上加盖。当停止抽真空时，应先关闭干燥器上的旋塞，然后打开安全瓶上的旋塞，再关水泵。对空气敏感的物质，可通入氮气保护。显然，这种干燥器不适用于升华物质的干燥。

(3)真空恒温干燥器。真空恒温干燥器俗称干燥枪[图 2-30(c)]，适用于少量物质的干燥，干燥效率很高，可除去结晶水或结晶醇，常用于元素定量分析样品的干燥。使用时将装有待干燥样品的小试管或小舟放入夹层中，带有真空活塞的容器内放置五氧化二磷，并混杂一些玻璃棉。圆底烧瓶中盛有机溶剂，其沸点必须低于固体样品的熔点。通过真空活塞接水泵抽真空，达一定真空度时，关闭旋塞，停止抽气。加热圆底烧瓶中的溶剂直到开始回流，利用溶剂蒸气加热夹套，使样品在真空和恒温的干燥室内干燥。每隔一定时间再抽气，以便及时排出样品中挥发的溶剂蒸气，同时使干燥室内保持一定的真空度。干燥完毕，先移去热源，待温度降至接近室温时，缓慢地解除真空，将样品取出置于普通干燥器中保存。

(a) 普通干燥器　(b) 真空干燥器　(c) 真空恒温干燥器

图 2-30　干燥器

真空冷冻干燥就是把含有大量水分的有机物先在低温(−50～−10℃)下冻结成固体，然后利用冰的水蒸气压力较高的性质，在真空(1.313 Pa)条件下使水蒸气直接从固体中升华出来，最终使有机物脱水成固体或粉末的干燥技术。真空冷冻干燥的基本原理与升华相似，多用于受热易破坏或易吸潮的有机物的干燥，该法已广泛应用于生产。

2.6.3　气体的干燥

有机化学实验中有气体参加反应时，常需要将气体发生器或钢瓶中的气体通过干燥剂进行干燥。固体干燥剂一般装在干燥管、干燥塔或大的 U 形管内；液体干燥剂则装在各种形式的洗气瓶内。具体要根据被干燥气体的性质、用量、潮湿程度以及反应条件选择不同的干燥剂和仪器装置。常用的气体干燥剂见表 2-10。

表 2-10　常用的气体干燥剂

气体	干燥剂
H_2	P_2O_5、$CaCl_2$、浓 H_2SO_4、Na_2SO_4、$MgSO_4$、$CaSO_4$、CaO、BaO、分子筛
O_2	P_2O_5、$CaCl_2$、Na_2SO_4、$MgSO_4$、$CaSO_4$、CaO、BaO、分子筛
N_2	P_2O_5、$CaCl_2$、浓 H_2SO_4、Na_2SO_4、$MgSO_4$、$CaSO_4$、CaO、BaO、分子筛

续表

气体	干燥剂
O_3	P_2O_5、$CaCl_2$
Cl_2	$CaCl_2$、浓 H_2SO_4
CO	P_2O_5、$CaCl_2$、浓 H_2SO_4、Na_2SO_4、$MgSO_4$、$CaSO_4$、CaO、BaO、分子筛
CO_2	P_2O_5、$CaCl_2$、浓 H_2SO_4、Na_2SO_4、$MgSO_4$、$CaSO_4$、分子筛
SO_2	P_2O_5、$CaCl_2$、Na_2SO_4、$MgSO_4$、$CaSO_4$、分子筛
CH_4	P_2O_5、$CaCl_2$、浓 H_2SO_4、Na_2SO_4、$MgSO_4$、$CaSO_4$、CaO、BaO、NaOH、KOH、Na、CaH_2、$LiAlH_4$、分子筛
NH_3	$Mg(ClO_4)_2$、NaOH、KOH、CaO、BaO、$Mg(ClO_4)_2$、Na_2SO_4、$MgSO_4$、$CaSO_4$、分子筛
HCl	$CaCl_2$、浓 H_2SO_4
HBr	$CaBr_2$
HI	CaI_2
H_2S	$CaCl_2$

为了干燥效果好，操作安全，应注意以下几点：

(1)用无水氯化钙、氧化钙、碱石灰等固体干燥剂干燥气体时，颗粒大小应适当。颗粒太大，气体与干燥剂接触面小，干燥效果不好；颗粒太小，容易堵塞。一般以黄豆粒大小为宜，填装时切勿装得太紧密，要留有空隙。

(2)液体干燥剂用量要适当，太少将影响干燥效果，过多则压力大，气体不易通过，体系有被密封的危险。如果干燥要求高，可同时连接两个或更多的干燥装置。根据被干燥气体的性质，可放相同的干燥剂或两种不同的干燥剂。用洗气瓶时，其进口管与出口管不能接错，并控制通入气体的速度。为了防止倒吸，在洗气瓶与反应容器之间应连接安全瓶。应注意的是，当开启气体钢瓶时，应先调整好气流速度，通过干燥瓶(塔)后，再通入反应瓶中，切不可打开钢瓶阀直接通入反应瓶，以免气流太急，发生危险；停止通气时，应减慢气流速度，先把反应瓶与安全瓶分开，再关闭钢瓶。干燥剂还可继续再用，用完后应立即将通路塞住。

(3)在一些要求无水的有机反应或蒸馏中，为了防止大气中的水汽侵入，装置中凡是与空气相通的地方均应安装干燥装置。

2.7　色谱(层析)技术

色谱法是分离、提纯、鉴定有机化合物的重要方法，有广泛的用途。其基本原理是利用样品混合物中各组分理化性质的差异，各组分不同程度地分配到互不相溶的两相中。当两相相对运动时，各组分在两相中反复多次重新分配，使混合物得到分离。两相中，固定不动的一相称为固定相；移动的一相称为流动相。

色谱法的分类：根据两相的物态类型，有液固色谱法和液液色谱法两类基本色谱方法。

液固色谱是基于吸附和溶解性质的分离技术，其固定相是粉末状或颗粒状固体，具有表面吸附活性，流动相是液体。当混合物溶液加在固定相上，固体表面通过各种分子间力(包括范德华力和氢键)与混合物中各组分作用，使其以不同的作用强度吸附在固体表面。混合物中各组分在固定相表面上的吸附强度不同，当流动相流过时，各组分随流动相的移动速度不同，从而实现分离。柱色谱、薄层色谱大多属于这类色谱。

液液色谱的固定相是附着于载体的液层，流动相是另一种液体。混合物中各组分在两液相间的分配系数不同，则在两液相中的浓度不同，随流动相移动的速度也不同，从而实现分离。纸色谱和有些薄层色谱属于这类色谱。

实验十四　柱色谱法

【实验目的】

学习柱色谱法的原理和操作方法。

【实验原理】

柱色谱又称柱层析，是一种液固吸附色谱，固定相装于柱内，流动相为液体，样品沿竖直方向由上而下移动，从而达到分离目的。它是通过色谱柱进行分离的。色谱柱一般是一根长约20 cm，内径为2 cm，下端有一个活塞的柱子。在柱子底部有一层玻璃砂芯，管内装填活化的固体吸附剂(固定相)如氧化铝、硅胶等，在柱子顶部装一滴液漏斗，样品从柱顶加入，被吸附在柱的上端，然后从滴液漏斗加入洗涤剂(流动相)如乙醇、石油醚等。由于吸附剂对各组分的吸附能力不同，被吸附较弱的组分随溶剂以较快的速率向下移动，各组分随溶剂以不同的时间从色谱柱下端流出，分别收集各组分，再逐个鉴定，若各组分是有色物质，则在柱上可以直接看到色带，若是无色物质，有些物质呈现荧光，可用紫外光照射等方法鉴定。

柱色谱法广泛应用于混合物的分离，包括对有机合成产物、天然提取物以及生物大分子的分离。

1. 液固色谱原理

液固色谱是基于吸附和溶解性质的分离技术，柱色谱属于液固吸附色谱。

由于吸附剂对各组分的吸附能力不同，当流动相流过固体表面时，混合物各组分在液、固两相间分配。吸附强的组分在流动相分配少，吸附弱的组分在流动相分配多。流动相流过时，各组分以不同的速率向下移动，吸附弱的组分以较快的速率向下移动。

随着流动相的移动，在新接触的固定相表面上又依这种吸附-溶解过程进行新的分配，新鲜流动相流过已趋平衡的固定相表面时也重复这一过程。结果是吸附弱的组分随着流动相移动在前面，吸附强的组分移动在后面，吸附特别强的组分甚至不随流动相移动，各种化合物在色谱柱中形成带状分布，实现混合物的分离。

2. 柱色谱分离条件

(1)固定相选择：柱色谱使用的固定相材料又称吸附剂。吸附剂对有机物的吸附作用有多种形式。以氧化铝作为固定相时，非极性或弱极性有机物只有范德华力与固定相作用，吸附较弱；极性有机物与固定相之间可能有偶极作用或氢键作用，有时还有成盐作用。这些作用的强度依次为：成盐作用＞配位作用＞氢键作用＞偶极作用＞范德华力作用。有机物的极性越强，在氧化铝上的吸附越强。常用吸附剂有氧化铝、硅胶、活性炭等。色谱用的氧化铝可分酸性、中性和碱性三种。酸性氧化铝pH为4.0～4.5，用于分离羧酸、氨基酸等酸性物质；中性氧化铝pH为7.5，用于分离中性物质，应用最广；碱性氧化铝pH为9.0～10.0，用于分离生物碱、胺和其他碱性化合物等。吸附剂的活性与其含水量有关。含水量越低，活性越高。脱水的中性氧化铝称为活性氧化铝。活性氧化铝不溶于水，也不溶于有机溶剂，含水的与无水的物质都可使用这种吸附剂。硅胶是中性的吸附剂，可用于分离各种有机物，是应用最为广泛的固定相材料之一。活性炭常用于分离极性较弱或非极性有机物。吸附剂的粒度越小，比表面积越大，分离效果越明显，但流动相流过越慢，有时会产生分离带的重叠，适得其反。

(2)流动相选择：色谱分离使用的流动相又称展开剂。展开剂对于选定了固定相的色谱分离有重要的影响。在色谱分离过程中，混合物中各组分在吸附剂和展开剂之间发生吸附-溶解分配，强极性展开剂对极性大的有机物溶解得多，弱极性或非极性展开剂对极性小的有机物溶解得多，随展开剂流过不同极性的有机物以不同的次序形成分离带。在氧化铝柱中，选择适当极性的展开剂能使各种有机物按极性先弱后强的顺序形成分离带，流出色谱柱。

当一种溶剂不能实现很好的分离时，选择使用不同极性的溶剂分级洗脱。如一种溶剂作为展开剂只洗脱了混合物中一种化合物，对其他组分不能展开洗脱，需换一种极性更大的溶剂进行第二次洗脱。这样分次用不同的展开剂可以将各组分分离。

3. 柱色谱分离操作

(1)柱色谱装置：柱色谱装置包括色谱柱、滴液漏斗、接收瓶。色谱柱有玻璃制的和有机玻璃制的，后者只用于水作展开剂的场合。色谱柱下端配有旋塞，色谱柱的长径比应不小于(7～8)：1。

(2)分离操作：

(a)装柱：色谱柱的装填有干装和湿装两种方法。

干装时，先在柱底塞上少许玻璃纤维，再加入一些细粒石英砂，然后将准备好的吸附剂用漏斗慢慢加入干燥的色谱柱中，边加入边敲击柱身，务必使吸附剂装填均匀，不能有空隙。吸附剂用量应是被分离混合物量的30～40倍，必要时可多达100倍。加够以后，在吸附剂上覆盖少许石英砂。

湿装时，将准备好的吸附剂用适量展开剂调成可流动的糊，如干装时一样准备好色谱柱，将吸附剂糊小心地慢慢加入柱中，加入时不停敲击柱身，务必使吸附剂装填均匀，不能有气泡和裂隙，还必须使吸附剂始终被展开剂覆盖。

(b)洗柱：干柱在使用前要洗柱，目的是排出吸附剂间隙中的空气，使吸附剂填充密实。

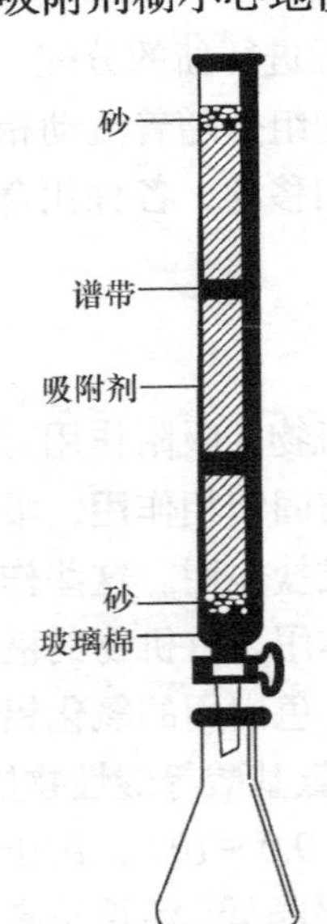

图 2-31　柱色谱装置

【仪器与试剂】

仪器：色谱柱、滴液漏斗、玻璃漏斗、烧杯、三角烧瓶、量筒、滴管、剪刀、滤纸。

试剂：层析氧化铝、甲基橙(AR)、靛酚(AR)、95%乙醇。

【实验步骤】

按图 2-31 安装柱色谱装置。

1. 装柱

装填好层析柱是柱层析成功的关键，层析柱要填得平整，中间没有气泡和空隙。

将已洗净、烘干的色谱柱固定在铁架上，柱身与桌面垂直(这样可形成较平整的柱面)，将 20 mL 溶剂[95%乙醇：水(体积比)=4：1]装入色谱柱内[1]，打开旋塞，在溶剂流出的同时将 14 g 氧化铝[2]通过干燥的玻璃漏斗慢慢加入管中而渐渐下沉，边加边用带橡皮管的玻璃棒轻轻敲击柱身，以排出空气，使装填均匀而无裂缝。加完氧化铝后，继续让溶剂流出，直到液面在氧化铝的顶部高度为 0.5～1 cm 时[3]，关闭下端旋塞。氧化铝上面用圆形滤纸覆盖，以保持顶部平整，不受加溶剂时由于液体冲刷的干扰而产生不规则的谱带。

2. 加样

将色谱柱中的溶液从下端放出直到液面在氧化铝顶部约 1 mm 时，立即沿柱壁加入 2 mL 甲基橙和靛酚的混合样品溶液[4]，当样品液面在氧化铝顶部约 1 mm 时，用少量溶剂洗下柱壁上的样品物质，重复两三次，直到洗净为止。

3. 洗脱分离

在柱子顶部装上滴液漏斗，内盛 20 mL 洗脱液[95%乙醇：水(体积比)=4：1]。调节洗脱液使其逐滴放出，层析开始进行，柱下用三角烧瓶收集，待第一部分(靛酚)即将流出时，取干净三角烧瓶收集洗脱液，到滴出液近无色为止。换一个接收器，改用 pH=10 的水溶液作洗脱剂，到黄色物开始滴出时，再换一个接收器，到甲基橙黄色物完全洗下为止。分别倒入指定的回收瓶中。

【实验步骤流程图】

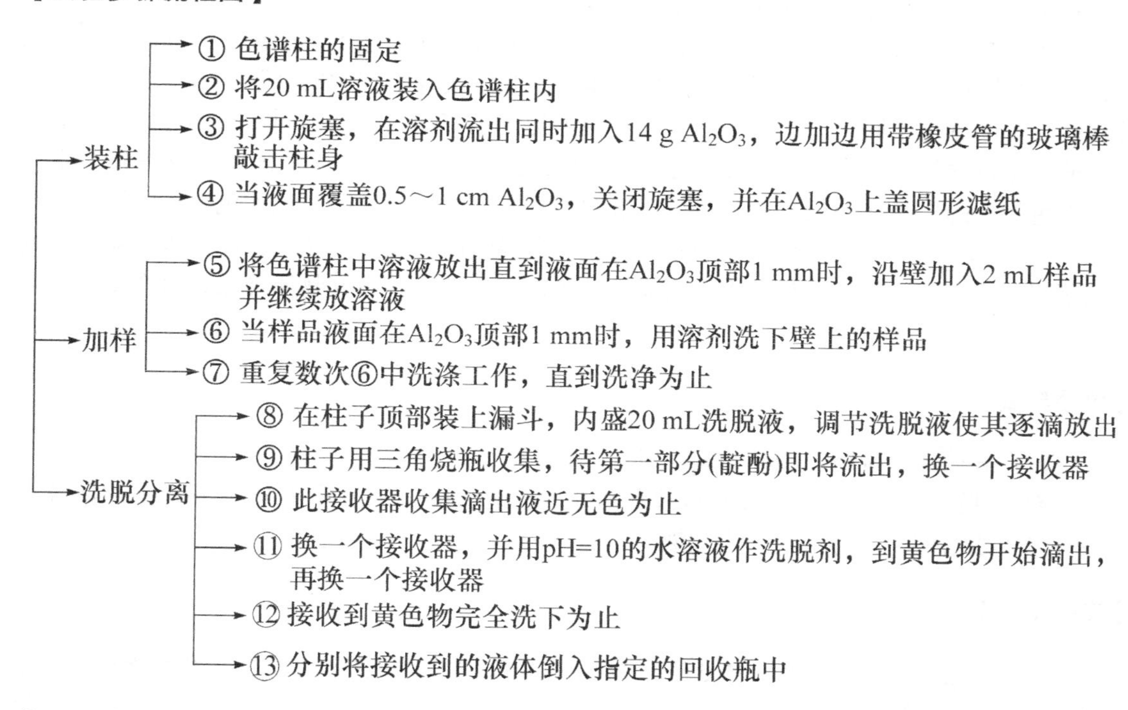

【注意事项】

[1] 色谱柱必须干燥，否则水分增加，重则不能分离，轻则层析速度减慢。

[2] 吸附剂的用量与要分离的混合物的性质及数量有关。

[3] 在整个洗脱过程中，氧化铝柱上一直保持 0.5～1 cm 高的溶剂，注意液面不能低于氧化铝上的滤纸。

[4] 将需要分离的混合物溶于尽量少的极性小的溶剂中，本实验用的混合样品是 1 mg 靛酚和 4 mg 甲基橙溶于 3 mL 95%乙醇中。

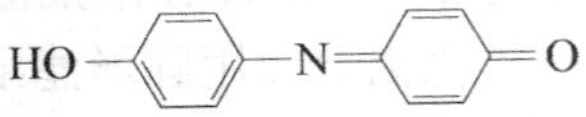

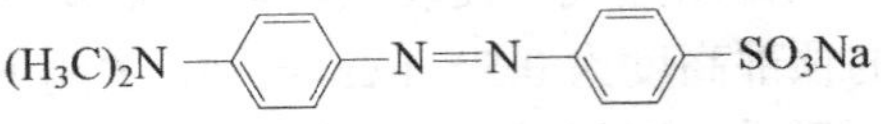

$HO-C_6H_4-N=C_6H_4=O$　　　$(H_3C)_2N-C_6H_4-N=N-C_6H_4-SO_3Na$

【思考题】

(1)洗脱的流速过快或过慢时，对分离效果有什么影响？

(2)为什么极性大的组分要用极性大的洗脱剂洗脱？

(3)柱中若留有空气或填装不匀，对分离效果有什么影响？如何避免？

实验十五　薄层色谱法

【实验目的】

学习薄层色谱法的原理和操作方法。

【实验原理】

薄层色谱法也称薄层层析法。它是把吸附剂均匀地铺在一块玻璃板上，铺成薄薄的一层，一般以 0.5～1 mm 厚为宜。然后在薄层上点好样品，将点样品的薄板放在盛有一定展开剂的层析缸中，层析就在薄层上进行，因此称为薄层层析法。

层析法是一种有效的分离方法，它是将待分离的混合样品置于某种吸附剂(固定相)上然后让溶剂(流动相)通过。由于混合样品中各组分在吸附剂和溶剂中的吸附、溶解能力不同，即在两相中的分配不同，因此各组分在固定相上随溶剂移动的速度不同，从而达到分离的目的。薄层层析法具有操作简便、灵敏度高等优点，因此广泛应用于物质的鉴定分离和提纯。

有色物质的样品在薄板上展开后可直接观察到它们的分离情况。但无色物质的样品在薄层上展开以后，需要通过显色才能观察到它们的分离情况。显色方法有：在薄板上喷显色剂或把薄板放入密闭缸中用显色剂熏染而显出有色斑点，对一些荧光物质样品，可在紫外光下照射来观察分离情况。

【仪器与试剂】

仪器：载玻片、量筒、烧杯、表面皿。

试剂：硅胶 G(200～400 目)、0.5%羧甲基纤维素钠(CMC)水溶液、0.1%亚甲基蓝水溶液、0.1%荧光黄水溶液、乙醇溶液、未知液。

【实验步骤】

(1)称取 3 g 硅胶 G[1]，加 7 mL 0.5% CMC 水溶液，立即调成糊状。用拇指和食指拿载玻片一端的边缘，稍倾斜将调好的糊状硅胶 G 倒在两块载玻片上，让其斜面充满载玻片表面，然后手指轻轻振摇，目的是使表面均匀平滑[2]，平置于桌上晾干后放入烘箱内活化[3](105～110℃) 30 min，取出后放入干燥器内保存使用。

(2) 点样。用刀刮去薄层板左右两边的硅胶(因有边缘溶剂效应)，距薄板底边 1 cm 处画上起始线，在起始线上用铅笔轻轻点两点，两点间的距离为 1 cm，在另一端距顶边 0.5 cm 处画上前沿线，用毛细管(内径小于 1 mm)分别吸取质量分数为 0.1%的亚甲基蓝水溶液和 0.1%的荧光黄水溶液标准液和未知液垂直地轻轻接触薄层的起始线，样品斑点的直径要控制在 2～3 mm，因此毛细管的末端要平整。若溶液太稀，一次点样不够，第一次点样干后再点第二次、第三次，每次都要点在同一位置上，点的次数依样品溶液浓度而定，一般为 2～5 次。若样品量太少，有的成分不易显出；若样品量太多，易造成斑点过大，互相交叉或拖尾，不能得到很好的分离。点样时，使毛细管液面刚好接触薄层即可。切勿点样过重而使薄层破坏。

(3) 展开。在层析缸(可用 250 mL 烧杯)中加展开剂(95%乙醇：水=1：1，体积比)约 5 mL(高度不能超过 1 cm)，盖上玻璃盖(薄层层析要在密闭容器中进行)，静置一段时间，使杯内溶剂蒸气达到饱和，然后将点好样品的薄层板斜放在层析缸内，起始线必须在展开剂液面之上。当展开剂上升到溶剂前沿线时，各组分已明显分开，取出薄板放平晾干。

(4) 求比移值(R_f值)。

(5) 在固定的条件下，不同的化合物在薄层上移动的距离不同。当吸附剂溶剂展开剂及温度等层板条件相同时，R_f 值是一个特有的常数，可作为定性分析的依据。将纯样品和未知液样品的 R_f值进行对照，鉴定未知液。

$$R_f = \frac{\text{起始线至斑点中心的距离}}{\text{起始线至溶剂前沿的距离} } \tag{2-7}$$

【实验步骤流程图】

1. 硅胶板制备

3 g硅胶G
7 mL 0.5% CMC → 糊状 → 倒在载玻片上，振荡 → 晾干 → 活化(105～110℃) → 硅胶板(薄层板)

2. 点样

薄层板 —画起始线 (距底边1 cm)→ —铅笔画点样点 相距1 cm→ —画前沿线 距顶端0.5 cm→ 毛细管点样 (2～5次)

3. 展开

250 mL烧杯
5 mL展开剂 → 盖上玻璃盖 静置 → 蒸气饱和 → 放入薄层板 → 分离，晾干

4. 求比移值(R_f值)

$$R_f = \frac{\text{起始线至斑点中心的距离}}{\text{起始线至溶剂前沿的距离}}$$

5. 根据纯样品与未知样的 R_f值对照鉴定未知液

【注意事项】

[1] 制备薄层板最常用的固态吸附剂是硅胶($SiO_2 \cdot H_2O$)，常含有黏合剂($CaSO_4 \cdot H_2O$)，保证硅胶能粘在玻璃表面上。含有黏合剂的称为硅胶 H，含有荧光物质的称为硅胶 HF254(可在波长 250 nm 紫外光下观察荧光)，含有黏合剂和荧光剂的称为硅胶 GF254，也可用氧化铝制板。

[2] 薄层板制备的好坏是薄层色谱法成败的关键。因此，薄层必须尽量均匀且厚度(0.25～1 mm)一致，否则在展开时溶剂前沿不齐，色谱结果也不易重复。

[3] 硅胶是缩水硅酸($SiO_2 \cdot H_2O$)在加热脱水过程中形成多孔性的硅氧交联结构的物质(—Si—O—Si—)，其表面含有硅醇基(OH—Si—OH)。它对极性化合物具有吸附能力，同时也能吸附大量的水分。而硅胶的含水量关系到它的活性，含水量大，活性低，因此要加热除去水分来提高它的吸附能力，这一过程称为薄板的活化。

【思考题】

(1) 在一定操作条件下，为什么可利用 R_f 值鉴定化合物？

(2) 在混合物薄层色谱中，如何判定各组分在薄层上的位置？

(3) 展开剂的高度若超过了起始线，对薄层色谱有什么影响？

(4) 荧光黄和亚甲基蓝哪个展开速度快？为什么？

实验十六　氨基酸的纸层析

【实验目的】

通过氨基酸的分离，理解纸层析法的基本原理，并掌握纸层析的操作方法。

【实验原理】

纸色谱是将滤纸看作载体，吸附在滤纸上的水作为固定相，有机溶剂作为流动相。把样品点在滤纸上，用展开剂展开时，借滤纸纤维的毛细现象，使展开剂向上移动，等于用展开剂对水相中的样品连续不断地提取。由于样品中各组成在固定相和移动相的分配系数不同，在固定相中溶解度大的，随流动相移动的速度慢些，移动的距离小些；反之，在流动相中溶解度较大的，随流动相移动的速度快些，移动的距离大些。这样样品各成分在两相中经过反复多次的分配而达到分离的目的。

物质被分离后在纸层析图谱上的位置是用 R_f 值(比移值)来表示的：

$$R_f = \frac{\text{起始线至斑点中心的距离}}{\text{起始线至溶剂前沿的距离}}$$

在一定的条件下某种物质的 R_f 值是常数。R_f 值的大小与物质的结构、性质、溶剂系统、层析纸的质量和层析温度等因素有关。

【仪器与试剂】

仪器：层析缸(若无层析缸，可用标本缸或大试管代替)、毛细管、喷雾器、培养皿、层析纸、U 形扣(若无 U 形扣，可用针线代替)。

试剂：

(1) 展开剂：正丁醇∶甲酸∶水(15∶9∶6，体积比)。

(2) 氨基酸溶液：甘氨酸、亮氨酸及其混合液(各组分浓度均为 0.1%)。

(3) 显色剂：0.1%水合茚三酮乙醇溶液。

【实验步骤】

(1) 将盛有平衡溶剂[1]的小烧杯置于密闭的层析缸中。

(2) 取一张层析纸[2]（长 14 cm、宽 6 cm）。在纸的一端距边缘 1.5～2.0 cm 处用铅笔轻轻地画一条平行于纸边缘的直线，在此直线上每间隔 1.5 cm 作一记号，平均分成 4 段，如图 2-32(a) 所示。

(3) 点样[3]。用毛细管将甘氨酸、亮氨酸及其混合液分别点在 a、c、b 三个点上，用吹风机吹干后再点一次，每个位置上需点 2～3 次，每次点完后即风干，以保证每点在纸上扩散的直径最大不超过 3 mm。

(4) 展开。配制展开剂：正丁醇：甲酸：水（15：9：6）。将约 30 mL 展开剂迅速倒入密闭的层析缸[4]中，并迅速将层析纸直立于密闭的层析缸中（点样一端在下，展开剂的液面应低于点样线 1 cm），层析示意图如图 2-32 (b) 所示。待溶液上升 7 cm 时取出层析纸，用铅笔描出溶剂前沿线，自然干燥或用吹风机热风吹干。

(5) 显色。用喷雾器在滤纸上均匀喷上 0.1%水合茚三酮乙醇溶液，然后用吹风机热风吹干，即可显出各层析斑点。

(6) 计算各种氨基酸（甘氨酸、亮氨酸）的 R_f 值，并在层析纸上标记各氨基酸的位置[图 2-32 (c)]。

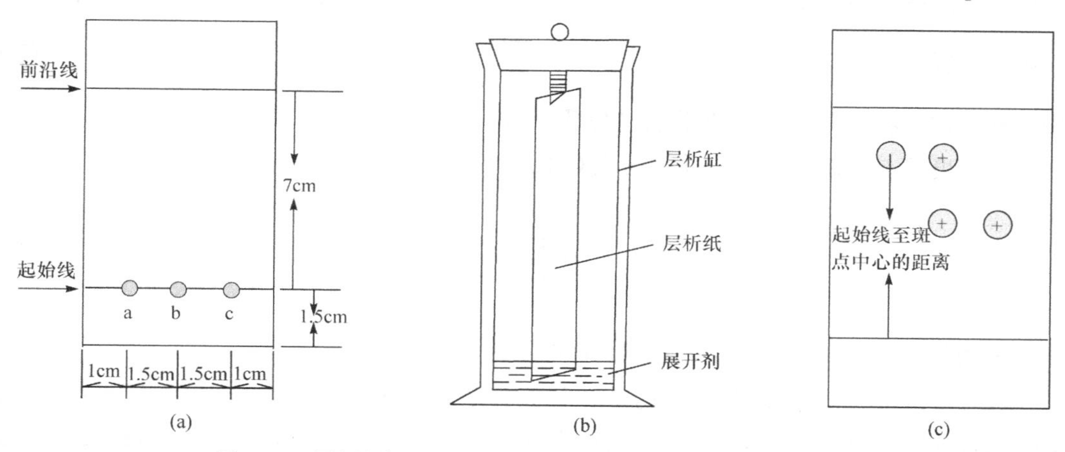

图 2-32　层析纸标记 (a)、纸层析示意图 (b) 和斑点的处理 (c)

【实验步骤流程图】

1. 点样

层析纸 —画起始线 / 距底边1.5～2.0 cm→ —平均分成4段 / 相距1.5 cm→ —毛细管点样→ 吹干

2. 展开

密闭层析缸、30 mL展开剂 —将层析纸迅速置于层析缸→ —溶液上升7 cm→ —取出层析纸→ —描绘前沿线→ 吹干

3. 显色

滤纸上喷 0.1%水合茚三酮乙醇溶液，干燥后显色，测量，求出比移值。

【注意事项】

[1] 在层析缸中加入层析液，层析液不宜过多，液面不得超过样品原点。

[2] 避免用手接触层析纸的样品原点及以上位置，以免影响实验结果。

[3] 点样时，样品量不宜过多，且确保样品点集中，避免发生两个样品点交集的情况。

[4] 层析过程中，应保持层析缸静止，不得随意挪动。

【思考题】

层析缸中平衡溶剂的作用是什么？

2.8 密度和相对密度的测定

2.8.1 基本原理

密度是鉴定液体化合物的重要常数，可用来区别密度不同而组成相似的化合物和鉴定化合物本身的纯度。单位体积所含物质的质量称为该物质的密度。物质密度的大小与物质的性质和所处的温度、压力条件有关。对于固体和液体物质，压力对密度的影响可忽略不计。

绝对密度：

$$d_t = \frac{m}{V} \tag{2-8}$$

式中，m 为化合物质量，g；V 为化合物体积，mL。

绝对密度不易准确测定，因而常用相对密度 $d_t^{t'}$：

$$d_t^{t'} = \frac{\frac{m}{V}}{\frac{m_0}{V}} = \frac{m}{m_0} \tag{2-9}$$

式中，m 为化合物质量，g；m_0 为同体积水的质量，g。

水在 4℃(3.98℃时密度最大)时的密度等于 1 g/mL，因此化合物的 $d_4^{t'}$ 相当于测定摄氏温度 t' 时化合物的绝对密度与水在 4℃时的绝对密度之比，又称为对 4℃水的相对密度。水的温度和密度的关系如表 2-11 所示。

表 2-11 水的温度和密度的关系

温度/℃	密度/(g/mL)	温度/℃	密度/(g/mL)	温度/℃	密度/(g/mL)
0	0.99984	14	0.99924	20	0.998203
4	1.00000	15	0.99910	21	0.99799
10	0.99970	16	0.99894	22	0.99777
11	0.99961	17	0.99877	23	0.99754
12	0.99950	18	0.99860	24	0.99730
13	0.99938	19	0.99841	25	0.99704

在实验室中，容易测得液体在 t' ℃时的数值，若乘以已知的 $d_4^{t'}$ (H_2O)值(表 2-10)，即可求得液体对 4℃水的相对密度 $d_4^{t'}$。

2.8.2 相对密度的测定方法

不挥发的液体有机化合物的相对密度常用图 2-33 或图 2-34 所示的比重瓶进行测定。

图 2-33 比重瓶(一)

图 2-34 比重瓶(二)

1. 用比重瓶(一)测定的具体操作方法

取洁净、干燥并精密称定质量的比重瓶(一)，装满供试品(温度应低于 20℃或各品种项下规定的温度)后，装上温度计(瓶中应无气泡)，置于 20℃(或各品种项下规定的温度)的恒温水浴中放置若干分钟，使内溶物的温度达到 20℃(或各品种项下规定的温度)。用滤纸除去溢出侧管的液体，立即盖上罩。然后将比重瓶从水浴中取出，再用滤纸将比重瓶的外面擦干，精密称量。减去比重瓶的质量，求得供试品的质量后，将供试品倾去，洗净比重瓶，装满新沸过的冷水，再按照上法测得同一温度时水的质量。

2. 用比重瓶(二)测定的具体操作方法

取洁净、干燥并精密称定质量的比重瓶(二)，装满供试品(温度应低于 20℃或各品种项下规定的温度)后，插入中心有毛细孔的瓶塞。用滤纸将从塞孔溢出的液体擦干，置于 20℃(或各品种项下规定的温度)恒温水浴中放置若干分钟。随着供试液温度的上升，过多的液体将不断从塞孔溢出，随时用滤纸将瓶塞顶端擦干。待液体不再由塞孔溢出，迅速将比重瓶从水浴中取出，按照上述 1 中的方法，自“再用滤纸将比重瓶的外面擦干”起，依次测定。

实验十七 乙酸乙酯相对密度的测定

【实验目的】

(1)学习测定相对密度的基本原理。

(2)掌握用比重瓶测定乙酸乙酯相对密度的方法。

【仪器与试剂】

仪器：电子天平、比重瓶、恒温水浴、滴管、橡皮球、滤纸。

试剂：乙酸乙酯(AR)、洗液、丙酮(AR)、新沸过的冷水、乙醇(95%)、乙醚(AR)。

【实验步骤】

将比重瓶用水、洗液、水、丙酮依次冲洗，充分干燥后(去除空气)，在电子天平上准确称量，称得的质量为 m_1 g。然后用乙酸乙酯充满比重瓶[1]，置于 20℃(或各品种项下规定的温度)恒温水浴中恒温若干分钟，按照 2.8.2 小节的测定方法操作。取出后，用滤纸擦干，称得的质量为 m_2 g[2]。倒掉比重瓶[3]中的乙酸乙酯，用少量乙醇冲洗两次[4]，再依次用乙醚和水冲洗一次。干燥后，装满新沸过的冷水，放入恒温水浴恒温后[5](与前面温度一致，并按照 2.8.2 小节的测定方法操作)。取出后[6]，用滤纸擦干，称得的质量为 m_3 g。计算如下：

$$d_t^{t'}=\frac{m_3-m_1}{m_2-m_1}=\frac{\text{液体质量}}{\text{同体积水质量}} \tag{2-10}$$

$$=\frac{m_3-m_1}{m_2-m_1}\times d_4^{t'}(H_2O) \tag{2-11}$$

【实验步骤流程图】

比重瓶，恒温称量m_1 g→装满乙酸乙酯，恒温称量m_2 g→倒掉乙酸乙酯，

装满新沸冷水，恒温称量m_3 g→计算密度

【注意事项】

[1] 供试品及水装瓶时，应小心沿壁倒入比重瓶内，避免产生气泡；测量时需注意，比重瓶内不能有气泡，若有气泡可摇动比重瓶或略加热比重瓶使气泡逸出。供试品若为糖浆剂、甘油等黏稠液体，装瓶时更应缓缓沿壁倒入，因黏度大产生的气泡很难除去，进而影响测定结果。

[2] 在测定m_2和m_3时，应重复测定，要求平行误差＜0.0004 g。

[3] 空比重瓶必须洁净、干燥。操作顺序为先称量空比重瓶，再装供试品称量，最后装水称量。

[4] 装过供试品的比重瓶必须冲洗干净。如供试品为油剂，测定后应尽量倾去，连同瓶塞先用有机溶剂(如石油醚或氯仿)冲洗数次。待油完全洗去后，用乙醇、水冲洗干净，再依法测定水的质量。

[5] 当温度高于20℃(或各品种项下规定的温度)时，必须设法调节环境温度至略低于规定的温度。

[6] 比重瓶从水浴取出时，应用手指拿住瓶颈，而不能拿瓶肚，以免手温影响液体，使其体积膨胀而外溢。

【思考题】

(1) 密度和相对密度有什么不同?

(2) 比重瓶法测定液体相对密度的基本原理是什么?

2.9　折射率的测定

2.9.1　基本原理

当光线从一种介质进入另一种介质时，由于在两介质中光速不同，在分界面上发生折射现象，并遵守折射定律：即在一定外界条件(温度、压力)下，光从介质Ⅰ进入介质Ⅱ时，入射角α的正弦与折射角β的正弦之比等于在介质Ⅰ和介质Ⅱ中的光速之比。

$$\frac{\sin\alpha}{\sin\beta}=\frac{v_1}{v_2} \tag{2-12}$$

式中，v_1和v_2为光在两种介质中的速度。

光线从真空折入某一介质时的折射率称为这一介质的绝对折射率，用n表示。

$$n_1=\frac{c}{v_1}\qquad n_2=\frac{c}{v_2} \tag{2-13}$$

式中，c为真空中的光速，因此有

$$\frac{\sin\alpha}{\sin\beta}=\frac{v_1}{v_2}=\frac{\dfrac{c}{n_1}}{\dfrac{c}{n_2}}=\frac{n_2}{n_1} \tag{2-14}$$

或

$$n_1 \sin\alpha = n_2 \sin\beta \tag{2-15}$$

式中，$\frac{n_2}{n_1}$为介质Ⅱ对介质Ⅰ的相对折射率。

不同介质的折射率不同，入射角α和折射角β不相等。在图 2-35 中，由于介质Ⅰ的折射率比介质Ⅱ的大，因此入射角必定小于折射角，当入射角为α_0，折射角为β_0，且β_0为 90°时，光线沿 *MON* 方向传播。当入射角大于α_0时，光线就不能射入介质，而在分界面上全被反射出来(图 2-35 中虚线)，此时α_0称为临界角(也称全反射角)。

阿贝折射仪测定折射率就是基于测定临界角的原理，仅入射角和折射角与上述相反。由于被测物的折射率比棱镜折射率小，因此α_0'必大于β_0'，α_0'等于 90°时的折射角为临界角，光线行程为 *KOL*，*OL* 下面因光线全被反射而不能通过，因此 *MOL* 区间呈暗色，如图 2-36 所示。

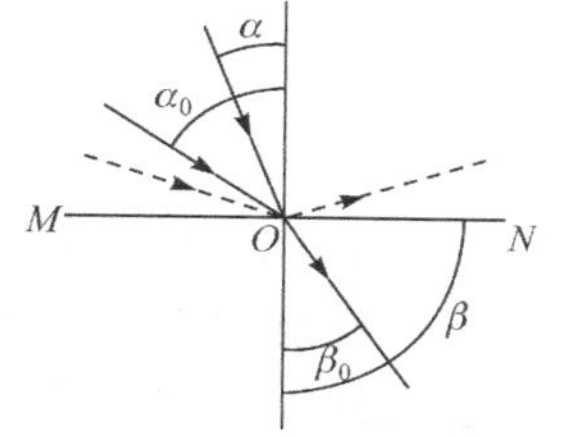

图 2-35　光的入射角与折射角

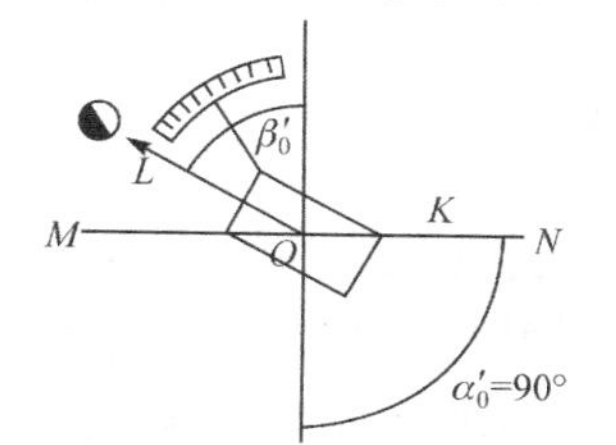

图 2-36　光透过物质的临界角

2.9.2　阿贝折射仪

阿贝折射仪(Abbe refractometer)的外形如图 2-37 所示，其由以下两个系统组成：

(1)望远镜系统。光线由远反光镜射入光棱镜及折射棱镜，被测液放在两棱镜之间，米西棱镜抵消因折射棱镜及被测物所产生的色散，物镜将明暗界线成像于分光板上，经目镜放大后成像于观察者眼中(图 2-38)。

(2)读数系统。光线由小反光镜经过毛玻璃，照明刻度盘，经转向棱镜及物镜将刻度成像于分光板上，经目镜放大成像于观察者眼中，此刻度为计算好的折射率(图 2-39)。在刻度盘读数界面有两行读数，短标尺的读数为溶液质量浓度(g/mL)，长标尺为折射率(读至小数点后第四位，如图 2-40 所示)。

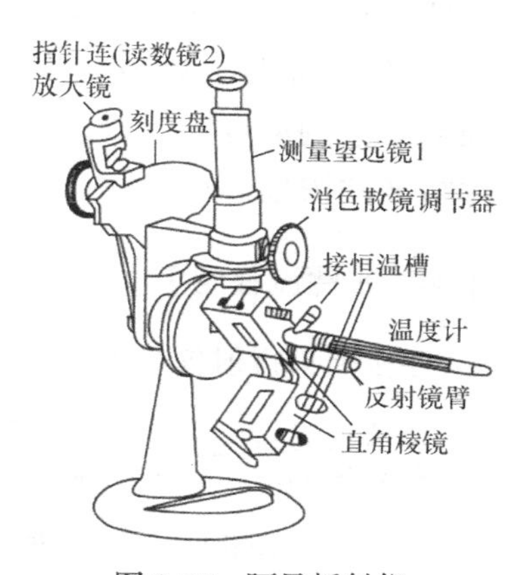

图 2-37　阿贝折射仪

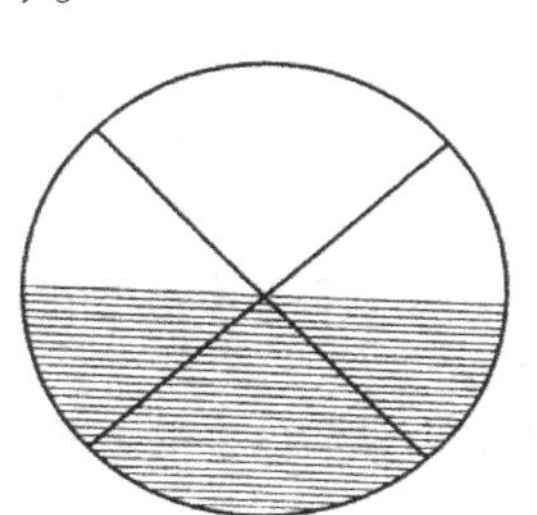
图 2-38　临界角视场

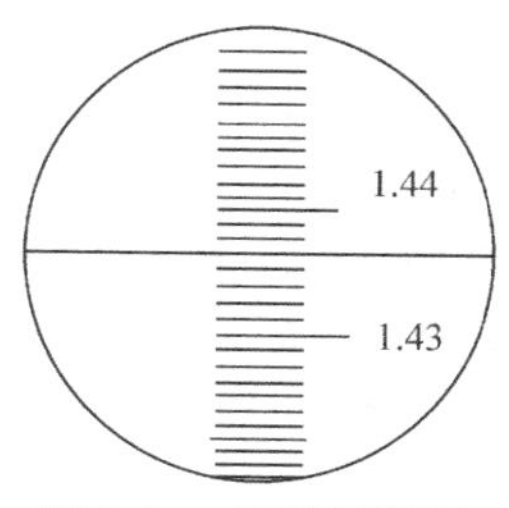

图 2-39　读数镜视场

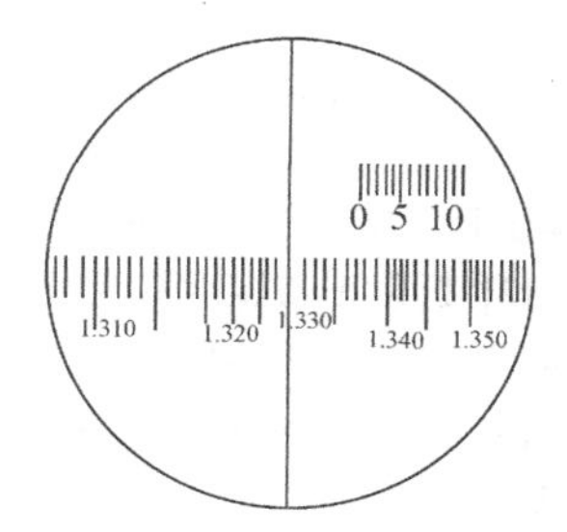

图 2-40　刻度盘读数镜视场示意图

实验十八　正丁醇折射率和葡萄糖浓度的测定

【实验目的】

(1)掌握测定折射率的基本方法。

(2)练习用阿贝折射仪测定正丁醇的折射率和葡萄糖的浓度。

【仪器与试剂】

仪器：阿贝折射仪、擦镜纸、恒温水槽、滴管。

试剂：蒸馏水、丙酮(AR)、正丁醇(AR)、5%葡萄糖。

【实验步骤】

将阿贝折射仪[1]与恒温水槽连接，于20℃或25℃恒温后[2]把棱镜[3]打开，用少量丙酮润湿镜面[4]，稍干后，用擦镜纸沿同一方向轻拭镜面。在下棱镜面上加一滴蒸馏水，关闭棱镜，要求液面均匀无气泡并充满视场。调节反光镜使两镜筒视场明亮。旋转刻度调节手轮使棱镜组转动，在目镜中观察明暗分界线上下移动，同时旋转消色散调节手轮使视场中除黑白二色外无其他颜色。调节视场中黑白分界线通过十字中心，记录刻度盘读数视场中长标尺的刻度值，即为水的折射率(应重复两次，取平均值)。将此值与纯水的标准值(n_D^{20}=1.3330)比较，得仪器校正值。用同样方法测定正丁醇的折射率。测量葡萄糖溶液的浓度时，操作与测量液体折射率相同。刻度盘读数镜视场短标尺刻度为葡萄糖溶液的浓度。

【实验步骤流程图】

连接阿贝折射仪与恒温水槽 → 恒温后打开棱镜 → 丙酮擦拭镜面 → 滴一滴蒸馏水 → 调节反光镜至视场明亮 → 调节手轮至视场呈黑白二色 → 使黑白分界线通过十字中心 → 记录数据与纯水值比较，校正 → 相同方法测定正丁醇和葡萄糖溶液折射率

【注意事项】

[1] 阿贝折射仪能测定透明、半透明的液体或固体折射率(n)和平均色散(NF-NC)，其中以测定透明液体为主。测定中，若被测液体易挥发，则在测定中须用滴管在棱镜组侧面的小孔内加以补充。仪器在使用时不应曝于日光中，不用时应用黑布罩住或放入箱内。

[2] 折射率与温度和光波长有关，多数物质温度升高1℃，折射率下降4×10^{-4}。仪器装有消色散镜，可直接用日光，所得值与钠光相同。记录折射率时应注明测定时温度和使用光线。

[3] 阿贝折射仪的棱镜必须注意保护，不能在镜面上造成刻痕。滴加液体时，滴管的末端切不可触及棱镜。

[4] 测定之前，一定要用擦镜纸蘸少许丙酮或95%乙醇将棱镜擦净，以免其他残留液存在而影响测定

结果；使用完毕后，也用丙酮或 95%乙醇洗净镜面，待晾干后再关上棱镜。对玻璃有腐蚀作用的液体应避免使用。

【思考题】

(1) 测定有机化合物折射率的意义是什么？
(2) 阿贝折射仪测定样品有无限制？
(3) 每次测定样品的折射率前后为什么要擦洗上下棱镜面？

2.10　旋光度的测定及单糖的变旋现象

2.10.1　基本原理

光的振动只限于某一固定方向的称为偏振光。某些有机化合物分子因具有手性，能使偏振光振动平面旋转一定角度，称为旋光度，表示为α，这种性质称为旋光性。使偏振光振动平面向左(逆时针方向)旋转的纯物质为左旋体，使偏振光振动平面向右(顺时针方向)旋转的纯物质为右旋体。

物质的旋光度与溶液的浓度、溶剂、温度、旋光管(盛液管)长度和所用光源的波长等因素有关。因此，在测定旋光度时各有关因素都应表示出来。化合物的旋光性可用它的比旋光度表示。在一定条件下，旋光性物质的比旋光度是一个特定的物理常数。

纯液体的比旋光度：

$$\alpha_{\lambda}^{t}=\frac{\alpha}{ld} \tag{2-16}$$

溶液的比旋光度：

$$\alpha_{\lambda}^{t}=\frac{100\alpha}{lc} \tag{2-17}$$

式中，α_{λ}^{t}为旋光性物质在 t℃、光源的波长为 λ 时的比旋光度；α 为标尺盘转动角度的读数(旋光度)；l 为旋光管的长度，dm；d 为纯液体的密度，g/mL；c 为溶液的质量浓度，g/mL。

2.10.2　旋光仪的基本结构和操作

旋光仪的基本结构如图 2-41 所示。

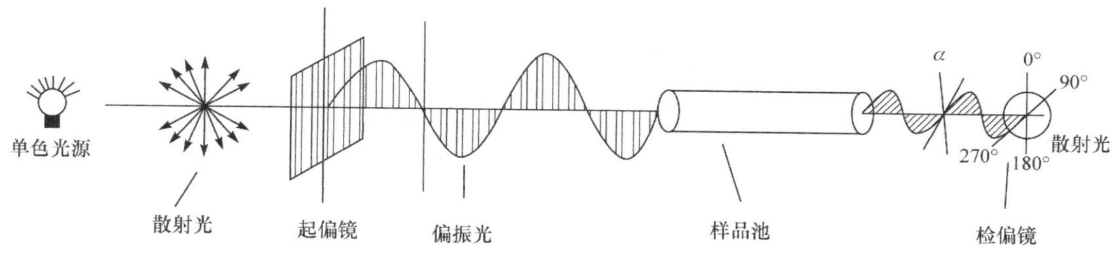

图 2-41　旋光仪结构示意图

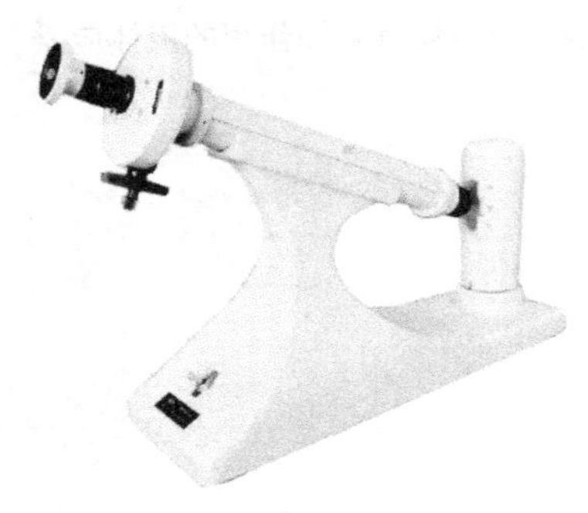

图 2-42　WXG-4 圆盘旋光仪

单色光源一般用钠光灯。钠光灯发出的单色光经第一个尼科尔(Nicol)棱镜(起偏镜)后转变成偏振光，并通过盛有旋光性化合物的样品池后，振动平面被旋转一个角度，当通过第二个尼科尔棱镜(检偏镜)时，这一棱镜可随着装有目镜的面板旋转，以观察确定偏振光的旋转角 α。图 2-42 是 WXG-4 圆盘旋光仪。

1. 目镜系统

通过检偏镜的面板旋转，目镜组可以观察到如图 2-43 所示三种视场情况。转动检偏镜，只有在零度视场时(仪器出厂前已调整好)视场中三部分亮度一致[图 2-43(b)]。当放进样品管后，由于试液具有旋光性，平面偏振光旋转一个角度，则零度视场发生变化[图 2-43(a)或(c)]。转动检偏镜一定角度，能再出现亮度一致的零度视场。这个转角就是试液的旋光度。它的数值可通过放大镜从刻度盘上读出。

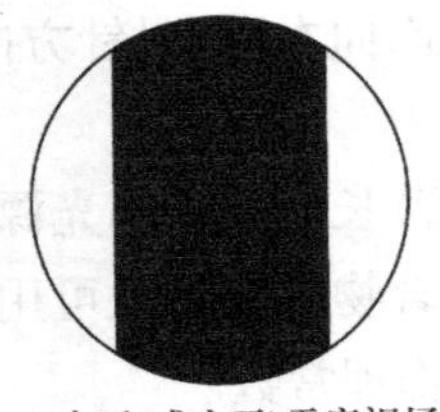

(a) 大于(或小于)零度视场

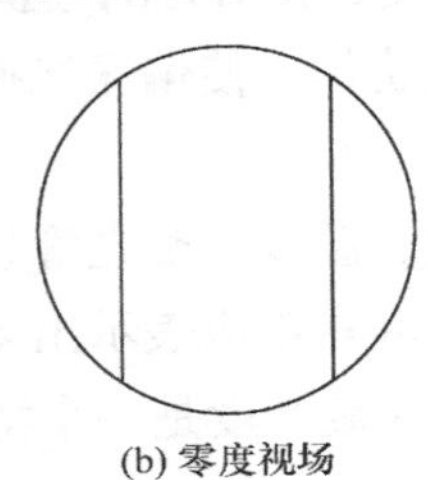

(b) 零度视场

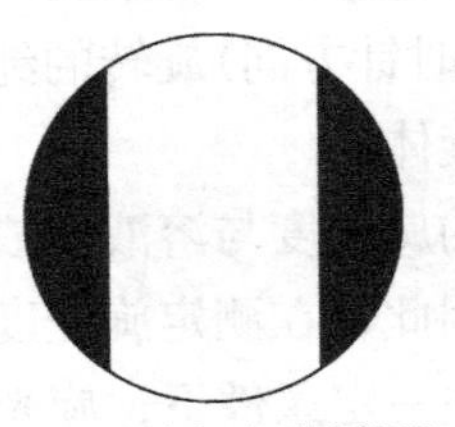

(c) 小于(或大于)零度视场

图 2-43　目镜视场

2. 放大镜读数系统

仪器采用双游标读数，以消除刻度盘偏心差。刻度盘分 360 格，每格 1°，游标分 20 格，等于刻度盘 19 格，用游标直接读数到 0.05(图 2-44)。刻度盘和检偏镜固定为一体，手轮能做粗、细转动。游标窗前方装有两块 4 倍的放大镜，供读数时使用。

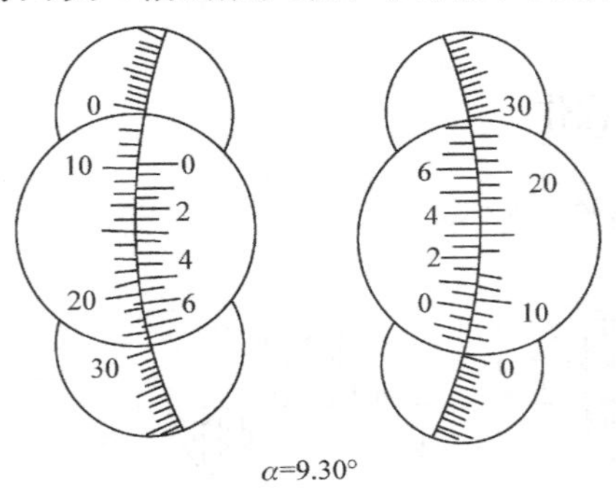

α=9.30°

图 2-44　读数方法

实验十九　葡萄糖和果糖旋光度的测定及单糖的变旋现象

【实验目的】

(1)了解旋光仪的构造，掌握物质旋光度的测定方法。
(2)练习葡萄糖和果糖旋光度的测定。

【仪器与试剂】

仪器：旋光仪、盛液管(旋光管)、擦镜纸、容量瓶、烧杯。
试剂：葡萄糖(AR)、果糖(AR)、5%葡萄糖、5%果糖、蒸馏水。

【实验步骤】

1. 旋光仪零点的校正

在测定样品前，必须先校正旋光仪的零点。将盛液管洗净，装上蒸馏水，使液面凸出管口，将玻璃盖沿管口边缘轻轻平推盖好，不能带入气泡；然后旋上螺帽，使其不漏水，不可过紧，以免玻璃盖产生扭力，使管内有空隙，影响测定。用擦镜纸擦干已装好蒸馏水的盛液管，放入旋光仪内，盖上盖子。开启钠光灯，将标尺盘调在零点左右，旋转粗调和微调手轮，使视场内三分界面的明暗出现亮度一致的零度视场，记录读数。重复操作至少五次，取其平均值。若零点相差太大，则应重新校正。

2. 样品溶液的配制

准确称取 5 g 待测样品，在小烧杯中加蒸馏水溶解后[1]，置于 100 mL 容量瓶中定容。配制的溶液应透明无固体杂质，否则应过滤。

3. 旋光度的测定

测定之前，必须用已配制好的葡萄糖或果糖溶液洗涤盛液管两次，以免有其他物质影响。将样品液装入盛液管，盖好并旋紧螺帽，使管内无气泡且不漏液，但不要过紧而引起应力。把装有溶液的盛液管放入仪器转动刻度盘，调节视场亮度一致，并观察旋光仪刻度盘上的读数，这时所得的读数与零点之间的差值即为该物质的旋光度。记下盛液管的长度及溶液的温度[2]，然后按式(2-17)计算其比旋光度。

4. 单糖的变旋现象

取新配制的 5%葡萄糖溶液，立即测定其旋光度，并计算出比旋光度值。随后每隔 10～15 min 测一次旋光度，直至所测值为 $\alpha = +5.2°$左右。观察整个过程有什么现象，并根据测得的数据作旋光度随时间的变化图。分析旋光度随时间的变化规律，解释原因。

实验完毕后，将盛液管中的溶液及时倒出，用蒸馏水洗涤干净，晾干放好。所有镜片均用擦镜纸擦干。

【实验步骤流程图】

1. 旋光仪零点的校正

蒸馏水 —装满盛液管/盖上螺帽→ —擦干盛液管→ —放入旋光仪/开启钠光灯→ —标尺盘调零点→ —旋转粗调/微调手轮/至视场内明暗亮度一致→ 记录读数，重复五次

2. 旋光度的测定

样品 —前面操作如上/至视场亮度一致→ —记录数据/计算与零点差值→ 计算比旋光度

3. 单糖的变旋现象

5%葡萄糖溶液 —立即测定旋光度/计算比旋光度值→ —每隔10～15 min再测/至α=+5.2°→ 作旋光度随时间的变化图

【注意事项】

[1] 配制样品溶液，一般可选用水、乙醇、氯仿作溶剂。

[2] 旋光度与温度有关，当用λ=589.3 nm的钠光测定时，温度每升高1℃，大多数旋光物质的旋光度约减少0.3%。对要求较高的测定，需恒温在(20±2)℃的条件下进行。

【思考题】

(1)糖类化合物是否都有旋光性？举例说明。

(2)测定物质的旋光度有什么意义？

(3)哪些因素影响物质的旋光度？测定旋光度应注意哪些事项？

2.11　色/光谱分析技术

有机化合物，无论是从天然产物中提取的还是经化学反应合成的，都需要测定它的分子结构。如果对某一有机化合物的结构还不太了解，对其性质和作用的研究是很难深入的，更不用说合成和改进了。因此，确定有机化合物的结构很自然地成为研究有机化学的首要任务。过去，用化学方法测定有机化合物的结构是一项非常烦琐、费时，甚至是很难完成的工作。这是因为要鉴定的“未知物”需要通过多种化学反应使它变成已知结构的有机化合物，才能推导出它的可能结构。在把“未知物”变成“已知物”的过程中，往往发生结构重排或某些意料之外的反应，容易得出错误的结论。运用现代物理实验方法，可以采用微量样品，在较短时间内正确地鉴定有机化合物的结构，所以化学方法已退居为辅助的手段，甚至已被取代。近40年来，现代物理实验方法的应用推动了有机化学的飞速发展，目前已成为研究有机化学不可缺少的工具。

本节对现已广泛采用的气相色谱、液相色谱、紫外光谱、红外光谱、核磁共振波谱等有关现代物理实验方法的实验做一般练习。

实验二十　利用气相色谱分析植物化学成分

【实验目的】

(1)学习桂皮醛样品处理的方法，了解影响分析测定的重要因素。

(2)初步掌握获得气相色谱谱图和数据的一般操作程序与技术，学习谱图和数据的处理

方法。

(3)掌握根据标准物质保留时间和峰面积进行定性、定量分析的方法。

【实验原理】

气相色谱法是利用样品(混合物)各组分在固定相和流动相(气相)之间的分配系数的差异而进行分离的方法。当试样随载气进入色谱柱时，样品各组分在固定相和流动相中进行多次分配平衡，由于组分的极性和挥发性或吸附能力不同，各组分以不同的流速流经色谱柱，从而得到分离。

气相色谱按分离原理的不同，分为吸附色谱和分配色谱；按色谱柱的不同，分为填充柱色谱和毛细管色谱；按固定相状态的不同，分为气固色谱和气液色谱。气固色谱利用样品各组分在固定相表面吸附能力的差异而实现分离，常用固定相有硅胶、氧化铝、分子筛等。气液色谱属于分配色谱，它是利用样品各组分在固定相中溶解度的差异而将组分分离。气液色谱的固定相也称固定液，是吸附在惰性固体(载体)表面的高沸点液体，如角鲨烷、聚乙二醇等。在实际工作中，气液色谱比气固色谱应用更广。

本实验取一定量桂皮粉碎后，用乙腈提取桂皮醛，沉淀，取上清液直接上机分析，仪器配备氢火焰离子化检测器(FID)，图谱上形成乙腈和桂皮醛的色谱峰。通过与桂皮醛标准品色谱峰的保留时间对比定性，然后用多点校正法计算桂皮醛含量。

【仪器与试剂】

仪器：7890A 气相色谱仪(FID，16 位自动液体进样器)、原装在线分析和脱机数据处理工作站、99.999%高纯氮气(带减压阀的氮气)、色谱柱(PEG-20M，30 m×0.32 mm)、微量进样器、移液枪、容量瓶、称量纸、记号笔。

试剂：桂皮醛标准品、色谱纯甲醇、乙腈(AR)、乙醚(AR)。

【实验步骤】

1. 标准溶液的配制

精密量取 100 μL 桂皮醛，定容于 50 mL 乙腈中，作为母液。分别取 1 mL、2 mL、4 mL、7 mL、10 mL 母液，用乙腈补足到 10 mL，配制系列标准溶液。

2. 样品制备

取约 2.0 g 样品粉末(过三号筛)，精准称量，置于具塞锥形瓶中，加入 10 mL 乙腈，称量质量，超声(功率 350 W，频率 35 kHz)处理 10 min，放置过夜，用乙腈补足减失的溶剂，摇匀，有机滤膜过滤。取 1 μL 滤液，置于自动进样器样品瓶中待测。

3. 开机与色谱条件

检查空气压缩机和氢气发生器干燥剂是否变色，如果硅胶由蓝色变为白色，就要提前烘干。确认干燥剂正常后，打开空气压缩机、氢气发生器电源开关，当产生足够的气体压力后，打开气相色谱仪电源开关，等待 1 min 后，启动气相色谱仪联机系统，点击仪器图表，按照下列参数设置仪器运行条件：

(1) 自动进样器：进样量 1 μL，分流比 20∶1，溶剂 A 清洗 4 次，溶剂 B 清洗 4 次，样品抽吸 2 次。

(2) 色谱条件：柱箱温度 200℃维持 1 min，然后以 20℃/min 的速率升温到 240℃，维持 8 min（记作 200℃×1 min_20℃/min_240℃×8 min）；载气 N_2，色谱柱中载气流速 1 mL/min；进样口温度 260℃；FID 检测器，温度 260℃；氢气流量 40 mL/min；空气流量 300 mL/min。

把所有这些运行参数保存在一个方法文件中，以后再分析相同样品时，免除逐个设定的烦琐程序，可以直接调用此方法文件。作为一个完整的方法文件，还包括后面要进行的数据处理相关参数，每次修改和加入参数都要重新保存方法文件，便于方法及时更新。

4. 样品信息记录

设好样品编号和文件名，便于在调用数据时寻找相应的图谱，取 1 μL 供试品溶液进行分析。

5. 方法学考察

(1) 重现性实验：精密吸取同一供试品溶液 1 号，连续进样 5 次，记录其色谱图，以桂皮醛峰为参照峰，计算相对保留时间和色谱峰面积，要求结果保留时间的 RSD＜5%，相对峰面积的 RSD＜5%，表明仪器的精密度良好。

(2) 稳定性实验：精密吸取同一供试品溶液 1 号，分别在制备后 0 h、4 h、8 h、16 h、24 h 进样，记录其色谱图，以桂皮醛峰为参照峰，计算相对保留时间和色谱峰面积，要求结果保留时间的 RSD＜5%，主要共有峰相对峰面积的 RSD＜5%，表明溶液在 24 h 内稳定。

6. 绘制标准曲线

根据 1～5 号标准色谱图，绘制标准曲线。根据桂皮中的桂皮醛峰面积，求桂皮中的桂皮醛含量。

【实验步骤流程图】

配制系列标准溶液→开机→设置色谱条件→进样→测定系列标准样品峰面积，绘制标准曲线→2 g样品粉末，10 mL乙腈→超声10 min，放置过夜→有机滤膜过滤→进样量1 μL，色谱测定→求桂皮中的桂皮醛含量

【思考题】

(1) 多点校正法的优缺点是什么？什么时候使用多点校正法较合适？

(2) FID 检测温度设置应遵循什么原则？

(3) 与恒温色谱相比，程序升温气相色谱有何优点？

(4) 不同极性的固定液如何影响相同组分的保留性质？

实验二十一　高效液相色谱法测定茶叶中咖啡因含量

【实验目的】

(1) 学习高效液相色谱定性和定量分析的方法。

(2)熟悉高效液相色谱仪的结构。

(3)熟悉高效液相色谱分析操作和条件的设置。

【实验原理】

茶叶中咖啡因的含量是衡量茶叶质量的重要指标之一，也具有多种药理活性。咖啡因又名咖啡碱，属甲基黄嘌呤化合物，具有提神醒脑等刺激中枢神经的作用。茶叶中咖啡因含量测定的常用方法有紫外分光光度法、高效液相色谱法。茶叶中的成分较多，色谱法具有分离和检测双重功能，用色谱法更好。目前茶叶中咖啡因含量的测定采用反相高效液相色谱法较普遍。本实验采用紫外检测器，水提取茶叶中的咖啡因，用 0.45 μm 滤膜过滤，用 0.2%磷酸：甲醇(80：20，体积比)流动相，检测波长 276 nm，用咖啡因对照品的保留时间进行定性分析，用外标法进行定量分析。

【仪器与试剂】

仪器：LC-2010AHT 高效液相色谱仪、自动进样系统和紫外检测器、KQ3200E 型超声波清洗器、0.45 μm 水系滤膜和有机滤膜、TDL-40B 离心机、容量瓶。

试剂：咖啡因标样(AR)、乙醇(AR)、磷酸(AR)、纯净水、甲醇(AR)、茶叶样品。

【实验步骤】

(1)准确称取 1 g(准确至 0.0001 g)茶叶样品于 100 mL 容量瓶中，加入约 70 mL 纯净水，在超声波清洗器中超声 20 min，平行 3 份，定容至 100 mL。0.45 μm 水系滤膜抽滤，取滤液于比色管(或者用 5000 r/min 以上的离心机离心 15 min，取上清液)，待用。

(2)流动相体系：0.2%磷酸-甲醇(80：20，体积比)[注意：在做样品时采用梯度洗涤，咖啡因出峰后用 100%甲醇冲洗柱子 7～8 min，再用 0.2%磷酸-甲醇平衡 7～8 min，柱子才能进样分析下一样品]。

流速：1.000 mL/min；柱温：30.0℃；进样量：5 μL；检测波长：276 nm。

(3)用相同浓度的咖啡因标准溶液，按照表 2-12 中的不同体积进样。

表 2-12　咖啡因标准溶液的进样体积和峰面积

进样体积/μL	咖啡因进样质量/μg	咖啡因峰面积 A
1.0		
3.0		
5.0		
8.0		
10.0		
5.0(样品 1)		
5.0(样品 2)		
5.0(样品 3)		

用软件回归处理标准曲线，根据标准曲线计算茶叶溶液中咖啡因的浓度(μg/mL)，同时

换算成茶叶中咖啡因的浓度(mg/g)，按表 2-13 进行数据整理。

表 2-13　茶叶中咖啡因含量的数据处理

茶叶质量/g	茶叶溶液体积/mL	茶叶溶液中咖啡因浓度/(μg/mL)	咖啡因质量/mg	茶叶中咖啡因浓度/(mg/g)	平均浓度/(mg/g)	RSD/%

【实验步骤流程图】

1 g茶叶样品
100 mL容量瓶
70 mL纯净水 —超声20 min→ —滤膜过滤 / 取滤液于比色管→ 进样→数据分析

【思考题】

(1) 如何调整流动相的比例，调整咖啡因的保留时间？

(2) 在高效液相色谱中，为什么可利用保留值进行定性分析？这种定性方法可靠吗？

(3) 本实验为什么采用反相液相色谱？试说明理由。

(4) 试述高效液相色谱仪的结构。流动相用什么输送？液相色谱仪的检测器有哪些类型？哪些是通用型的？哪些是选择型的？

实验二十二　紫外-可见分光光度法测定苯甲酸

【实验目的】

(1) 掌握紫外光谱法测定苯甲酸的基本原理。

(2) 了解紫外-可见分光光度计的使用方法。

【实验原理】

紫外-可见(ultraviolet-visible，UV-vis)光谱又称为电子光谱，是研究分子中电子能级跃迁的光谱。紫外光谱(或称近紫外光谱)是指波长为 200～400 nm 的电磁波吸收光谱，可见光谱是波长为 400～800 nm 的电磁波吸收光谱。普通紫外光谱仪观察的波长范围为 200～800 nm，而此波长范围的能量属于 π 电子(成键电子或孤对电子)跃迁，所以只有具有共轭双键结构的化合物和芳香族化合物才能给出吸收光谱。

紫外光谱的吸收位置取决于电子跃迁能量的大小、分子结构和溶剂效应等因素。

有机化合物分子中有三种电子：σ 电子、π 电子和未成键的 n 电子(p 电子)。当分子吸收能量后，电子从成键轨道跃迁到反键轨道，这些跃迁有 $\sigma\to\sigma^*$、$\sigma\to\pi^*$、$\pi\to\pi^*$、$n\to\pi^*$、$n\to\sigma^*$ 等。其中 $\sigma\to\sigma^*$、$\sigma\to\pi^*$的能级相差较大，需要能量较大的远紫外光照射才能发生跃迁。只有 $n\to\pi^*$的跃迁是在近紫外光范围内。$\pi\to\pi^*$跃迁所需能量比 $n\to\pi^*$大，而且强度大，当分子中含有不饱和基团时能发生这种跃迁，这些基团常称为发色基团。尽管 $\pi\to\pi^*$跃迁吸收的波长在远紫外光谱，但是如有两个或两个以上共轭双键时，则 $\pi\to\pi^*$跃迁的能量大为降低，从而使其最大吸收波长出现在近紫外区（红移）。$n \to \sigma^*$跃迁所需能量小于$\sigma \to \sigma^*$跃迁，因此$n \to \sigma^*$跃迁发生在较长的波长处。当化合物分子中含有—OH、—OR、—NH_2、—SH 和卤素时，在大于 190 nm 的波长处可发生吸收，这些基团常称为助色基团。

紫外光谱通常在溶液中进行测量，但溶剂与溶质分子间形成氢键，以及偶极极化的影响，可以使溶质分子吸收波长发生位移，称为溶剂效应。对于有机化合物来说，主要是在溶液中测量出来的。因此，选择的溶剂除考虑溶剂效应外，还要求溶剂必须在测量波段是透明的，否则会发生吸收干扰。表 2-14 列举常用溶剂的使用波长极限，在极限以上溶剂是透明的，在极限以下则有吸收，会发生吸收干扰，此波长极限有时也称为截止波长。

表 2-14　紫外光谱分析常用溶剂及其最低波长限（截止波长）

溶剂	适用的最低波长限 λ/nm	溶剂	适用的最低波长限 λ/nm
水	205	环己烷	210
甲醇	210	苯	280
乙醇	21	甲苯	285
正丁醇	20	吡啶	305
异丙醇	210	乙腈	210
己烷	210	乙醚	215

紫外光谱在有机化学中的应用有：

(1) 鉴别一个有机物是否含有共轭体系或芳香结构。这是紫外光谱在有机化学中最重要的应用。红外光谱说明分子中存在哪些官能团，而紫外光谱则说明这些官能团之间的相互关系。因此，对紫外吸收图谱的分析可以推测出该化合物可能具有哪一类结构。

(2) 鉴定化合物的纯度。紫外光谱灵敏度高，较易检测出化合物中的微量物质。由于能吸收紫外光的物质其摩尔吸光系数(ε)很高，所以一些对近紫外光透明的溶剂或有机物，如果其中的杂质能吸收近紫外光，只要$\varepsilon > 2000$，检出的灵敏度可达 0.005%。

(3) 判断某些化合物的构型和对部分有机物进行定量分析。根据不同构型的化合物在近紫外的吸收不同，可以判断其构型。由于一般具有紫外光谱的化合物 ε 值都很高且重复性好，因此可用作定量分析。

尽管紫外吸收光谱主要用于鉴定共轭系统的有机物，但有时有机分子中某一部分变化较大，而紫外光谱改变不大，因此仅凭紫外吸收光谱很难确定一个化合物的结构，需要有红外光谱、质谱、核磁共振等方法支持才能确定化合物的结构。

当辐射能（光）通过吸光物质时，物质的分子对辐射能选择性吸收而得到的光谱称为分子吸收光谱。分子吸收光谱的产生与物质分子结构、物质所处的状态、溶剂和溶液的 pH 等因素有关。分子吸收光谱的强度与吸光物质的浓度有关。表示物质对光的吸收程度，通常采用“吸光度”这一概念来量度。

根据朗伯-比尔(Lambert-Beer)定律，在一定条件下，吸光物质的吸光度(A)与物质的浓度成正比，即

$$A = \varepsilon L c \tag{2-18}$$

式中，ε 为摩尔吸光系数；L 为溶液层的厚度；c 为物质的浓度。

因此，只要选择一定的波长测定溶液的吸光度，即可求出该溶液浓度，这就是紫外-可见分光光度法的基本原理。

在碱性条件下，苯甲酸形成苯甲酸盐，对紫外光有选择性吸收。因此，采用紫外-可见分光光度计测定苯甲酸在紫外光区的吸收光谱，并进行定量分析。

【仪器与试剂】

仪器：紫外-可见分光光度计、1 cm 石英比色皿、容量瓶。

试剂：0.1 mol/L NaOH 溶液、0.01 mol/L NaOH 溶液、苯甲酸（AR）。

【实验步骤】

1. 苯甲酸标准储备液的配制

称取 250 mg 苯甲酸（105℃烘干），用 100 mL 0.1 mol/L NaOH 溶液溶解后，转入 1000 mL 容量瓶中，用蒸馏水稀释至刻度。此溶液 1 mL 含 0.25 mg 苯甲酸。

2. 苯甲酸系列标准溶液的配制

分别取苯甲酸标准储备液配制成 5 μg/mL、10 μg/mL、15 μg/mL、20 μg/mL、25 μg/mL 溶液，用 0.01 mol/L NaOH 溶液稀释至刻度，摇匀。

3. 苯甲酸吸收曲线的绘制

以 0.01 mol/L NaOH 溶液为参比，在 200～380 nm 测绘苯甲酸的吸收曲线，确定其最大吸收波长 λ_{max}。

4. 苯甲酸标准曲线的绘制

以 0.01 mol/L NaOH 溶液为参比，在波长 λ_{max} 处分别测定 5 个苯甲酸系列标准溶液的吸光度值，记录数据，并以浓度与吸光度绘制标准曲线。

5. 未知溶液的测定

取未知溶液，在波长 λ_{max} 处测定吸光度，通过标准曲线计算其含量。

【实验步骤流程图】

配制苯甲酸标准储备液→配制苯甲酸系列标准溶液→0.01 mol/L NaOH溶液为参比，200～380 nm测定，确定λ_{max}

→0.01 mol/L NaOH溶液为参比 λ_{max}处测系列苯甲酸吸光度值→绘制标准曲线→测定未知溶液→计算含量

【数据处理】

（1）绘制苯甲酸在波长 λ_{max} 处的标准曲线。

（2）计算未知溶液中苯甲酸的浓度。

【思考题】

(1)本实验为什么要选用石英比色皿？
(2)如何选择双波长法的测定波长？

实验二十三　间硝基苯甲酸的红外吸收光谱法初步结构分析

【实验目的】

(1)掌握一般固体试样的制样方法和压片机的使用方法。
(2)了解红外光谱仪的工作原理。
(3)掌握红外光谱仪的一般操作与谱图库比对。

【实验原理】

红外吸收光谱是由物质分子中各种不同基团的振动能级的跃迁，且伴随转动能级的跃迁，对不同频率红外光产生选择性吸收造成的。

基团的振动频率和吸收强度与组成基团的原子质量、化学键类型及分子的几何构型有关，因此红外吸收光谱的吸收峰对各种不同的化学基团具有犹如人的指纹的特征性，可以此来鉴定未知化合物的官能团。

用红外吸收光谱进行定性分析，可在同样测试条件下，分别测定未知试样和已知标准试样的图谱，然后加以对比分析鉴定。在没有标准试样时，可查对已发表的标准图谱，如萨特勒(Sadtler)红外光谱图。在前两者都不具备的条件下，可以按特征区和指纹区的吸收峰，推测某些官能团的存在，然后用制备模型化合物来验证鉴定。

在绘制比较用的红外吸收光谱图时，应注意以下几点：①试样的纯度；②被测试样和标准试样(或已发表的标准图谱)测绘条件的一致性，如仪器条件、试样聚集状态、温度、压力、浓度等；③制备试样时，对试样原始状态的影响，如固体晶形的转变、溶剂效应等。

试样制备方法在红外吸收光谱测绘技术中占有重要的地位，一般来说，在制备试样时应做到：①试样的浓度和厚度选择适当，使最高谱峰的透光率为 1%～5%，基线为 90%～95%，大多数吸收峰的透光率处于 20%～60%；②试样中不含有游离水；③多组分试样在测绘其红外吸收光谱前预先分离。

样品的制备分为固体样品、液体样品和气体样品的制备。

1. 固体样品的制备

(1)溴化钾压片法。这是红外光谱测试最常用的方法。将光谱级 KBr 磨细干燥，置于干燥器中备用。取 1～2 mg 干燥样品，并以质量比 1∶(100～200)加入干燥 KBr 粉末，在玛瑙研钵中于红外灯下研磨，直到完全研细混匀(粉末粒径 2 μm 左右)。将研好的粉末均匀放入压模器内，抽真空后，加压至 50～100 MPa，得到透明或半透明的薄片。将薄片置于样品架上，即可进行红外光谱测试。由于 KBr 吸湿性强，不可避免会有游离水的吸收峰出现。为扣除 KBr 的吸收，在同样条件下制备同样厚度的 KBr 薄片作参比。可研磨成粉末并在研磨过程中不与

KBr 发生化学反应、吸湿性不强的样品，均可采用此方法进行测定。

由于 KBr 的吸湿性在 3330 cm^{-1} 和 1650 cm^{-1} 处会产生杂质峰，在解释 O—H、N—N 和 C═C、C═N 伸缩振动吸收时必须注意区分。另外，由于样品在压片过程中可能会发生物理变化(如晶体晶形转变)以及化学变化(如部分分解)，谱图可能出现差异。若欲进行晶形研究，则不能采用此方法。

(2) 糊状法。糊状法是指把样品的粉末与糊剂和液状石蜡一起研磨成糊状再进行测定的方法。液状石蜡是一种精制过的长链烷烃，红外光谱较为简单，只有 3000～2850 cm^{-1} 的 C—H 伸缩振动，1450 cm^{-1} 和 1379 cm^{-1} 处的 C—H 变形振动以及 720 cm^{-1} 处的 CH_2 平面摇摆振动吸收。如果要研究样品的 CH_3 和 CH_2 的吸收，可以用六氯丁二烯作糊剂。六氯丁二烯在 4000～1700 cm^{-1} 无吸收，1700～600 cm^{-1} 有多个吸收峰，与石蜡可相互补充。在测试过程中可根据需要选择糊剂。

(3) 溶液法。对于不易研成粉末的固体样品，如果能溶于溶剂，可制成溶液，按照液体样品测试的方法进行测试。

(4) 薄膜法。一些高聚物样品一般难以研成粉末，可制成薄膜直接进行红外光谱测试。薄膜的制备方法有两种，一种是直接加热熔融样品，然后涂制或压制成膜；另一种是先把样品制成溶液，然后蒸干溶剂形成薄膜。

(5) 显微切片。很多高聚物可用显微切片的方法制备薄膜来进行红外光谱测试。制备高聚物的显微切片需要一定的经验，要求样品不能太软，也不能太硬，必须有适当的机械阻力。

(6) 热裂解法。高聚物和其裂解产物之间存在一定的对应关系，根据裂解产物的光谱可以推断高聚物的分子结构。实验室测试高聚物时可以用简易的方法进行热裂解。将少量被测高聚物置于洁净的试管底部，然后用酒精灯加热进行裂解，裂解产生的气体在试管的上方冷凝成液体(或固体)，用刮铲刮取裂解产物涂于盐片上测试样品。

2. 液体样品的制备

对于不易挥发、无毒且具有一定黏度的液体样品，可以直接涂于 NaCl 或 KBr 晶片上进行测量。易挥发的液体样品可以灌注于液体池中进行测量。定性分析常用的液体池为可拆卸的，由池架、窗片(也常为 NaCl、KBr、CaF_2、Ge、Si 等)和垫片组成，测试后便于清理，污染的窗片可以更换。缺点是厚度难以控制，组装不严密，易泄漏样品。

一些吸收很强的样品，即使涂膜很薄，也很难得到满意的谱图，可以配成溶液再进行测定。测定溶液样品时要以纯溶剂为参比，以扣除溶剂的吸收。选择溶剂时应注意，除对溶质应有较大的溶解度外，还需要具备对红外光透明、不腐蚀和对溶质不产生很强的溶剂效应的特点。

3. 气体样品的制备

气体样品通常灌注于气体样槽中测定，与液体样槽结构相似，但气体样槽的长度要长得多，槽身焊有两个支管以利于灌注气体。通常先把气体样槽用真空泵抽空，然后再灌注。

本实验根据间硝基苯甲酸上几个官能团的特征吸收峰来鉴别该物质。

【仪器和试剂】

仪器：红外光谱仪、压片机、模具和试样、玛瑙研钵、不锈钢药匙、不锈钢镊子、红外灯。

试剂：间硝基苯甲酸(AR)、KBr(光谱纯)、无水乙醇(AR)、脱脂棉。

【实验步骤】

1. 准备工作

(1)打开红外光谱仪电源，预热 20 min，打开计算机。

(2)用脱脂棉蘸无水乙醇擦洗玛瑙研钵，用红外灯烘干。

2. 试样的制备

(1)试样处理：取 1～2 mg 试样，加约 100 倍试样量的 KBr 于玛瑙研钵中研磨，在红外灯下边烘边研。一般试样用力研磨 20 min，高分子试样需要更长时间。

(2)装模：取出模具，准确套上模膛，放好垫片，将制好的试样均匀地抖入模膛内，试样量以能压片为准，在能成片的基础上越薄越好。再放入另一个垫片，装上插杆。

(3)压片：将模具置于压片机工作台中心，旋动压力丝杆将模具顶紧，顺时针关闭放油阀，摇动油泵把手，使压力上升至 15 MPa，保持 5 min。

(4)脱模：逆时针拧开放油阀，旋松压力丝杆，轻轻地取出模具，与装模顺序相反取出试样。将试样放在固体样品架上。

3. 吸收光谱的测定

(1)打开灯电源。

(2)点击 GRAMSAI 图标，打开红外光谱仪工作软件。

(3)背景扫描：点击 Collect→Collect→Background.spc→进入自己的文件夹(或新建文件夹)，并输入文件名保存→Background→Ok Collect，得到背景的红外光谱图。

(4)试样图谱扫描：将试样放在样品架上，点击 Collect→Collect→Normal→%Trans→输入试样名→Ok Collect，得到试样的红外光谱图。

(5)谱图处理：点击 Edit→Peak Picker→Show peak marks for all traces→选择合适的参数，给图谱标峰。若需要打印，点击 File→Print。

(6)将盐片或研钵擦洗干净，收拾桌面，关闭主机上的灯电源。

4. 结束工作(非常重要)

(1)关闭红外光谱仪工作软件，关闭计算机电源。

(2)用水清洗玛瑙研钵、不锈钢镊子、药匙，特别要清洗压片模具，然后用脱脂棉蘸无水乙醇擦拭，在红外灯下烘干。

(3)清理台面，填写仪器使用记录。

5. 谱图解析

由图 2-45 可知，间硝基苯甲酸的特征峰如下：硝基，1530 cm^{-1} 和 1353 cm^{-1}；羰基，1694 cm^{-1}；苯环，1618 cm^{-1} 和 1484 cm^{-1}；3091 cm^{-1} 处出现苯环的 C—H 伸缩振动；3500 cm^{-1} 以上的多

重叠峰是形成氢键而缔合的—OH 伸缩振动；苯的间位取代，704 cm^{-1} 和 721 cm^{-1}。

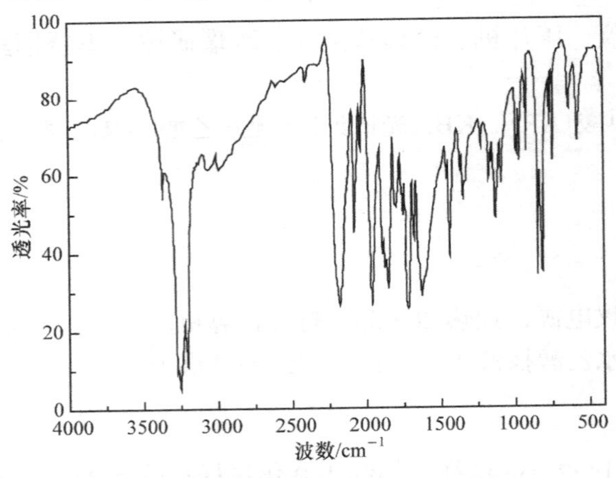

图 2-45 间硝基苯甲酸的红外光谱

【实验步骤流程图】

预热，打开计算机→1～2 mg试样，加约100倍试样量的KBr，红外灯下研磨20 min→装模→压片→脱模→打开软件→背景扫描→试样图谱扫描→谱图处理

【思考题】

(1) 试样颗粒大小对谱图的测定有什么影响？
(2) 用压片法制样，研磨时若不在红外灯下操作，谱图上会出现什么情况？

实验二十四 核磁共振氢谱测定异丁醇

【实验目的】

(1) 学习核磁共振波谱的基本原理和 ^{1}H 核磁共振谱图的解析方法。
(2) 了解核磁共振仪的工作原理及基本操作方法。

【实验原理】

核磁共振(nuclear magnetic resonance，NMR)是 20 世纪 50 年代以来迅速发展起来的一项新技术。随着高分辨率核磁共振波谱仪的应运而生并不断完善发展，目前 NMR 不但是鉴定有机化合物结构最强有力的工具，而且在医学、生命科学、材料科学等领域的应用也日趋广泛。

核磁共振源于能产生磁场的核自旋，原子核的自旋在量子力学上用自旋量子数 I 表示。当 I=1/2，这类原子核可以看作是电荷均匀分布的球体，核磁共振容易测定，适用于核磁共振波谱分析，^{1}H、^{13}C、^{15}N、^{19}F、^{31}P 属于这类情况。

NMR 谱中最常用的是以化合物分子中的 H 原子核为考察对象的一维质子核磁共振谱(^{1}H NMR)和 ^{13}C 原子核为对象的一维 ^{13}C 核磁共振谱(^{13}C NMR)。

氢谱(^{1}H NMR)的重要参数有等性氢数目(核磁共振峰组数)、化学位移 δ(共振峰位置)、峰面积积分和耦合常数 J。这四个参数从核磁共振级谱(一级谱即 $\Delta\nu/J>6$ 的谱,$\Delta\nu$ 为两组峰共振频率之差,以 Hz 为单位)上都可读出。根据它们的数值可以推测出有机化合物的结构。

(1) 等性氢数目:化学环境相同的氢称为等性氢。一个有机物分子中有几种等性氢,在 NMR 谱上就有几组共振峰。所以,可根据 NMR 谱上共振峰组数推测该化合物中有几种不同化学环境的氢原子。

(2) 峰面积积分:核磁共振谱上各组峰面积积分比,表示各类氢核数目的最简比,此比例再结合化合物的分子量即可算出分子中各类氢的数目。

(3) 化学位移 δ:有机物中不同化学环境氢的共振峰位置可以用它们的共振频率 ν 表示,也可用化学位移 δ 表示:

$$\delta = \frac{\nu_{样品} - \nu_{TMS}}{\nu_{仪器}} \times 10^6 \tag{2-19}$$

式中,$\nu_{样品}$ 为样品中某氢核的共振频率;ν_{TMS} 为标准物质四甲基硅烷的共振频率;$\nu_{仪器}$ 为核磁共振仪的射频频率。

常见有机物不同质子的化学位移值见图 2-46,活泼氢的化学位移范围见表 2-15。氘代试剂残余质子的化学位移见表 2-16。一般情况下,要用氘代试剂溶解样品,因为 ^{1}H NMR 检验的都是 ^{1}H,而氘代试剂中均为 ^{2}H,排除了溶剂中 ^{1}H 对谱图的影响。

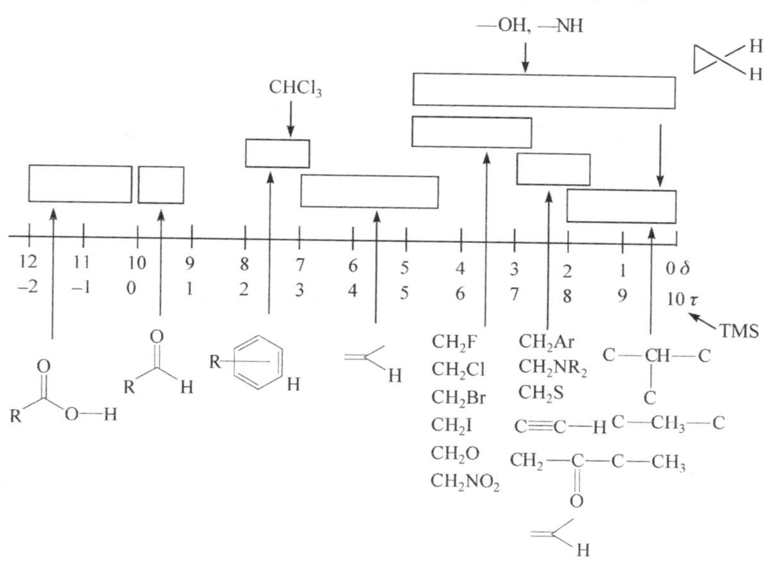

图 2-46 常见质子的化学位移

表 2-15 活泼氢的化学位移范围

化合物类型	δ	化合物类型	δ
醇	0.5～5.5	RNH_2,R_2NH	0.4～3.9
酚(分子内缔合)	10.5～16	$ArNH_2$,ArNHR	2.9～4.8
其他酚	4～8	R—SH	0.9～2.5
烯酚(分子内缔合)	15～19	Ar—SH	3～4

表 2-16　氘代试剂残余质子的化学位移

溶剂	基团	δ
丙酮-d_6	CH_3	2.05
$CHCl_3$-d	CH	7.25
重水	OH	4.75
甲醇-d_4	CH_3	3.35
	OH	4.84

(4)耦合常数：有机物分子中氢核的小磁矩可以通过化学键的传递相互作用，这种作用称为自旋耦合。自旋耦合可引起核磁共振峰分裂而使谱线增多，称为自旋-自旋裂分。

对于一级核磁谱，可用“n+1 规律”判断峰的裂分数。n 是相邻碳上氢原子数目，某峰的裂分数为邻碳上氢原子数+1。例如，$CH_3^aCH^bO$ 被裂分为两重峰，H_a 被裂分为两重峰，H_b 被裂分为四重峰。原子核间自旋耦合作用是通过成键电子传递的，这种作用的强度以耦合常数(J)表示，并以 Hz 为单位。其计算方法为

$$J= (\delta_1-\delta_2)\times 仪器频率峰 \tag{2-20}$$

峰裂距

耦合常数反映自旋核相互耦合能力的大小，是分子结构(包括空间结构)的函数，而与外磁场强度大小无关，所以从 J 的分析也可以推测有机化合物的结构。某些有机物的耦合常数(J)见表 2-17。

表 2-17　某些有机物的耦合常数

化合物类型	J_{ab}/Hz	化合物类型	J_{ab}/Hz
C(H_a)(H_b)	0～30	环己烷（H_a、H_e）	a-a　6～14 a-e　0～5 e-e　0～5
C=C(H_a)(H_b)	3～3		
H_aC=CH_b（顺式）	6～12	苯环	(o)　6～10 (m)　1～3 (p)　0～1
H_aC=CH_b（反式）	12～18		

【仪器与试剂】

仪器：核磁共振波谱仪、核磁管。

试剂：异丁醇(AR)、氘代氯仿(含 1% TMS)。

【实验步骤】

(1)配制试样[1]。将 10 mg 左右异丁醇加入核磁管中，然后加入 0.5 mL 氘代氯仿溶液，盖

好盖子，振荡使异丁醇溶解。

(2) 检查并调试仪器状态。将混合标样管放入探头内，调试仪器，直至符合采样要求。

(3) 设定谱宽、增益等采样参数。

(4) 进行混合标样的 ^{1}H NMR 测定，并进行处理，测绘积分曲线。

(5) 进行异丁醇的 ^{1}H NMR 测定，将标样管取出，插入试样管，重复步骤(4)中的操作。

(6) 测定完毕后，取出试样管。将试样管中的样品倒入废液缸中，洗净核磁管，烘干备用。

(7) 进行谱图解析[2]。

【实验步骤流程图】

配制异丁醇氘代试样→将试样放入探头，调试仪器→设定参数→

混合标样^{1}H NMR测定，异丁醇^{1}H NMR测定→完毕，谱图解析

【注意事项】

[1] 测试过的样品也可以进行回收。

[2] 解析图谱时，要综合考虑化学位移、氢原子数目和耦合信息，对照化合物的结构式，对峰进行归属，也可以将其与原料的谱图进行对照解析。

异丁醇的 ^{1}H NMR 谱如图 2-47 所示。

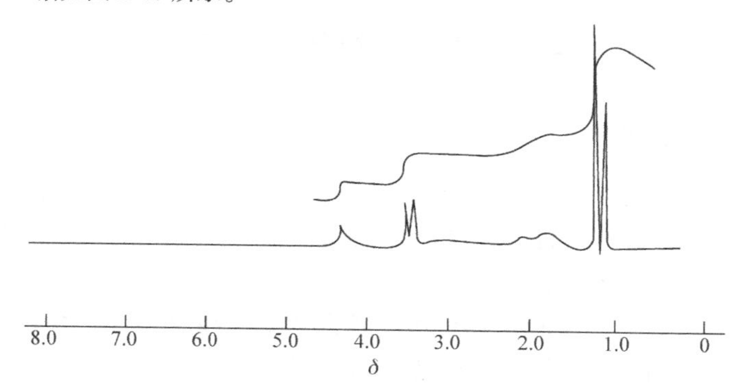

图 2-47　异丁醇的 ^{1}H NMR 谱

【思考题】

(1) 化学位移和自旋分裂是什么因素引起的？

(2) 耦合作用的大小如何计算？

(3) 产生核磁共振的必要条件是什么？

(4) 什么是屏蔽作用及化学位移？

(5) 核磁共振波谱能为有机化合物结构分析提供哪些信息？

第 3 章　有机化学实验特殊操作与技术简介

3.1　引　　言

众所周知，人们的生活与化学技术息息相关。化学品极大地丰富了人类的物质生活，提高了生活质量，并在控制疾病、延长寿命、增加农作物品种和产量等方面起到了巨大作用。毫不夸张地说，人类的生活离不开化学的发展。但化学在不断促进人类进步的同时，也给人类的健康和生存环境带来了严重的影响，如酸雨和水体富营养化、白色污染、臭氧层空洞等。因此，人们相继提出了绿色化学这一概念。随着科学的不断发展，化学反应类型快速增加，化合物的数量得到极大的丰富，其中许多反应物质和反应过程对空气敏感。为了研究这类化合物的合成、分离纯化和分析鉴定，必须使用特殊的仪器和无氧无水操作技术。本章就绿色化学与绿色有机化学实验的关系和无氧无水实验操作技术做一简单介绍。

3.2　绿色有机化学实验

3.2.1　绿色有机合成实验概念

绿色化学又称“环境无害化学”“环境友好化学”“清洁化学”，由美国化学会(American Chemical Society，ACS)提出，目前得到世界广泛的响应。其核心是用化学技术和方法减少或消除对人类健康、生态环境有害的原料、催化剂、溶剂和试剂的利用，在继续发挥化学积极作用的同时，将其危害人类健康和生存环境的负面影响减少到最小。绿色化学的最大特点是在始端就采用预防污染的科学手段，力求使化学反应具有“原子经济性”，充分利用反应物中的各个原子，实现废物的“零排放”，因而过程和终端均为零排放或零污染。“化学的绿色化”是当今国际化学科学研究的前沿。绿色有机合成新反应和新方法研究是绿色化学研究的重要内容。有机合成是利用简单易得的原料，通过有机反应，生成具有特定结构和功能的有机化合物。由于有机化合物的各种特点，有机合成通常要在加热、加催化剂、加有机溶剂甚至加压等反应条件下完成。近年来，有机合成实现绿色化的研究工作在不断进行。例如，如何经济地利用原子，避免用保护基或离去基团；如何选择绿色的原料，采用无毒无害或低毒的原料代替毒性大的原料；如何改进溶剂或条件，尽量不用或少用有机溶剂；如何选择合适的、环境友好的催化剂；如何设计新合成路线，设计更有效、更少废弃物的合成方法等。

3.2.2　常量、半微量和微量合成有机化合物

有机化学实验(主要是有机制备与合成方法)按照试剂用量的多少可分为常量、半微量和微量三大类，有机化学实验所用试剂多数有毒、易燃，而且价格较贵。实验后的废液造成的环境污染比较严重，由于常量法所用试剂量大，这些问题显得尤为突出，同时对于学生来说，仅能运用经济的常量有机制备技能，也不能适应国际上已经发展的有机化学实验技术水平。

微量法在有机分析实验上具有十分明显的优势，但在有机制备与合成方法上有明显不足，主要表现为原料与试剂用量太少，以至于即使实验操作没有失误，也难以从感官上观察到实验现象与产品，特别对液体有机物有时只能闻到产品的气味，同时微量有机合成实验需要用一些特制的玻璃仪器，难以体现广泛的应用价值。半微量有机实验是指常规实验的小量化，即在不改变实验方法、不改变操作技术、实验现象明显、效果显著的前提下，采用常规的小容量仪器，实验中的药品用量降至最低限度，半微量实验在实验时使用的药品用量较少，一般固体产品为 1 g，液体产品为 2～3 mL，通常为常量实验的 1/10～1/5。目前，半微量有机制备已是国外高等院校及科研院所普遍采用的一种实验方法，在我国也正引起各有关方面的重视。绿色有机合成的目标已为有机化学实验实现绿色化指明了方向，作为“绿色化学”的一项实验技术，半微量实验方法避开了微型化学实验的一些局限性，是在绿色化学思想指导下，用预防化学污染的新思想对常规实验进行改革而形成的实践方法。半微量有机化学实验有节约原料、简化仪器、操作安全、缩短实验时间、提高实验效率、减轻环境污染和节约能源、提高教学质量等优点。用半微量方法能使学生得到严谨的技能训练，同时培养学生熟悉小型仪器的维护，养成良好的实验习惯；并对教师指导实验的能力提出了较高的要求。实践证明，药品用量的半微量化与常量化在准确性与严密性上并无明显差别。

3.2.3　实现绿色合成的几种途径

(1) 提高原子利用率，开发“原子经济性”反应。1991 年，美国化学家特罗斯特 (Trost) 首先提出了“原子经济性” (atom economy) 概念，即原料分子究竟有百分之几的原子转化成了产物。理想的原子经济性反应是最大限度地利用原料分子的每个原子，使其结合到目标分子中，百分之百转变为产物，不产生副产物或废物，实现废物的“零排放”。原子经济性可用原子利用率来衡量：

$$\text{原子利用率}=\frac{\text{预期产物的分子量}}{\text{反应物质的原子量总和}}\times 100\% \tag{3-1}$$

在一般的有机合成反应 A+B══C+D 中，如果 C 是主产物，则反应副产物 D 往往是废物，可能成为环境的污染源。有机合成中，除了要考虑理论产率外，还应考虑和比较不同途径的原子利用率。例如，1,3-丁二烯和乙烯合成环己烯的第尔斯-阿尔德 (Diels-Alder，D-A) 反应就是一个原子经济性的反应，这个反应的原子利用率为

$$\frac{82}{28+54}\times 100\% = 100\%$$

但溴化甲基三苯基膦合成烯烃的维蒂希 (Wittig) 反应中，溴化甲基三苯基膦原料中，356 份质量 $(C_6H_5)_3P^+CH_3Br$，Br 只利用了 14 份 (CH_2)，还产生了 80 份 HBr 废物和 278 份 $(C_6H_5)_3PO$ (氧化三苯基膦) 废物。这是原子很不经济的反应，也是环境不友好的反应。因此，在设计合成路线时，如何经济地利用原子，避免用保护基或离去基团，是绿色合成的首要任务。

(2) 选择绿色安全的化学品为原料。在有机合成反应中，许多原料是有毒的，甚至是剧毒的，如光气、氢氰酸、硫酸二甲酯等，大量使用这些原料将危害从业人员的身体，并对环境造成严重污染。因此，绿色有机合成的一个重要任务是采用无毒无害或低毒的原料代替毒性大的原料。

对绿色原料的改进突出体现在以 CO_2 为原料的有机合成中。以煤和石油为主要能源的现代工业的高速发展，使大气中 CO_2 迅速增加，造成地球的温室效应，随之而来的是两极冰川

融化、海平面升高，这是21世纪面临的严重的环境问题之一。有机合成工业多以石油为基本原料，而地球上石油的储藏量是有限的，若能以CO_2作为有机合成的碳源，将是一举两得的。现在已经有化学家探索出以CO_2为原料催化合成甲醇、乙醇，CO_2催化氢化合成甲酸及其衍生物如酯或酰胺等的方法。值得一提的是CO_2合成高分子。近20多年来，CO_2已逐渐开发成一种高分子合成的单体，在合适的条件下，CO_2可固定于高分子单体上，得到各种缩聚或加聚产物。此外，CO_2与烯类单体形成环内酯，与乙烯醚或二烯烃生成低分子量的聚酯，与环硫化物、环氮化物也能形成相应的共聚物。

甲基丙烯酸甲酯是一种重要的高分子单体，其传统的工业制法是以丙酮和氢氰酸为原料的丙酮氰醇法，反应中用到剧毒的氢氰酸、过量的浓硫酸，反应形成的废酸液中有大量伴生的硫酸氢铵，虽然硫酸氢铵可用氨处理得到硫酸铵肥料，但整个流程的原子利用率只有46%，无疑是非环境友好的。美国壳牌公司用丙炔-钯催化甲氧羰基化合成甲基丙烯酸甲酯。新合成路线避免使用氢氰酸和浓硫酸，且原子利用率达到100%，是环境友好的。

此外，绿色原料还包括以生物质为原料的有机合成的发展。1999年，美国Biofine公司因成功将废纤维转化成乙酰丙酸而获得美国总统绿色化学挑战奖之小企业奖。此反应的原料可以是造纸废物、城市固体垃圾、不可循环使用的废纸、废木材和农业残留物，用稀硫酸在200～220℃处理15 min，产率可达70%～90%，同时可得到有价值的副产品甲酸和糠醛。

(3)选择合适的、环境友好的绿色催化剂催化过程。包括各种形式的化学催化剂和物理催化剂，往往是“无盐”技术，是实现高原子经济性反应的重要途径。应用催化方法还可以实现常规法不能进行的反应，从而缩短合成步骤。

在有机合成中，选择合适的、环境友好的绿色催化剂，如分子筛催化剂、石墨催化剂、超强酸催化剂，电催化、手性催化及仿生催化等，也可以缩短反应步骤，提高原子利用率，以分子筛为例。

分子筛是一类结晶型的硅铝酸盐，具有均一的微孔结构，以能在分子水平上筛分物质而得名。分子筛是一种功能性催化剂，具有较强的离子交换性能，且无毒、无污染、可再生，是一类理想的环境友好催化材料，广泛应用于石油化工和精细化工生产中。仅在美国，采用分子筛作石油裂解催化剂后，每年可节约原油4亿桶(1桶=158.987 L)。利用传统的氯醇法合成环氧乙烷，反应不仅以有毒的氯气为原料，且伴生大量的氯化钙废水，其原子利用率只有25%。而采用钛硅分子筛为催化剂后，乙烯通过氧化即可进一步反应生成环氧乙烷，原子利用率达到100%，而且生产的副产物是水，不会污染环境。

近年来，使用催化剂，开发新的原子经济性反应已成为绿色化学研究的热点之一。EniChem公司采用钛硅分子筛催化剂，使环己酮、氨、过氧化氢反应，可直接合成环己酮肟，取代由氨氧化制硝酸，硝酸根离子在铂、钯贵金属催化剂上用氢还原制备羟胺，羟胺再与环己酮反应合成环己酮肟的复杂技术路线，并已实现了工业化。另外，环氧丙烷是生产聚氨酯泡沫塑料的重要原料，传统上主要采用两步反应的氯醇法，不仅使用危险的氯气，还产生大量含氯化钙的废水，造成环境污染。国内外均在开发钛硅分子筛上催化氧化丙烯制环氧丙烷的原子经济性新方法。此外，针对钛硅分子筛催化反应体系，开发降低钛硅分子筛合成成本的技术，开发与反应匹配的工艺和反应器仍是今后努力的方向。

(4)使用环境友好介质。传统的有机合成中，有机溶剂是最常用的反应介质，这主要是因为它们能很好地溶解有机化合物，但是有机溶剂挥发性大、毒性大且难以回收，使其成为环境的污染源之一。环境友好的有机合成应尽量不用或少用有机溶剂，美国总统绿色化学挑战奖的专项之一就是改进溶剂和反应条件奖。理想的有机合成，可在无溶剂下进行，也可用超临界流体、离子液体和水等为介质进行。因此，在无溶剂存在下进行有机反应，用水作反应介质，以及用超临界流体作反应介质或萃取溶剂将成为发展洁净合成的重要途径。无溶剂的净相有机反应(干反应)可在固态或液态进行。

(a)超临界流体：是指处于超临界温度及压力下的流体，它介于气态和液态之间，密度接近液体而黏度和扩散系数接近气体，因而在萃取、分离、重结晶及合成反应中表现出特有的优越性。在有机合成中，超临界 CO_2 尤以临界温度及压力适中、无腐蚀、不燃烧、廉价无毒、可循环使用等优点而得到广泛应用。

非对称烯烃加氢时得到一对对映异构体，而合成的目标只是其中一个。临床上，旋光性药物往往只有一种对映体有效，另一种对映体无效甚至有毒。合成消旋的药物不但原子利用率低，而且由于对映体的物理、化学性质非常接近，其分离、提纯非常困难。因此，对映选择性在制药工业中显得特别重要。例如，以超临界 CO_2 作溶剂，提高不对称氢化反应的对映选择性(e.e. 95%)，这无疑是一个完美的绿色合成。

(b)离子液体：简单地说就是由安全离子组成的液体，目前研究最多的是在室温左右呈液态的含有有机正离子的一类物质，如含 *N*-烷基咪唑正离子的离子液体等。它们不仅可以作为有机合成的优良溶剂，而且具有难挥发等优点，对环境十分友好。

(c)以水为溶剂的反应：由于大多数有机化合物极性较低，水溶性很小，而且许多试剂在水中会分解，所以有机合成反应一般避免用水作反应介质，都在有机溶剂中进行。然而，水作为反应溶剂又有其独特的优越性，因为水是地球上自然度最高的“溶剂”，它价廉、无毒、环境友好。此外，水溶剂特有的疏水效应对一些重要有机转化是十分有益的，研究结果表明，在某些反应中用水作溶剂，比有机相中反应可得到更高的产率或立体选择性，并且生命体内的化学反应大多是在水中进行的。因此，水相反应成为绿色有机合成的一个热点。最为典型的例子是环戊二烯与甲基乙烯酮的环加成反应，以水为溶剂比异辛烷为溶剂快 700 倍。还有以甲酸钠为还原剂，在 250～350℃，约 1300 psi(1 psi=6.89476×10^3 Pa)，以水为溶剂，不需要其他共溶剂或催化剂，可把醛和一些酮还原成醇。反应只需要简单的装置就可完成，副产物是 CO_2 和 H_2O 或 NaOH，因此是环境友好的，而以环己烯或环己二烯为还原剂在醇-水混合溶剂中把醛还原成醇，则产生毒性大的副产物苯，且产物分离困难，是环境不友好的。

水相有机合成的另一重要进展是水相路易斯酸(Lewis acid)催化的反应。许多常规的路易斯酸催化反应必须在无水的有机溶剂中进行，但有研究表明有些化合物在 0.01 mol/m^3 硝酸铜催化下的水相加成比在乙腈中进行的非催化反应速率提高 79300 倍。

(5)无溶剂反应。无溶剂有机反应指不采用溶剂的有机反应，它可以是固体原料之间的固相反应、液体原料之间的液相反应，也可以是原料在熔融状态下的反应，或不同相态原料之间的非均相反应。为了促进无溶剂反应或提高其选择性，常采用研磨法、相转移催化法、微波辐射法、主-客体包结法等。

固相反应就是在无溶剂的条件下反应，能在源头上阻止污染物。目前固相反应的研究吸引了无机化学、有机化学、材料化学及理论化学等多学科的关注，某些固相反应已用于工业生产。固相反应实际上是在无溶剂作用的新颖化学环境下进行的反应，有时可比溶液反应更为有效并实现更好的选择性。目前研究成功的固相反应显示了节省能源、无爆燃性等优点，且产率高，工艺过程简单，某些反应还具有立体选择性。

例如，β-萘酚在 $FeCl_3$ 的作用下偶联生成 2,2-二羟基-1,1-联萘的反应。反应在液相进行，产率低又伴随副产物醌的生成，但采用固相反应，以 $FeCl_3 \cdot 6H_2O$ 为氧化剂，在 50℃反应 2 h，再经盐酸洗涤，便可得到产物，产率为 95%。

3.2.4　绿色化学与可持续发展

绿色化学是利用化学的技术和方法消除或减少对人类健康、社区安全、生态环境有害的原料。催化剂、溶剂和试剂等在生产过程中使用，同时要在生产过程中不产生有毒有害的副产物、废物和产品。从科学观点看，绿色化学是化学科学基础内容的更新；从环境观点看，它是从源头上消除污染；从经济观点看，它合理利用资源和能源、降低生产成本，符合经济可持续发展的要求。

绿色化学也称为可持续发展化学。从可持续发展的观点出发，绿色化学不仅要考虑是否产生对人类健康和生态环境有害的污染物，还要考虑原料是否有效利用，是否可以再生，生产过程是否安全，是否可以促进经济、社会的可持续发展等。

绿色化学的理念是不再使用有毒、有害的物质，不再产生废物，不再处理废物。各国化学工作者正在从各种途径寻找绿色化学的方法，到底哪种方法更绿色，要按照绿色化学的评估方法进行全面评估后再得出结论。无溶剂合成为绿色有机合成提供了一条有效的途径，但不能简单地认为不采用溶剂就是绿色的。对那些在无溶剂下反应比较温和的无溶剂反应可能是较好的选择，而对那些在无溶剂下剧烈放热的反应，使用绿色溶剂的液相反应可能是较好的方法。溶剂有机合成从实验室走向工业化生产还需在理论上和实践中进行大量工作。以前对无溶剂反应的条件及实验室实施方法研究较多，但对有关工程技术和工业设备研究较少。为使无溶剂合成实现工业化，必须研究适合无溶剂反应的原料输送设备、研磨设备、热交换设备及专用微波设备等。

总之，绿色化学作为新的学科前沿已逐步形成，但真正发展还需要从观念、理论、合成技术上对传统的、常规的有机合成进行不断的改革和创新。

实验二十五　单糖构象和构型的模型实验

【实验目的】

(1) 通过装配有机化合物分子的球棒模型，加深对有机化合物立体结构的理解。

(2) 掌握球棒模型的建造方法。

(3) 了解球棒模型与霍沃思(Haworth)透视式和费歇尔(Fischer)投影式的关系。

【实验原理】

(1) 有机化合物的性质取决于其分子式，有机化合物分子中原子的空间排列方式不同，其物理性质及某些与空间排列有关的化学性质也不同。分子是很微小的，但可用宏观的模型形象地展现各类化合物的立体结构。

(2) 有机化合物立体化学模型实验是用模型来表示有机物分子内各种化学键之间的正确角度，不过其不能准确地反映各原子的相对大小和原子核间的精确距离。但是建造有机化合物立体化学模型，能把有机化合物分子中各原子在空间的位置表示出来，使学生辨别有机分子中各原子的各种空间排列，理解和掌握有机化合物的结构。

(3)有机化合物分子的立体模型常用的有凯库勒(Kekule)模型和斯陶特(Stuart)模型。应用最广的是凯库勒模型，它用不同大小和不同颜色的圆球代表不同种类的原子或原子团，用木棒代表化学键。各种圆球之间可以用木棒相连，各种圆球代表不同的原子，各种原子(不同的圆球)在化学键(木棒)连接下形成分子模型，因此又称为球棒模型。

【实验仪器】

球棒模型散件或套件。

【实验步骤】

1. 单糖分子的链式结构

1)甘油醛

费歇尔投影式的书写规定：按编号顺序命名竖直碳键，编号最小的原子或基团放在竖键最上方，手性碳原子上两竖键指向纸平面后方，两横键指向纸平面前方。

(1)按照书写规定写出甘油醛的费歇尔投影式。

参照所写的费歇尔投影式，在一个 sp^3 碳原子上安装四根单键，分别连上红球(代表醛基)、绿球(代表羟基)、白球(代表羟甲基)和黄球(代表氢原子)，得到甘油醛分子模型 a。

(2)用 *R/S* 标记法标出 a 的构型并命名。

(3)用 D/L 标记法标出 a 的构型并命名。装配模型 a 的对映体模型 a′。

(4)按照书写规定写出 a′ 的费歇尔投影式。

(5)用 *R/S* 标记法标出 a′ 的构型并命名。

(6)用 D/L 标记法标出 a′ 的构型并命名。

2)D-葡萄糖

(1)按照书写规定写出 D-葡萄糖的费歇尔投影式。

参照所写的费歇尔投影式，用三根长单键将四个 sp^3 碳原子连成弓形链状，在四个碳原子上各用两根短单键连上绿球(代表羟基)和黄球(代表氢原子)，在弓形链的两端各用一根短单键连上红球(代表醛基)和白球(代表羟甲基)，得到 D-葡萄糖分子模型 b。

(2)用 *R/S* 标记法标出 b 中各手性碳原子的构型。

(3)用系统命名法命名 b。

(4)写出 b 的对映异构体的费歇尔投影式并命名。

2. 单糖分子的环式结构

1)D-吡喃葡萄糖的霍沃思透视式

由 D-葡萄糖的费歇尔投影式转换成霍沃思透视式时，遵守“左上右下，羟甲基在上，环氧在右上，b 上和 a 下”的原则。

(1)按照转换原则写出 *α*-D-吡喃葡萄糖的霍沃思透视式。

参照所写的霍沃思透视式，用六根长单键将五个 sp^3 碳原子和一个 sp^3 红球(代表氧原子)连成平面六元环，在 C1、C2、C3 和 C4 上各用两根短单键连上绿球(代表羟基)和黄球(代表氢原子)，在 C5 上用两根短单键连上白球(代表羟甲基)和黄球(代表氢原子)，得到 *α*-D-吡喃葡萄糖霍沃思透视式的模型 c。

(2)模型 c 中哪个是半缩醛羟基?

(3)如何将模型 c 转换成 β-D-吡喃葡萄糖霍沃思透视式的模型?

(4)模型 c 中 C2、C3 和 C4 上的羟基在 D-葡萄糖的费歇尔投影式中在左边还是右边?

(5)模型 c 中，确定其是 D 构型的羟基在何处?

2) α-D-吡喃葡萄糖的构象式

用六根长单键将五个 sp^3 碳原子和一个 sp^3 红球(代表氧原子)连成六元环，在 C1、C2、C3 和 C4 上各用两根短单键连上绿球(代表羟基)和黄球(代表氢原子)，在 C5 上用两根短单键连上白球(代表羟甲基)和黄球(代表氢原子)。翻转模型使其呈椅式，且使白球(代表羟甲基)处于 e 键，就得到 α-D-吡喃葡萄糖构象式的模型 d。

(1)模型 d 中半缩醛羟基在 a 键还是 e 键上?

(2)如何将模型 d 转换成 β-D-吡喃葡萄糖构象式的模型?

(3) α-D-吡喃葡萄糖与 β-D-吡喃葡萄糖相比，哪个更稳定？为什么?

(4)翻转模型 d 使白球(代表羟甲基)处于 a 键上，这个构象是优势构象吗？为什么?

【思考题】

(1) α-D-吡喃葡萄糖与 β-D-吡喃葡萄糖是什么关系?

(2) α-D-吡喃葡萄糖的对映体是什么? β-D-吡喃葡萄糖的对映体是什么?

实验二十六　从牛奶中分离酪蛋白和乳糖(微型分离实验)

【实验目的】

(1)了解从牛奶中分离酪蛋白和乳糖的基本方法。

(2)了解、熟悉并掌握微型实验技术。

【实验原理】

牛奶中除了含有一种称为酪蛋白的蛋白质外，还含有糖类化合物乳糖和白蛋白等。使用不同的溶剂体系就可把酪蛋白、乳糖从牛奶中分离出来。

酪蛋白在牛奶中以钙盐形式存在，即酪蛋白钙。酪蛋白钙的结构相当复杂，若在温热的牛奶中加入酸，中性蛋白沉淀析出，钙离子则留在溶液中。

$$Ca^{2+}\text{-酪蛋白} + 2H^+ \longrightarrow \text{酪蛋白}\downarrow + Ca^{2+}$$

加热除去酪蛋白后，可将牛奶中的另两种蛋白质乳清蛋白和乳球蛋白沉淀过滤去除。牛奶中除去脂肪和蛋白质后，留下的成分主要是乳糖。浓缩后用乙醇重结晶即可得乳糖。

【仪器与试剂】

仪器：烧杯、滴管、量筒、玻璃棒、抽滤装置、真空干燥箱、锥形瓶、试管、温度计。

试剂：脱脂奶粉(或新鲜牛奶)、乙酸(冰醋酸：水=1：10，体积比)、粉状碳酸钙、95%乙醇、1%水合茚三酮、活性炭。

【实验步骤】

(1)在 50 mL 烧杯中加入 20 mL 新鲜牛奶[1](或 10 g 脱脂奶粉和 30 mL 水，搅匀)，水溶液温热至 40℃，滴加乙酸溶液[2]，边加边搅拌，直至不再析出沉淀为止，注意酸不宜加得过多，约需乙酸溶液 5 mL。

(2)离心机离心 3 min，上清液为乳糖和其他杂质，沉淀为酪蛋白。

(3)倾出上清液，立即在此清液中加 0.5 g 粉状碳酸钙，去除杂质，得到乳糖结晶，留做下一步实验。

(4)乳糖的本尼迪克特(Benedict)实验：在试管中加入 1 mL 实验所得乳糖澄清液和 4 mL 本尼迪克特试剂，沸水浴中放置 2～3 min，观察现象。

(5)酪蛋白的茚三酮实验：在试管中加入约 0.1 g 实验所得酪蛋白和 2 mL 水，再加入 0.5 mL 1%水合茚三酮，沸水浴中放置 3～5 min，观察现象。

【实验步骤流程图】

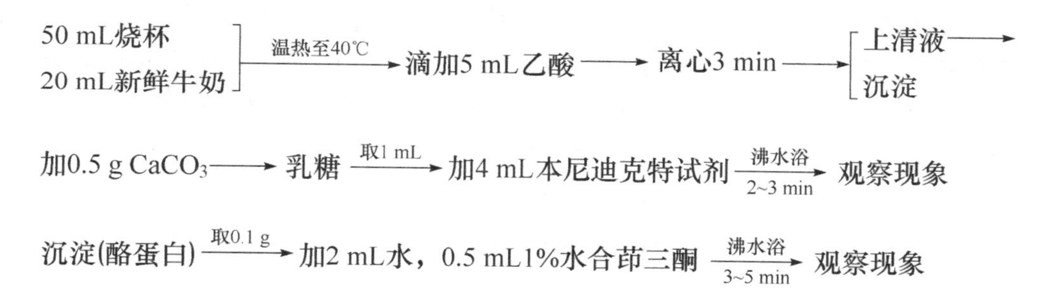

【注意事项】

[1] 牛奶在实验前不能放置很久，时间过长则其中的乳糖会慢慢变为乳酸，影响乳糖分离。

[2] 加入乙酸不可过量，过量酸会促使牛奶中的乳糖水解为半乳糖和葡萄糖。

【思考题】

(1)如何测出牛奶中乳糖的含量?

(2)将精制后的乳糖干燥并测定其比旋光度，与文献值比较，解释产生差别的原因。

实验二十七　有机电解合成碘仿

【实验目的】

(1)了解有机电解合成的基本原理。

(2)初步掌握电化学合成的基本方法。

【实验原理】

有机电解合成(electro-organic synthesis)是利用电解反应合成有机化合物的合成方法。有机电解合成技术具有污染少、节能、转化率高、产物分离简便等优点。

1849 年，科尔比(Kolbe)发现了阳极偶合反应，他在电解脂肪酸盐时得到偶联产物，即著名的科尔比反应。长期以来，有机电解合成的研究主要集中于实验室，直到 20 世纪 60 年代，有机电解合成技术才逐渐应用于工业生产。1961 年，美国化学家贝泽(Baizer)成功地用有机电解技术制造出尼龙-66 的中间体己二腈。随着有机电解合成技术的不断完善，近年来有机电解合成技术已广泛应用于工业生产。应用有机电解合成技术进行有机化学反应，条件温和，易于控制，而且在反应中所消耗的试剂主要是干净的“电子试剂”，因此有机电解合成方法越来越受到人们的广泛关注。

碘仿(iodoform)又称黄碘，为黄色、有光泽片状结晶，在医药和生物化学中用作防腐剂和消毒剂。碘仿可以由乙醇或丙酮与碘的碱溶液作用制备，也可以用电解法制备。若醛或酮分子中有多个α-H，则这些α-H 都可以被卤素取代，生成各种多卤代物。如果α-碳原子上连有三个氢，则可卤代生成三卤衍生物，所生成的三卤代物在碱性溶液中易分解为三卤甲烷(俗称卤仿)，这就是“卤仿反应”。若使用的卤素是碘，则称为“碘仿反应”(iodoform reaction)。

本实验以石墨碳棒作电极，直接在丙酮-碘化钾溶液中进行电解反应合成碘仿。

阴极：
$$2H^+ + 2e^- \longrightarrow H_2$$

阳极：
$$2I^- - 2e^- \longrightarrow I_2$$

$$I_2 + 2OH^- \rightleftharpoons IO^- + I^- + H_2O$$

$$CH_3\overset{\overset{\displaystyle O}{\|}}{C}CH_3 + 3IO^- \longrightarrow CH_3COO^- + CHI_3\downarrow + 2OH^-$$

$$3IO^- \longrightarrow IO_3^- + 2I^-$$

【仪器与试剂】

仪器：石墨碳棒、磁力搅拌器、可变电阻、电流换向器、安培计、直流电源、烧杯、量筒、显微熔点仪、真空干燥箱、温度计、pH 试纸。

试剂：碘化钾(AR)、丙酮(AR)、乙醇(CP)、蒸馏水。

【实验步骤】

用 250 mL 烧杯作电解槽，取两根石墨碳棒[1]作电极，垂直并固定在烧杯中的有机玻璃板上，如图 3-1 所示。两电极间的距离为 3～5 mm[2]，电极下端距烧杯底 1～2 cm，以便磁力搅拌器搅拌。电极上端经过可变电阻、电流换向器及安培计与直流电源(电流≥1 A，可调电压 0～12 V)相连，如图 3-2 所示。

称取 3.3 g 碘化钾，量取 200 mL 水加入电解槽中。开启磁力搅拌器，磁力搅拌溶解后，加入 1 mL 丙酮，接通电源，将电流调节为 1 A。在电解过程中，电极表面会逐渐覆盖一层不溶性产物，使电解电流降低，可改变电流方向，使电流保持恒定。电解液 pH 逐渐增大至 8～10。维持反应温度于 25℃左右，电解反应 1 h，断开电源。过滤，收集碘仿晶体，尽可能收集附着在烧杯壁和电极上[3,4]的碘仿，粗产物用乙醇重结晶。抽滤，收集重结晶产物，真空干燥，称量，计算产率。用显微熔点仪测定熔点，纯碘仿为亮黄色晶体，熔点为 119℃。

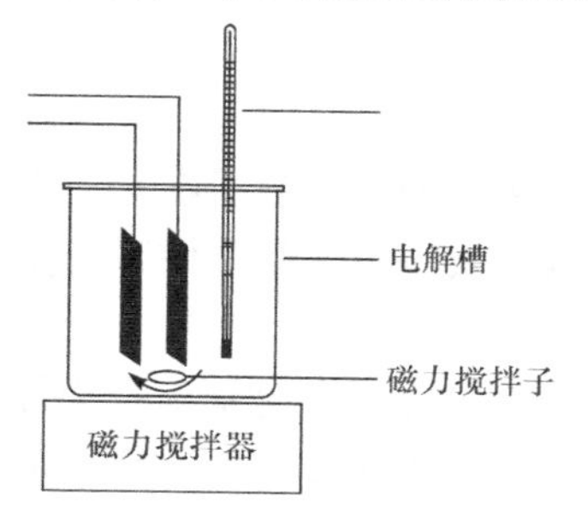

图 3-1　电解池示意图

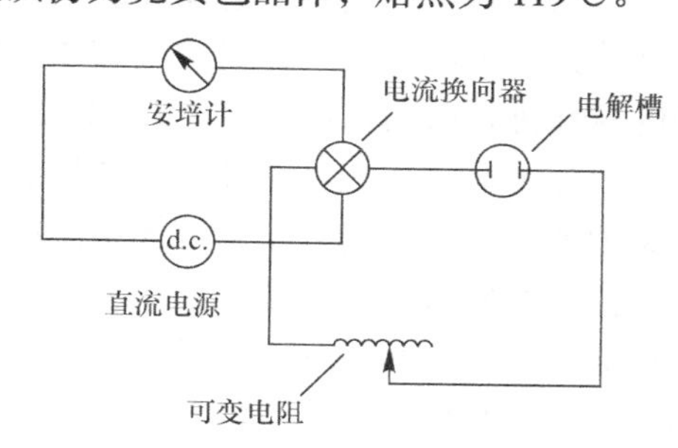

图 3-2　电解反应线路图

【实验步骤流程图】

电解槽组装 → 3.3 g碘化钾，溶于200 mL水 $\xrightarrow{\text{加1 mL丙酮}}$ $\xrightarrow{\text{通电流1 A}}$ $\xrightarrow[\text{电解反应1 h}]{\text{维持温度25℃}}$ $\xrightarrow{\text{断开电源}}$ $\xrightarrow{\text{过滤}}$ 乙醇重结晶 → 抽滤 → 干燥，称量

【注意事项】

[1] 石墨碳棒的面积越大，反应速率越快。石墨电极可使用从废旧电池中拆下的石墨碳棒，从而达到循环使用、节约资源的目的。

[2] 两电极之间的距离应尽可能小，以减少电流通过中间介质的损失。

[3] 如果电极表面沉淀过多，可采用切断电源、用清水冲洗等方法，将电极表面沉淀物清除干净，再通电进行电解反应。

[4] 尽可能收集粗产物，以免影响碘仿产率的计算。

反应物和产物的物理常数如表 3-1 所示。

表 3-1　反应物和产物的物理常数

名称	物态	沸点/℃	熔点/℃	相对密度 d_4^{20}	折射率 n_D^{20}
丙酮	液体	−95.4	56	0.7899	1.3588
碘仿	淡黄色结晶	250.7	119	3.8630	—

【思考题】

(1) 本实验过程中，为什么电解液的 pH 逐渐增大？

(2) 哪类化合物易发生卤仿反应？

3.3　微波辅助有机合成

3.3.1　微波作用原理

微波是一种频率范围为 0.3～300 GHz 的电磁波，其相应波长范围为 1 mm～1 m。在电磁波谱中，微波频率位于红外线和无线电波频率之间。微波具有物理、化学、生物学效应，有多种用途，但应用最广泛的是微波加热。微波加热具有独特的优点。在传统的加热过程中，外来能量由表及里，使分子运动逐层加速，加热缓慢且不均匀。与传统加热方式不同的是，微波加热是一种内加热，在高频电磁场的作用下，极性分子从原来的随机分布状态转为依照电场的极性排列取向，这些取向按照交变电磁场的频率不断变化，分子排列方向也随之改变，从而造成分子运动与相互摩擦，并产生热量，同时吸收了热量的极性分子在与周围分子的碰撞中又把能量传给其他分子，使体系温度升高。这样的致热效应可使整个体系升温快速且均匀，不会导致局部过热现象。

1986 年，加拿大 Gedye 教授首次将微波应用于合成化学，随后电磁辐射作为加速化学反应的手段，引起化学工作者的广泛关注。至今，微波促进有机化学反应的研究报道已涉及有机合成的各方面，微波促进有机合成具有高效、低能耗、无污染等绿色化学特征，具有广阔的应用前景。但是，关于微波加速有机反应的原因，目前学术界仍有两种不同的观点。

一种观点认为，虽然微波是一种内加热，具有加热速度快、加热均匀、无温度梯度、无滞后效应等特点，但微波应用于化学反应仅仅是一种加热方式，与传统的加热方式一样。对于某个特定的反应，在反应物、催化剂、产物不变的情况下，该反应的动力学不变，与加热方式无关。而且认为用于化学反应的微波频率为 2450 MHz，能量较低，属于非电离辐射。该频率的微波与分子的化学键发生共振时不可能引起化学键断裂，也不能使分子激发到更高的转动或振动能级。微波对化学反应的加速主要归结为对极性有机物的选择性加热，以及微波的致热效应。

另一种观点认为，微波对化学反应作用是非常复杂的，一方面是反映分子吸收了微波能量，提高了分子运动速度，致使分子运动杂乱无章，导致熵的增加；另一方面，微波对极性分子的作用，迫使其按照电磁场作用方式运动，每秒变化 2.35×10^9 次，导致了熵的减小。因此，微波对化学反应的作用机制不能仅用微波致热效应来描述。他们认为微波除了具有热效应外，还存在一种不是由温度引起的非热效应。微波作用下的有机反应改变了反应动力学，降低了反应的活化能。

应该指出的是，尽管微波有机合成至今已有三十余年时间，但是对微波加速反应机制的研究还是一个新的领域，目前尚处于起始阶段，有些反应结果还缺乏更充分的实验论证，许多实验现象需要更全面、细致和系统的解释，特别是在化学反应动力学研究中，温度的控制和检测方法等都将影响实验数据的准确性，从而得出完全相反的结论。

3.3.2　微波有机合成装置

目前，绝大部分利用微波技术进行的有机化学反应都是在商业化的家用微波炉内完成的。这种微波炉造价低，体积小，适合各种实验室使用。

不经改造的微波炉很难进行回流反应。在家用微波炉内进行反应时，反应容器只能采取封闭或敞口放置两种方法。对于一些易挥发、易燃的物质，敞口反应十分危险，因而人们对家用微波炉加以改造，从而设计出可以进行回流操作的微波常压反应装置。家用微波炉的这种改造比较简单，即在微波炉的侧面或顶部打孔，插入玻璃管，同反应器连接，在反应器上安装回流冷凝管(外露)，用水冷却。为了防止微波泄漏，一般要在炉外打孔处连接一定直径和长度的金属管进行保护。回流微波反应器的发明，使得常压下溶剂中进行的有机反应非常安全，而且可以采用特氟龙(Teflon 或 PTFE)输入管进行惰性气体保护，这对金属有机反应十分必要。为了使有机合成反应在安全可靠和操作方便的条件下进行，需要将微波炉改造，使加液、搅拌和冷凝过程在微波炉腔外进行。

在微波常压合成技术发展的同时，英国科学家 Villemin 发明了微波干法合成反应技术。所谓干法，是指以无机固体为载体的无溶剂有机反应。将有机反应物浸渍在氧化铝、硅胶、黏土或高岭石等多孔性无机载体上，干燥后置于密封的聚四氟乙烯管中，放入微波炉内，启动微波进行反应，反应结束后，产物用适当溶剂萃取后再纯化。无机固体载体不吸收 2450 MHz 的微波，而吸附在固体介质表面的羟基、水或极性分子则可强烈地吸收微波，从而使这些附着的分子被激活，反应速率大大提高。1991 年法国科学家 Bram 等利用 Al_2O_3 和 Fe_3O_4 垫在玻璃容器底上，以酸性黏土作为催化剂，由邻甲酰基苯甲酸合成蒽醌。但是干法反应只能在载体上进行，从而使参加反应的反应物的量受到了很大的限制。

随着微波技术在有机合成研究领域的不断深入，世界上一些大公司纷纷设计和研制出各种微波化学合成仪。例如，美国 CEM 公司生产的 Discover 微波化学合成仪是具备精确化学反应过程的聚焦单模微波合成反应系统，可对有机化学的各类反应进行全自动控制，可以调节微波能量、温度和压力，为微波合成提供了很大的方便。

3.3.3　微波有机合成应用

虽然微波促进有机反应的机制仍有争论，但是微波合成技术的应用发展迅速，微波有机合成的反应速率是传统有机反应的几倍、几十倍甚至几千倍，且该技术具有操作方便、产率高、产品容易纯化等特点。迄今，有机化学中的多数反应都可在微波促进下完成，如烯烃加成、消除、取代、烷基化、酯化、D-A 反应、羟醛缩合、水解、酰胺化、催化氢化、氧化等。

1986 年，Giguere 等首次将微波技术应用于 D-A 反应，随后微波技术在 D-A 反应及其他成环反应中有了大量成功的应用。最近，Illescas 小组报道了利用微波技术进行 C_{60} 上的 D-A 反应。4,5-苯并-3,6-二氢-1,2-氧硫杂环-2-氧化物同 C_{60} 以 2∶1(质量比)溶在甲苯溶液中，经 800 W 微波加热回流 20 min 得到产率为 39%的加成产物。而采用传统方法回流 1 h，产率仅为 22%。

酯化反应应用微波干反应较为方便，它不需要分水器除去生成的水，水分可以直接蒸发排至微波炉腔外。例如，苯甲酸同正辛醇在对甲苯磺酸催化下，不用无机载体，直接辐射可以得到产率为 97%的酯化产物，该反应如果采用蒙脱土 KSF、沸石、硅胶或氧化铝作载体，产率反而下降。

具有较强杀菌作用的头孢菌素类抗生素，一般在相应的有机溶剂中反应几个小时，只能得到 50%～73%的产率。如果改用微波辐射，在氨水中只需反应 6～8 min，产率高达 80%，既缩短时间又提高产率，同时还降低了污染。

实验二十八　微波辐射合成苯甲酸乙酯

【实验目的】

(1) 了解微波辐射条件下合成苯甲酸乙酯的原理和方法。

(2) 掌握微波加热进行实验操作的技术。

【实验原理】

羧酸酯一般由羧酸和醇在催化剂存在下直接酯化制备。通常采用传统的加热方法反应时间长，而微波加热对酯化反应有明显的加速作用，比传统的加热方法反应时间短。在浓硫酸催化下，苯甲酸和乙醇生成苯甲酸乙酯的反应如下：

$$C_6H_5COOH + C_2H_5OH \xrightarrow[\text{微波}]{\text{浓}H_2SO_4} C_6H_5COOC_2H_5 + H_2O$$

【仪器与试剂】

仪器：圆底烧瓶、微波炉、空气冷凝管、Y 形加料管、分水器、回流冷凝管、烧杯、分液漏斗、减压蒸馏装置。

试剂：沸石、苯甲酸(AR)、95%乙醇、环己烷(AR)、浓硫酸、碳酸钠粉末、乙醚(AR)、无水氯化钙(AR)。

【实验步骤】

1. 酯化反应

在 100 mL 圆底烧瓶中依次加入 6.1 g(0.05 mol)苯甲酸、25 mL 95%乙醇、25 mL 环己烷，摇匀后再加入 2 mL 浓硫酸，充分混合均匀后加入几粒沸石，置于微波炉内，装上空气冷凝管、Y 形加料管、分水器，分水器上端接一回流冷凝管。

先设置反应时间，启动后，将微波炉功率调到 200 W，开始回流后，调至 100～160 W[1]，回流 40 min。随着回流的进行，分水器中出现上、下两层液体，且下层逐渐增多[2]，当下层高度超过距分水器支管约 1 cm 时[3]，开启旋塞放出少量下层液体，使下层液体高度始终保持在距分水器支管约 1 cm 处。从冷凝管滴下的回流液中不再有小水珠落入下层，上层液体变得十分澄清，此时可认为酯化反应已经完成。从分水器中分出的下层溶液总共约 18 mL。

2. 产品的分离、纯化

在圆底烧瓶下放一盛有热水的烧杯，用水浴微波加热，使多余的乙醇和环己烷蒸至分水器中[4]，当充满时可由旋塞放出。微波功率 400 W(若烧杯中盛冷水，微波起始功率 600 W，回流后调至 400 W)，蒸馏时间为 10～15 min。

将瓶中残留物倒入盛有 60 mL 冷水的烧杯中，在搅拌下分批加入碳酸钠粉末[5]，直至无二氧化碳气体产生(注意：中和至 pH 8.0～9.0)，约需 3 g 碳酸钠。将此中和液转移到 125 mL 分液漏斗中，分出粗产物，用 15 mL 乙醚萃取水层[6]。将乙醚萃取液和粗产物合并，用无水氯化钙干燥，先用水浴蒸去乙醚，再蒸馏收集 210～213℃馏分，也可用水泵进行减压蒸馏(124～126℃/10.67 kPa)，产量约 6 g(产率 80.0%)。

纯苯甲酸乙酯的沸点 213℃，折射率 n_D^{20} 1.5001。

3. 产品分析

(1)测定折射率。

(2)IR、^{1}H NMR 分析，并对谱图进行解析，鉴定产品结构。

(3)GC 分析产品纯度，分析条件见实验二十。

【实验步骤流程图】

1. 酯化反应

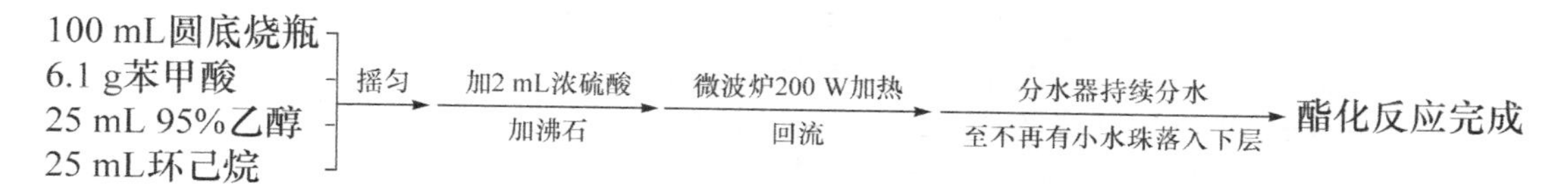

2. 产品的分离、纯化

圆底烧瓶、水浴加热 → 蒸出多余乙醇和环己烷 → 残留物 —倒入装有60 mL冷水的烧杯→ —加碳酸钠粉末至无二氧化碳气体→ —分液→ —15 mL乙醚萃取水层→ —分液、无水氯化钙干燥→ —水浴蒸去乙醚、蒸馏→ 收集210~213℃馏分 → 产品分析

【注意事项】

[1] 回流后将功率调至 100 W。随着反应的进行，乙醇量减少，回流变慢，根据回流速度随时调节功率。

[2] 反应瓶中蒸出的馏出液为非均相三元共沸物，沸点和组成如表 3-2 所示。

表 3-2　物质的沸点和组成

沸点(760 mmHg)/℃				质量分数/%		
水	乙醇	环己烷	共沸物	水	乙醇	环己烷
100	78.3	80.8	62.1	4.8	19.7	75.5

它从冷凝管流入分水器后分为两层，上、下两层液体的组成如表 3-3 所示。

表 3-3　分水器中上、下两层液体的组成

液体	体积分数(15℃)/%		
	环己烷	乙醇	水
上层	94.6	5.2	0.2
下层	10.4	18.2	71.4

[3] 放出少量下层液体使下层高度始终保持在距分水器支管约 1 cm 处，确保乙醇和环己烷及时返回反应体系，而下层水不回流到体系中。

[4] 在微波条件下蒸除溶剂时，浓硫酸的存在容易使有机物炭化。用水浴加热可以分散微波能量，防止反应物因微波能量太大而发生炭化。水浴液面要始终保持高于反应液液面，所以在蒸馏过程中随时注意观察，及时补充烧杯中的水分。

[5] 将碳酸钠粉末研细后分批加入，否则会产生大量泡沫而使液体溢出。

[6] 若粗产物与水分层不清，或含有絮状物难以分层，可加些细盐溶入其中，使酯盐析出来，也可直接用 15 mL 乙醚萃取粗产物，水层再用 15 mL 乙醚提取一次。

【思考题】

(1) 为什么微波辐射能加速酯化反应？微波功率的大小对产物的产率是否有影响？

(2)用 Na_2CO_3 中和的目的是什么？能否改用 NaOH 中和？

(3) $CaCl_2$ 可用来干燥苯甲酸乙酯，能否用来干燥乙酸乙酯？

(4)在分液漏斗中分离粗产物时，哪一层是有机层？若用盐析法，有机层在哪一层？

(5)计算本实验中应共沸蒸出的水的总量。在分水器中的下层是否为纯水？

(6)若分水器的侧管口径太细，使用中容易发生什么问题？

(7)若水在分水器中处于上层而不是下层，应如何设计这种分水器？

(8)从手册中查出含有水和乙醇的其他各种三元共沸物。

3.4　有机声化学合成技术

3.4.1　超声波的作用原理

超声波(ultrasonic wave)是频率大于 20 kHz 的声波，超出了人耳听觉的上限(20 kHz)。声化学(sonochemistry)是利用超声波加速化学反应、提高反应产率的一门新兴交叉学科。自 20 世纪 20 年代以来，超声波在海洋探测、材料探伤、医疗保健、清洗、粉碎、分散以及雷达和通信中的声电子器件等方面有着广泛的应用，但长期以来未引起化学家的重视，用于有机合成的研究也不多。直到 20 世纪 80 年代中期，随着大功率超声设备的普及和发展，以及实验室用超声波清洗仪器的逐渐普及，这方面的研究才开始活跃起来，并且引起越来越多合成化学家的兴趣，有机声化学得以迅速发展，最终成为化学领域一个新的分支。声化学具有方法和使用的仪器简单且容易操控等特点，将在化学中占有重要的地位。

到目前为止，对超声波能产生化学效应的原因仍然不是十分清楚。不过，大家普遍接受的一种观点是：空化现象可能是产生化学效应的原因，即在液体介质中微泡的形成和破裂伴随能量的释放。空化现象所产生的瞬间内爆有强烈的振动波，产生高达几千个大气压的瞬时压力。这些能量可以用来打开化学键，促使反应进行，同时也可以通过声的吸收、介质和容器的共振性质引起二级效应，如乳化作用、宏观的加热效应等促进化学反应的进行。

利用超声波实施有机反应的具体操作，不但装置简便、反应速率加快、产率提高，而且催化剂用量降低，对环境友好。

3.4.2　声化学反应器

声化学反应器是有机声化学合成技术的关键装置，它一般由电子部分(信号发生器及控制部分)、换能部分(振幅放大器)、耦合部分(超声波传递)及化学反应器部分(反应容器、加液、搅拌、回流、测温等)组成。声化学反应器主要类型有四种：①超声清洗槽式反应器；②探头插入式反应器；③杯式声变幅杆反应器；④复合型反应器。

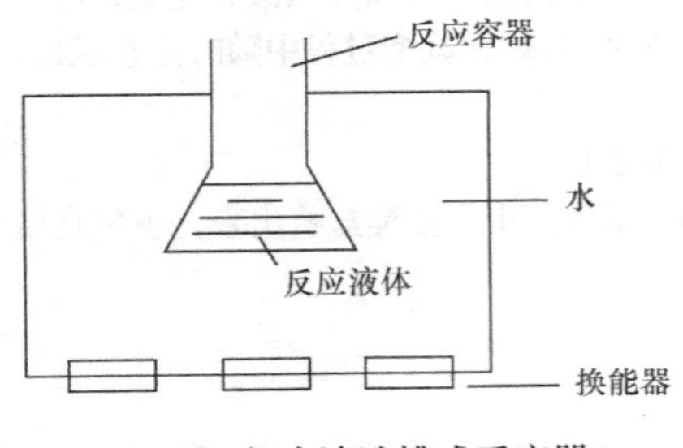

图 3-3　超声清洗槽式反应器

(1)超声清洗槽式反应器。超声清洗槽式反应器是一种价格便宜、应用普遍的超声设备。很多声化学工作者都是利用超声法开始实验工作。超声清洗机的结构比较简单，由一个不锈钢水槽和若干个固定在水槽底部的超声换能器组成。将装有反应液体的锥形瓶置于不锈钢水槽中就构成了超声清洗槽式反应器，如图 3-3 所示。这种反应器方便可得，无特殊要求。其不足之处是：反应容器截面小，能量损失严重；声波反射严重；难以控制清洗槽内的温度；功率和频率固定。

(2) 探头插入式反应器。产生超声波的探头就是声波振幅放大器。由换能器发射的超声波经过变幅杆端面直接辐射到反应液体中，如图 3-4(a) 所示，这是把超声能量传递到反应液体中的一种最有效的方法。这种反应器的主要优点如下：探头直接插入反应液体中，声能利用率大；功率连续可调，因此能在较大功率密度范围内寻找和确定最佳超声辐照条件；通过交换探头可以改变辐射的声强，从而实现功率、声强与辐射液体容量之间的最佳搭配。其不足之处是：探头表面易受空化腐蚀而污染反应液；难以对反应液体进行控温。

(3) 杯式声变幅杆反应器。将超声波清洗槽反应器与功率可调的声变幅杆反应器结合起来，就构成了杯式声变幅杆反应器，如图 3-4(b) 所示。杯式声变幅杆反应器上部可以看成是温度可调的小水槽，装反应液体的锥形瓶置于其中，并接受自下而上的超声波辐射。这种反应器的主要优点如下：频率固定，定量分析和重复结果较好；反应液体中的辐照声强可调；反应液体的温度可以控制；不存在空化腐蚀探头表面而污染反应液体的问题。其不足之处是：反应液体中的辐照声强不如探头插入式强；反应容器的大小受杯体的控制。

(4) 复合型声化学反应器。将超声反应器和电化学反应器、光化学反应器、微波反应器结合起来便构成复合型声化学反应器，如图 3-4(c) 所示。

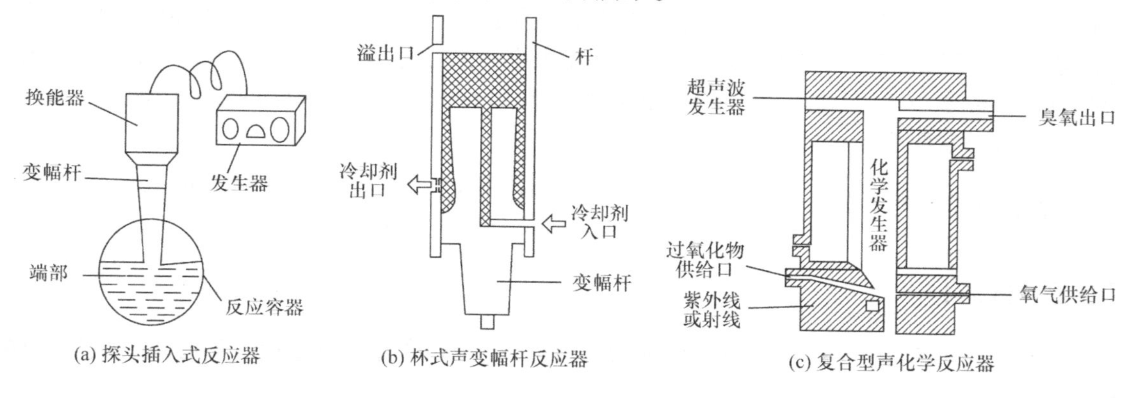

图 3-4　声化学反应器

3.4.3　超声波提取技术

超声波提取技术(ultrasound extraction，UE)是近年来应用于中草药有效成分提取分离的一种最新的较为成熟的手段，其主要是利用超声波产生的强烈振动、高的加速度、强烈的空化效应、搅拌作用等加速植物有效成分进入溶剂，从而提高提取率，缩短提取时间，节约溶剂，并且免去高温对提取成分的影响。

例如，研究从黄连根茎中提取黄连素(小檗碱)时，分别对超声波处理时间、超声波频率及硫酸浓度等进行了考察。结果表明用 20 kHz 超声波提取 30 min 与浸泡 24 h 提取率相同(8.12%)，磁共振波谱仪对提取产物的结构表征说明超声波对黄连素结构无影响。

超声波提取技术能避免高温高压对有效成分的破坏，但是它对容器壁的厚度及容器放置位置要求较高，否则会影响药材浸出效果。到目前为止，这方面的研究还处于小规模的实验研究阶段。

实验二十九　超声波辅助提取银杏叶中总黄酮(设计性实验)

【实验目的】

(1)学习并掌握现代提取新方法——超声波提取法。

(2)培养查阅资料、综合分析、实验设计的能力。

(3)学习分光光度计的分析测试方法，掌握过滤、离心等基本操作。

【实验原理】

银杏是银杏科银杏属落叶乔木，银杏叶中含有多种生理活性成分，其中黄酮类化合物是重要的生理活性物质，具有保护肝脏、预防治疗心血管疾病、抗氧化、抗衰老等作用。因此，将银杏叶作为高营养、具有保健功能价值的资源加以开发利用，对于提高银杏叶综合利用率有重要意义。

银杏叶黄酮类化合物的提取方法有很多，其中超声浸取法的黄酮提取率可达到 86.7%，在超声波的作用下用有机溶剂提取银杏叶中的总黄酮。在碱性与亚硝酸存在的条件下总黄酮与铝离子反应产生稳定的黄色，采用分光光度法测定其含量，并以芦丁作为标准样品，配制不同浓度的芦丁溶液，于(510 ± 5) nm 波长处比色定量测定总黄酮含量，得到芦丁标准曲线及回归方程。配制芦丁(标准样)标准溶液的溶剂通常用 60%、75%或 80%的乙醇溶液。

银杏叶总黄酮含量计算：

$$\text{银杏叶总黄酮含量(mg/g)}=\frac{\text{提取液中总黄酮含量(mg/mL)}\times\text{浸取剂体积(mL)}}{\text{银杏叶总质量(g)}} \tag{3-2}$$

【仪器与试剂】

仪器：超声波清洗器(或超声波细胞粉碎机)、分光光度计、容量瓶、离心机、烧杯、移液管、常规玻璃仪器。

试剂：无水乙醇(AR)、芦丁试剂(AR)、硝酸铝(AR)、亚硝酸钠(AR)、氢氧化钠(AR)、银杏叶。

【设计要求】

(1)配制不同浓度的芦丁标准溶液，分别测定各浓度下的吸光度，拟合得到标准曲线。

(2)以银杏叶粉末为原料，用与配制芦丁标准溶液浓度相同的乙醇浸泡银杏叶粉末。

(3)查阅相关参考文献，拟定合理的提取方案。包括以下内容：

(a)乙醇浓度的选择。

(b)标准曲线的绘制，包含标准溶液的配制方案、测定和标准曲线作图及回归方程的拟合。

(c)合理的料液比(银杏叶的质量与溶剂的体积比)。

(d)设计浸泡时间、超声时间、温度等主要参数梯度。

(e)合理的分离方法和分光光度计的使用方法。

(f)银杏叶总黄酮提取产率的计算方法。

(4)列出实验所需的所有仪器(含设备和玻璃仪器及规格)和试剂，并查阅试剂的主要性状、物理性质，以便设计合理反应条件和分离、提取的方法。

(5)预测实验可能出现的问题，并有相应的处理方法。建议画出实验操作流程图。

【注意事项】

银杏叶：可以选用当地落地黄叶，洗净，于 80℃烘干至恒量；也可以购买干的银杏叶，然后制成银杏叶粉末。

【思考题】

(1)如何确定总黄酮含量的测定波长?

(2)紫外-可见分光光度计有哪些用途?

3.5　无水无氧操作技术

3.5.1　概述

在实验研究工作中经常会遇到一些特殊的化合物，有许多是对空气敏感的物质，如遇空气中的水和氧气能发生剧烈反应，甚至燃烧或爆炸；同时水和氧气会对反应结果造成影响。为了研究这类化合物的合成、分离、纯化和分析鉴定，必须使用特殊的仪器和无水无氧操作技术。否则，即使合成路线和反应条件都是合适的，最终也得不到预期的产物。所以，无水无氧操作技术已在有机化学中较广泛地运用。

3.5.2　无水无氧实验操作技术

关于无水无氧实验操作技术，目前采用的方法有三种：高真空线(vacuum-line)操作技术、手套袋和手套箱(glove-box)操作技术、史兰克(Schlenk)操作技术。

(1)高真空线操作技术：即对空气敏感物质的操作在事先抽真空的体系中进行。其特点是真空度高，极好地排除了空气。它适用于气体与易挥发物质的转移、储存等操作，而没有污染。高真空线操作的样品量较少，从几毫克至几十克。一般采用玻璃制作的真空系统。但这不适用于氟化氢及其他一些活泼的氟化物。这些化合物最好在金属或碳氟化合物制成的仪器中处理。

高真空线操作要求的真空度高(一般为 10^{-7}～10^{-4} kPa)，因此对真空泵(需使用机械真空泵和扩散泵)和仪器安装的要求极高，还要有液氮冷阱。在高真空线上一般可进行下列操作：①样品的封装；②液体的转移。在真空及一定温差下，液体样品可由一个容器转入另一个容器，这样转移液体，不溶有任何气体。此外，可以在真空线上进行升华和干燥。

(2)手套袋和手套箱操作技术：手套袋由气密性好的透明聚乙烯薄膜制成，一般的操作可以在其中进行。将操作所需物品放入袋中，封好袋口，反复抽空气并充入惰性气体。在惰性气体恒压下，可以进行称量、物料转移、一般过滤和抽滤。手套箱大多由透明有机玻璃制成，内有照明设备。手套箱大多由循环净化惰性气体恒压操作室主体与前室两部分组成，两部分间有承压闸门。前室在放入所需物品后，即关闭，抽空并充入惰性气体。当前室达到与操作室等压时，可打开内部闸门，把物品转移到操作室。操作室内有电源、低温装置及抽气口，相当于小型实验室，可进行精密称量、物料转移、小型反应、旋转薄膜脱除溶剂等。手套箱结构如图 3-5 所示。

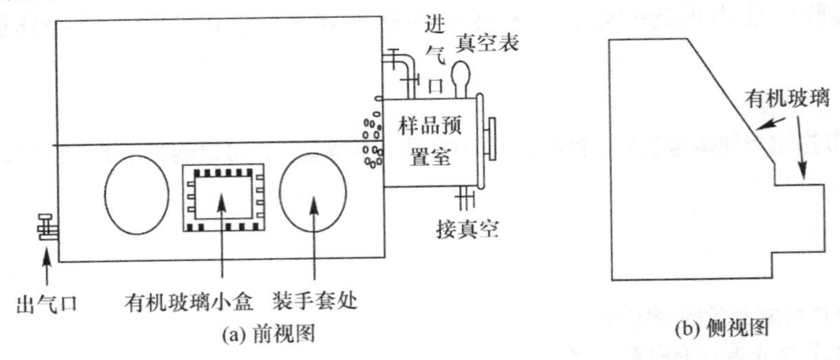

图 3-5　手套箱结构

手套箱中的空气用惰性气体反复置换，在惰性气体氛围中进行操作，这为空气敏感的固体和液体物质提供了更直接的操作方法。其主要优点是可以进行较复杂的固体样品、放射性物质与极毒物质的操作。其最大的缺点是不易除尽微量的空气。另外，用橡皮手套进行操作不太方便，所以许多化学工作者能够采用史兰克操作进行实验，就不采用手套箱操作。

(3) 史兰克操作技术：无水无氧操作线也称史兰克线(Schlenk line)，是一套惰性气体的净化及操作系统。通过这套系统，可以将无水无氧惰性气体导入反应系统，从而使反应在无水无氧气氛中顺利进行。它的操作特点是在惰性气体氛围下，将系统反复抽真空和充惰性气体，使用特殊的史兰克型的玻璃仪器进行操作，这一方法排除空气比手套箱好，对真空度要求不太高，由于反复抽真空、充惰性气体，真空度保持大约 0.1 kPa 就能符合要求。比手套箱操作更安全、更有效。实验操作迅速、简便。一般操作量从几克至几百克。大多数化学操作(回流、搅拌、加料、重结晶、升华、提取等)及样品的储存均可在其中进行，同时可用于溶液及少量固体的转移。因此，史兰克线是最常用的无水无氧操作系统，已经被化学工作者广泛采用。

史兰克线主要包括两部分：提供惰性气流的装置和史兰克型的玻璃仪器。

(a) 提供惰性气流的装置：这是一种常用的简便多接头使用装置——真空惰性气体操作管线。如图 3-6 所示，此装置有 3～5 个三斜三通旋塞将两根直径为 20 mm 的玻璃管平行连接，一根玻璃管与真空系统相连，另一根玻璃管与惰性气体相连，它们通过三通旋塞和橡皮管连接到反应装置中，真空系统与冷却阱和真空泵相连，氮气管经纯化系统与鼓泡器和氮气钢瓶相连。先抽真空排除装置内的空气，再将三通旋塞转向充氮气，反复抽气和充氮气，经过三个循环，即可得到满意的效果。

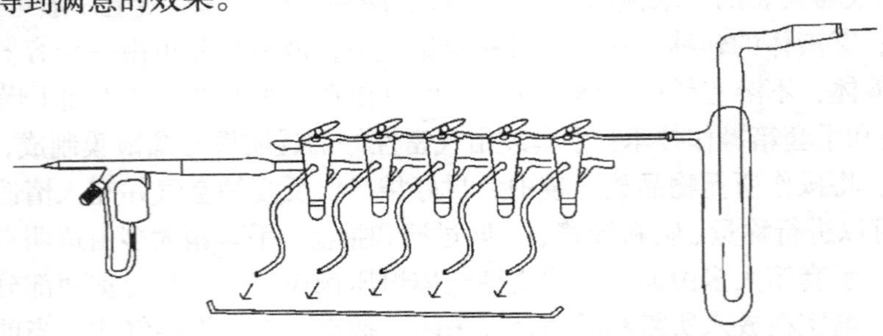

图 3-6　真空惰性气体操作管线

维持反应期间，只需将支管旋塞转向氮气一方，可使反应在氮气正压力保护下进行，如果反应受到干扰，根据三通旋塞设置的多少，可以进行多套反应。

(b)史兰克型的玻璃仪器：这类玻璃仪器是有机合成中各种玻璃仪器接上侧管旋塞，通过旋塞将仪器与史兰克线连接，抽空气充入惰性气体。当需要开启仪器时，通过侧管保持仪器内的惰性气流为正压，使空气不能进入。

以上介绍的这三种操作技术各有优缺点，有不同的适用范围，三者比较见表 3-4。

表 3-4　三种无水无氧实验操作技术比较

操作	高真空线操作	手套袋(箱)操作	史兰克操作
特点	真空度高，没有污染	惰性气体保护	惰性气体保护
装置要求	高，要真空	高，有机玻璃制的干燥箱	史兰克线
适用范围	样品封装，液体转移	转移、称量、反应	反应
优缺点	价格贵，操作烦琐	价格贵，操作方便	操作相对方便

3.5.3　无水无氧操作所用的仪器及对溶剂的处理

无水无氧操作的反应、分离和纯化中使用的一切试剂、溶剂都必须严格纯化，除去水和气。在储存时也必须注意防止水分和空气的侵入。在此介绍一些常用溶剂的除水和除氧方法及常用无水无氧实验溶剂的提纯。

1. 无水无氧操作所用的仪器

反应中使用的无水无氧溶剂和液态试剂必须在使用前先加干燥剂予以处理，然后在惰性气体保护下蒸馏，进一步去水去氧。蒸馏使用一般仪器，在出口处装有一个三通旋塞，一端接液封，一端接冷阱，一端接真空泵，沸腾溶剂接收瓶有支管通惰性气体。

有些无水无氧溶剂和试剂在常压下沸点较高或常压分馏易分解，需要进行惰性氛围下减压蒸馏，减压蒸馏装置中毛细管与惰性气体源相连。此时，惰性气体源可为装有惰性气体的气球、气袋、钢瓶等。

2. 实验室常见的无水无氧溶剂的处理方法

1)几种试剂的简单无水处理方法

(1)无水乙醚：将市售的 500 mL 瓶装分析纯乙醚的外盖取下，用针将内盖刺上一些小孔，再将 6 g 金属钠碎片加入瓶内，盖上内盖，摇晃后静止放置一天后，摇晃如果没有气泡产生，可用作一般的无水操作试剂，如果还有气泡生成，则需要再加入金属钠碎片进行处理。

(2)无水正己烷和无水四氢呋喃的处理方法同无水乙醚。

(3)无水氯代正丁烷：将市售的 500 mL 瓶装分析纯氯代正丁烷倒入 1000 mL 单口烧瓶内，加入 10 g 无水氯化钙加热回流 3 h，回流时回流管末端需加氯化钙干燥管干燥，回流完毕后用倾斜法进行固液分离即可。

(4)无水溴代正丁烷：无水溴代正丁烷的处理方法同无水氯代正丁烷。

2)几种无水无氧溶剂的处理方法

简单的处理有时不能满足特殊反应的需要，现简单介绍几种常用的无水无氧溶剂的处理方法。

(1) 无水无氧四氢呋喃：将分析纯四氢呋喃用颗粒状氢氧化钾干燥放置一两天。如果氢氧化钾变形，并有棕色糊状物产生，表明其中有较多的水和过氧化物。这样必须反复用氢氧化钾处理直到颗粒状氢氧化钾基本不变为止。然后转移上层清液，压入钠丝，在常压下蒸馏，回流 2～3 h，即可取出使用。此外，无水四氢呋喃还可用氢化钙或氢化锂铝处理，但氢化锂铝价格较贵。

(2) 无水无氧乙醚：先用无水氯化钙干燥，然后与金属钠丝回流，常压蒸馏，收集沸腾溶剂压入钠丝保存。

(3) 无水无氧甲醇：将 5 g 洁净的干镁屑、0.5 g 碘、50～75 mL 绝对甲醇加入 2 L 圆底烧瓶中，温热引发反应，反应剧烈，直至碘色消失，所有镁屑转变为白色的甲醇镁糊状物。再加 1 L 甲醇，回流 2～3 h。然后在惰性气体气氛下常压蒸馏。

(4) 无水无氧乙醇：无水无氧乙醇处理方法同无水无氧甲醇。

3.5.4　无水试剂的转移

无水试剂的转移包括液体试剂的转移、气体试剂的转移和固体试剂的转移。

1. *液体试剂的转移*

1) 注射器法

利用注射器转移敏感液体是一种既有效又简便的方法。其操作方法如下：注射器装好后，通过吸入和挤出氮气将针管冲洗几次。用注射器抽惰性气体冲洗装置。取体积相当于总容量 3/4 的氮气，将针筒推至总容量的一半处，借此对针筒进行最后一次清洗。然后刺入储器，将针筒内的氮气全部推出。将针头伸入液面下，利用储器中液面上的压力使液体进入针筒，直至超过所需量的 10%～20%。将针尖抽出液面，稍加弯曲，以使针筒倒转，从而使注射器内的气泡升至顶部。推压针筒芯，将气泡驱出后，一直推到所需的刻度。再将芯抽回一些，以吸入氮气保护层。仍然将针筒倒转，将整个针筒从储器中拔出，刺入接收的隔膜。针管一旦穿入接收器，即可翻转注射器，将液体推出。将液体推出后，再将针筒芯往回拉，以吸入少量惰性气体，再将针筒拔出。若这只注射器很快又将使用，可将针头刺入橡皮塞中暂放。惰性气体保护下使用注射器从储液瓶中转移溶剂如图 3-7 所示。

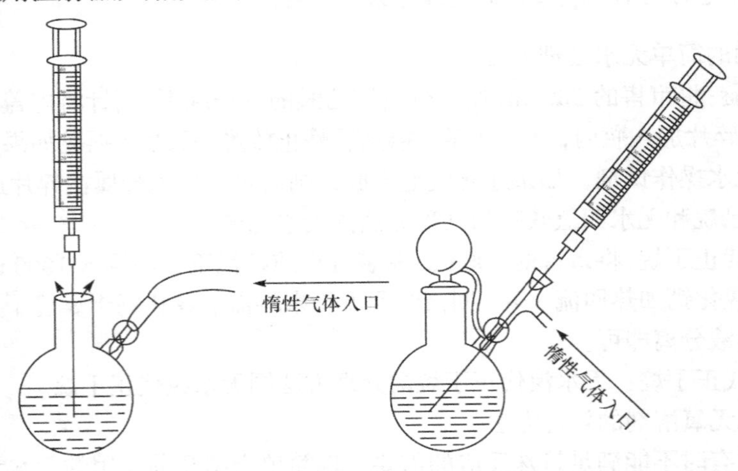

图 3-7　惰性气体保护下使用注射器从储液瓶中转移溶剂

2）双尖针管法

如果转移少量试剂，使用注射器比较方便。如果转移 50 mL 以上的液体，一般使用双尖针管法。它能解决大量敏感液体的转移问题。其操作方法如下：将一只与惰性气体源相连的针管插入放敏感液体的储器，使其高于液面，同时吹入氮气。将双尖针管的一端穿入储器的隔膜，使其略高于液面，用氮气进行清洗。将双尖针管的另一端插入计量器，计量器通过鼓泡器与外界相连。然后将穿入储器的双尖针管插入液面下，通过氮气的压力，使液体通过针管进入计量器。然后将针管从储器中拔出，插入接收器，再将鼓泡器从计量器换接到接收器。向计量器中压入氮气，这样形成的正压力使液体通过针管进入接收器。

2. 气体试剂的转移

定量转移气体有以下几种简单实用的方法。

(1)小钢瓶：这种小钢瓶便于实验室使用，储存所需要的气体，其容量可小至 0.5 L，使用时可将一根一端装有针头的软管通过鼓泡器和针形阀接到钢瓶的减压阀上。

(2)气体注射器：对于少量的气体，可采用气体注射器。

(3)气体量管：气体量管是由普通的实验室仪器装配而成的，它用于转移一定数量的气体。

3. 固体试剂的转移

在惰性气体环境下处理固体试剂比较困难，最稳妥的解决办法是利用手套箱，比较简单的是用配有手套的塑料袋。

3.6　相转移催化技术

3.6.1　概述

相转移催化(phase transfer catalysis，PTC)是 20 世纪 60～70 年代发展起来的有机合成新方法。当两种反应物分别处于不同相(如水相和有机相)时，反应速率很慢，甚至不能发生反应，加入少量第三种物质，使反应物从一相(如水相)转移到另一相(如有机相)中，与该相中的另一物质发生反应，第三种物质就称为相转移催化剂，这类反应称为相转移催化反应(若从有机相转移到水相，则称为反相相转移催化反应)。例如，溴代正辛烷和氰化钠水溶液放在一起，即使加热 14 天，取代反应仍不发生，但若加入少量季铵盐，搅拌不到 2 h，反应已完成 99%。

各种非均相体系都可实现相转移催化反应，常见的是液-液体系，其中以有机相-水相体系最常见。有时也采用液-固体系，甚至包括气相在内的多相体系。

相转移催化反应的优点：①反应条件温和，不再需要昂贵的无水溶剂或非质子溶剂，可以用廉价非毒性、能回收的溶剂；②反应温度降低，减少能耗，节约能源；③反应速率增加，反应时间大大缩短，且操作更加简单；④反应的选择性增加，副反应减少，产率提高；⑤实现传统方法难以实现或不能进行的反应。

由于相转移催化反应具有上述优点，因此相转移催化反应及其相转移催化剂的研究十分活跃，人们合成各种类型的催化剂并广泛地应用于有机合成。

3.6.2 相转移催化剂

1. 相转移催化剂的性质

相转移催化剂实质上也是表面活性剂，既有一定的水溶性又有一定的脂溶性。一般来说，满足相转移催化反应要求的相转移催化剂应具备以下条件：①能够将一种物质由它的正规相转移到另一物质的正规相，如在溴代正辛烷和氰化钠的水溶液反应中，溴代正辛烷的正规相是有机相，而氯化钠的正规相是水相；②转移的物质应处于较活泼的形式，如可将反应物盐中的阴离子以离子对的形式转移至有机介质中，由于这些阴离子未被溶剂化，因而具有较强的活性；③本身具有形成离子对的结构条件和能力；④有足够的碳原子数，使形成的离子对具有适当的亲脂性，若碳原子数太小，其亲脂性差，反之，若碳原子数太大，其后处理困难；⑤具有较好的化学稳定性，易于回收。

2. 相转移催化剂的类型

相转移催化剂主要有以下三大类。

(1) 鎓盐类化合物，如季铵盐、季鏻盐、季锍盐、季钾盐等。常用的是季铵盐，其具有价格便宜、毒性小等优点，因此得到广泛应用。为了使相转移催化剂在有机相中有一定的溶解度，季铵盐应有足够的碳原子数，一般以含 12～25 个碳原子为宜。同时，季铵盐的溶剂化作用不明显，能保持较高的催化活性。此外，季锑盐、季铋盐、季锍盐、季钾盐等也可用作相转移催化剂，但制备难度大、价格高，一般只用于实验室研究。

(2) 大环冠醚(crown ether)或穴醚类化合物应用于相转移催化剂的开发较早，但毒性大、价格昂贵，应用受到限制。

(3) 开链聚醚类，如聚乙二醇类(PEG)、聚氧乙烯脂肪醇类等。开链聚醚容易获得、无毒、蒸气压小、价廉，在使用过程中不受孔穴大小的限制，具有反应条件温和、操作简便、产率高等优点，是理想的冠醚替代物。针对某些相转移催化剂价格贵、难回收的问题，近年来发展了三相相转移催化剂，实质是将上述催化剂设法负载在固体树脂、硅胶、玻璃等材料上，形成既不溶于水又不溶于有机溶剂的固态相转移催化剂，达到既保持催化剂良好的催化性能，又易于回收循环使用等目的。例如，季铵盐型负离子交换树脂，负离子 Y^- 从水相转移到固态催化剂上，再与有机试剂 R—X 发生亲核取代反应，该方法称为液-固-液三相相转移催化。这种方法操作简便、催化剂可定量回收、能耗小、绿色环保，适用于连续化生产，具有很好的发展前景。常见的相转移催化剂见表 3-5。

表 3-5　常见的相转移催化剂

类型		名称	缩写
鎓盐类化合物	季鏻盐	溴化十六烷基三乙基鏻	CTEPB
		溴化十六烷基三丁基鏻	HDTBP
		氯化十六烷基三乙基鏻	HTBPC
	季铵盐	氯化三辛基甲铵	TCMAC
		溴化苄基三乙铵	BTEAB
		氯化苄基三乙铵	BTEAC
		氟化苄基三乙铵	BTEAF

续表

类型		名称	缩写
鎓盐类化合物	季铵盐	溴化十六烷基三乙铵	CTEAB
		溴化十六烷基三甲铵	CTMAB
		氯化十六烷基三甲铵	CTMAC
		氯化二丁基二甲铵	DBDMA
		溴化十六烷基二甲苄铵	DDMBB
		溴化己基三乙铵	HTEAB
		溴化十二烷基三乙铵	LTEAB
		溴化甲基三苯铵	MTPAB
		溴化辛基三乙铵	CTEAB
		溴化四丁基铵	TBAB
		碘化四丁基铵	TBAI
		苄基三乙基铵盐	TEBA
大环醚类化合物	冠醚	18-冠-6	18-C-6
		二苯并-18-冠-6	DB-18-C-6
		二环己基-18-冠-6	DC-18-C-6
	穴醚	穴醚[2.2.2]	cryptand[2.2.2]
		穴醚[2.2.1]	cryptand[2.2.1]
		穴醚[2.1.1]	cryptand[2.1.1]
开链聚醚类		聚乙二醇类，如 PEG200、PEG400、PEG600、PEG800 聚氧乙烯脂肪醇类	

3. 反应条件的影响

(1)溶剂。有机反应物为液体时，自身就可以作为有机相，当然也可以加入与水互溶性很小的有机溶剂，以确保离子不发生水合作用。若相转移离子对的亲脂性强，则宜采用正庚烷或苯等作溶剂，否则由水相进入有机相的离子对将很少。在采用 TBAB、TCMAC 等相转移催化剂时，二氯甲烷、氯仿等溶剂有利于离子对进入有机相，使反应加速；但若水相是氢氧化钠水溶液，则应避免使用氯仿作有机相溶剂，否则会发生卡宾(carbene)副反应。此外，为了防止强亲核试剂与二氯甲烷、氯仿发生反应，可用邻二氯苯作溶剂代替，但是它对离子对的萃取能力较弱。

(2)催化剂的选择和用量。在中性介质中，应考虑选用 15 个碳原子以上的相转移催化剂；在酸性介质中，可选用 TBAB、TCMAC；在浓碱溶液中，TEBA、TCMAC 较适用。通常情况下，苄基三乙基铵盐是常用的催化剂。催化剂的用量一般为 1%～3%(摩尔分数)。某些特殊情况下，如烷基化试剂很不活泼或极易水解时，需用等物质的量的催化剂。

(3)搅拌。采用机械搅拌是不错的选择，可有效地使上、下两层充分混合接触；磁力搅拌在反应液黏度不大时也可使用。一般来说，对于水/有机相的中性相转移催化剂体系，转速应大于 200 r/min；而对于固-液反应及有氢氧化钠存在的反应，转速应大于 800 r/min。

(4)催化剂的稳定性。对于常用的季铵盐和季鏻盐，碱性条件是不利的。例如，在碱性条件下，季铵碱在室温下就可发生下列副反应：

$$R_3\overset{+}{N}R'\overset{-}{O}H \longrightarrow R_3N + R'OH$$

四丁基铵盐在浓 NaOH 溶液中于 60℃下 7 h 后可分解出 52%的三丁基胺，100℃下 7 h 后可分解出 92%的三丁基胺。鏻盐在进行维蒂希反应(Wittig reaction)或鏻盐本身带有苯基取代基时，往往容易分解产生氧化三苯基膦。

3.6.3 相转移催化反应机理

1. 季铵盐类催化反应机理

下面以液-液两相体系为例，说明季铵盐的相转移催化作用：

$$\begin{array}{lccc} \text{水相} & Q^+X^- + MY & \overset{(1)}{\rightleftharpoons} & Q^+Y^- + M^+X^- \\ \hline & \Updownarrow (4) & & \Updownarrow (2) \\ \text{有机相} & Q^+X^- + RY & \overset{(3)}{\rightleftharpoons} & Q^+Y^- + RX \end{array}$$

其中，Q^+X^-是季铵盐；MY 是溶于水相的反应试剂(如 KCN)；RX 是溶于有机溶剂中的反应物；RY 是要合成的产物。季铵盐(Q^+X^-)首先与反应试剂(MY)形成在有机溶剂中有一定溶解度的离子对(Q^+Y^-)(1)，此离子对在强烈搅拌下被萃取到有机相中(2)，它与存在于有机相中的作用物(RX)快速反应生成所需要的产物(RY)(3)，释出的催化剂重新回到水相中(4)。如此循环往复，使反应连续进行下去。

2. 聚乙二醇类催化反应机理

聚乙二醇类作为相转移催化剂的催化机理可能是由于链节可以折叠成螺旋状并自由滑动的链，如下所示：

$$HO(CH_2CH_2O)_nH + M^+Nu^- \rightleftharpoons [\text{M 与链上氧原子配位的螺旋状结构}]^+ \; Nu^-$$

其中，氧原子位于内侧，形成 7～8 个氧原子处于同一平面的假环状结构，与反应试剂的 M^+ 结合，生成伪有机阳离子，其余氧原子则弯伸于平面的一侧，从而使亲核试剂 Nu^-裸露，使其具有较高的反应活性，同时能从水相转移至有机相中，与有机相中的作用物反应形成目标产物。PEG 包括 PEG200、PEG400、PEG600、PEG800 等，随着 PEG 分子量的增大，PEG 与亲核试剂的结合能力有所提高，产物产率有所增加，催化作用更加明显。

3. 冠醚类催化反应机理

冠醚类作为相转移催化剂，主要用于固-液反应体系。在这类反应中，反应物溶于有机溶剂中，然后此溶液与固体盐类接触，当溶液中有冠醚时，盐与冠醚形成配合物而溶解于有机相中，随即在其中进行反应。

例如，$KMnO_4$溶液对烯烃的氧化效果很差，当有冠醚存在时，可发生以下反应：

$KMnO_4$ + [18-冠-6] ⇌ [18-冠-6·K]$^+$ MnO_4^-

18-冠-6 的空穴半径(0.26～0.32 nm)与 K^+半径(0.266 nm)相适应，它能与 K^+成共平面的 1∶1 的大阳离子，形成的配合物转入有机相后，不仅能使反应在均相进行，同时也提高了 MnO_4^-的氧化活性。固体 $KMnO_4$ 能直接与冠醚配合，故反应可在固、液相进行。除 MnO_4^-外，OH^-、CN^-、I^-、$RCOO^-$、F^-等阴离子在形成离子对由水相进入有机相之前，由于阴离子脱去水合分子而成为没有溶剂化的完全自由的裸阴离子，因此都是很强的亲核试剂，能与各种有机物作用，发生多种多样的反应。

3.6.4　相转移催化技术在有机合成中的应用

相转移催化技术在有机合成中应用非常广泛，涉及许多不同类型的反应，如烷基化反应、卤素交换反应、加成反应、消除反应、氧化反应、还原反应等。季铵盐类相转移催化剂一般应用于烷基化反应、亲核取代反应、消除反应、加成反应等，而 PEG 和冠醚类催化剂则较多用于有机氧化还原反应。还有许多其他相转移催化反应，如羰基化反应、偶联反应、Ramberg-Backlund 反应、霍夫曼(Hofmann)降解反应等。随着理论和应用研究的不断深入，相转移催化技术必将具有更广阔的前景。

3.7　催化氢化技术

3.7.1　概述

有机化合物在催化剂存在下与氢的反应称为催化氢化。催化氢化是有机合成中的重要方法之一，与化学还原法相比，具有操作简便、反应条件温和、产品产率高、质量好、价格便宜、催化剂能重复使用、无环境污染等优点，是符合现代绿色化学理念的先进技术，已在实验室及工业上得到广泛的应用。

催化氢化根据反应体系的不同可分为非均相催化氢化和均相催化氢化。目前在化工、医药生产中，非均相催化氢化占催化氢化的主要地位，可用于还原各种有机化合物，产品纯度好、产率高，很多情况下氢化结束后，过滤除去催化剂即可得到高产率的产物。影响非均相催化氢化反应的因素，除催化剂的种类、活性、反应温度、压力外，溶剂种类、介质的酸碱性，甚至特定种类的微量杂质也会对催化氢化产生不同程度的影响。均相催化氢化反应是指催化剂可溶于反应介质的催化氢化反应，其优点是反应活性高、反应条件温和、选择性好、不易中毒等，尤其适用于不对称氢化反应。

催化氢化又可分为催化加氢和催化氢解两种反应。催化加氢是对不饱和键的加成反应，广泛用于烯烃、炔烃、硝基化合物、醛、酮、腈、羧酸衍生物、芳环类化合物等的氢化还原。催化氢解通常是指在催化剂的存在下，含有碳-杂键的有机分子氢化时碳-杂键断裂，结果分解成两部分氢化产物，这类反应常见的有：脱卤氢解、脱苄氢解、脱硫氢解和开环氢解。催化氢解反应在近代有机合成中已被广泛采用，如利用连接在氧原子或氮、硫原子上的苄基比较容易发生氢解这一特点，在多肽等复杂的天然化合物合成中用作保护基，反应结束后，可在温和的条件下将其脱除，而其他基团不受影响。

3.7.2 催化氢化反应原理

氢化反应均为放热反应，但H—H键的键能很高（436 kJ/mol），无催化剂时反应很难进行。在非均相催化氢化反应中，固体催化剂的主要作用是活化氢气，在催化剂表面形成与催化剂键合的氢。不饱和键向催化剂靠近，并在打开重键与氢结合的同时，与催化剂形成新的键合，再打开键合与另一氢原子结合，完成加氢。此反应具有很好的立体选择性，通常得到顺式加成产物。

3.7.3 催化剂的种类及性质

非均相催化氢化反应常用的催化剂主要是第Ⅷ族金属元素镍、铂、钯、钌、铑、铱等高度分散的活化态金属、金属氧化物或硫化物，其中最重要的是镍、铂、钯。氢化催化剂的性能主要取决于其本身的化学组成及结构，但制备方法不同，得到的催化剂的孔径分布、孔隙度、比表面积及颗粒度等表面状态不同，它们的催化效能也不同。因此，催化剂的制备工艺在催化氢化反应中有着十分重要的作用。

1. 镍催化剂

雷尼（Raney）镍的催化活性较高，干燥的雷尼镍在空气中剧烈氧化自燃，通常在实验室现制现用。其具体的催化活性取决于不同组成的镍-铝合金及不同的加合金的方法、所用碱的浓度、熔化时间、反应温度及洗涤条件等，采用不同的制备条件，可以得到不同活性、不同用途的雷尼镍（雷尼镍通常用符号 W 表示，数字 1～7 表示不同的标号）。各种型号的雷尼镍中，W-2 活性适中，制法也较为简便，使用较广泛。

2. 钯催化剂

钯催化剂中最常用的是钯/碳（Pd/C）载体催化剂。它是将氯化钯固载在活性炭上，常用的 Pd/C 有 5%和 10%两种规格。以上两种规格催化剂均有市售，通常不需自行制备。钯催化剂具有催化活性高、反应条件温和、应用范围广的优点。在温和条件下，对炔键、烯键、肟基、硝基的氢化有较高的活性，而对羰基、苯环和氰基几乎没有催化活性。钯是最好的脱卤、脱苄基等氢解反应的催化剂，在贵金属催化剂中，钯的价格相对便宜，其催化活性不易受到杂质的影响，应用范围较广，可在中性或酸性条件下使用。每次回收的 Pd/C 催化剂用有机溶剂充分洗去其表面附着的杂质后可重复使用数次，但活性略有下降，最后完全失去活性的 Pd/C 经灼烧除尽碳后回收钯，再用于制备 Pd/C。

3. 铂催化剂

铂催化剂有铂黑、二氧化铂和载体铂等。最常用的载体铂催化剂由氯铂酸盐固载在活性炭上，然后用甲醛还原制得。载体铂催化剂在空气中不会自燃，也不会失活。铂催化剂活性高、氢化条件温和，可在常温常压下使用，除镍催化剂应用范围外，对羧基、酰胺基、苯基均有氢化活性。但铂催化剂易中毒，硫、磷、砷、碘、酚等均会使铂催化剂中毒，活性明显下降。铂催化剂价格昂贵，必须回收，用有机溶剂充分洗涤后，多次循环使用，且在完全失活后回收，经灼烧除去碳后回收铂，否则成本过高。

近年来新发展的均相催化剂主要是铑、钌和铱的带有各种配位基的配合物，这些配合物能溶于有机相。其中较好的均相催化剂有氯化三(三苯基膦)合铑[$(Ph_3P)_3 \cdot RhCl$]、氯氢化三(三苯基膦)合钌[$(Ph_3P)_3 \cdot RuClH$]、氢化三(三苯基膦)合铱[$(Ph_3P)_3 \cdot IrH$]、联萘二苯膦合铑(Rh · BINAP)等。均相催化剂的优点是催化活性较高、反应条件温和、化学选择性好，不会由于杂质(如有机硫化合物等)的存在而丧失或降低活性，可在常温常压下进行催化反应而不引起双键的异构化。当均相催化剂中的配体为手性化合物时，广泛应用于不对称合成。

3.7.4　氢化设备

1. 常压氢化设备

常压氢化设备由氢化反应瓶、量气管、水准瓶及磁力搅拌器(或振荡器)等组成。三通旋塞接氢化储存系统及真空系统，量气管和水准瓶用橡皮管连接，量气管的体积一般为 100～2000 mL，可根据反应的规模大小选择合适的储气量，水准瓶中通常所装的液体是水，升降水准瓶可使量气管排气和充气。反应过程中，氢气压力大小可以通过水准瓶的高度来调节，反应结束后，再通过水准瓶来测量参加反应的氢气体积，如图 3-8(a)所示。

常压氢化用磁力搅拌很理想，因为它既不易漏气，又能控制搅拌速度和温度。但是它不能用于以雷尼镍为催化剂的氢化反应，因为雷尼镍本身具有磁性，会被磁子吸在瓶底，达不到搅拌的目的。

2. 加压氢化设备

实验室常用的高压釜为不锈钢材质，容积一般为 250～3000 mL，耐压范围一般为 10～30 MPa，主要由反应容器、搅拌器及传动系统、冷却装置、安全装置、加热炉等组成，如图 3-8(b)所示。

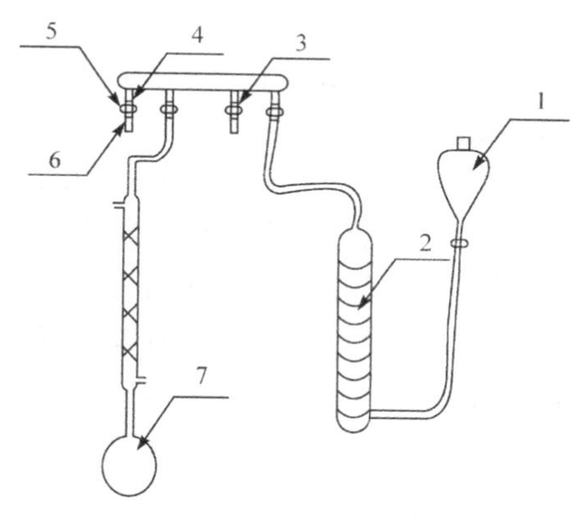

(a) 常压氢化设备
1. 水准瓶；2. 量气管；3. 二通旋塞；4. 三通旋塞；5. 接氢气源；6. 接水泵；7. 反应瓶

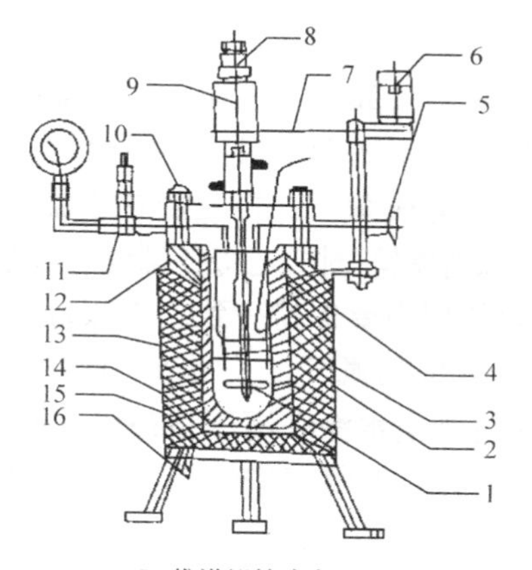

(b) 推进搅拌式高压釜
1. 搅拌桨；2. 釜体；3. 进料/取样管；4. 热电偶；5. 针形阀；6. 调速电机；7. 传动皮带；8. 测速部件；9. 搅拌器；10. 釜盖；11. 压力表/防爆阀；12. 法兰；13. 内冷却盘管；14. 电加热炉；15. 保温体；16. 电加热输入

图 3-8　氢化设备

3.7.5 催化氢化操作

催化氢化反应根据反应需要的压力不同分为常压氢化、低压氢化和高压氢化。通常氢化反应压力为 0.1～0.5 MPa 的称为低压氢化，反应压力>0.6 MPa 的称为高压氢化。

1. 常压氢化操作

实验室常压氢化受反应器体积及搅拌方式限制，通常原料用量为 0.02～0.1 mol。先在水准瓶中加入蒸馏水，并将其固定在相对较高的位置上，在所有的旋塞部分涂好凡士林，确认连接软管已接牢。将反应物料和大部分溶剂先加入反应瓶，用少量溶剂与催化剂混合，搅拌成泥状，加入反应瓶中，并用少量溶剂冲洗容器。通过三通旋塞，将气体管路与反应器及水泵相连接，用水泵将反应体系中的空气抽出，真空度不要太高以免溶剂逸出，13.3 kPa(100 mmHg)即可，关闭水泵同体系的连接，观察表头读数是否下降(若下降表示体系漏气)。若表头读数无变化，缓慢打开连通氮气气源的三通旋塞，向反应体系中充入氮气，重复上述操作两次，将反应体系中的空气全部换成氮气。再重复上述抽真空、注入气体的操作，用氢气置换体系中的氮气三次。关闭氢气进气阀，调节水准瓶，使液面同量气管中液面齐平，记录氢气体积，开启磁力搅拌，进行反应。在整个反应过程中，应定时计量体系吸收氢气的体积，根据氢气消耗情况适量补加氢气，通过吸氢量可判断反应是否完全。

2. 低压氢化操作

低压氢化是在特制的厚壁玻璃瓶中进行的，也要一套特制的设备，包括氢气储存筒和磁力搅拌或振摇系统。由于玻璃瓶不怕腐蚀，故氢化能在强酸溶液中进行。但要注意反应压力不得超过 0.49 MPa，否则玻璃瓶有破裂的危险。低压氢化也可以在高压釜中进行，只是低压氢化时，高压釜上要换一个量程为 0.98 MPa 的压力表，用钢瓶直接经减压阀将氢压调至 0.196～0.49 MPa，就能进行低压氢化，其操作方法可参照常压氢化及高压氢化。

3. 高压氢化操作

将反应物和大部分溶剂加入高压釜中，用少量溶剂将催化剂搅成泥状，转移至高压釜中。高压釜采用的是不锈钢密封面的硬密封，加好物料后需确认密封面上无物料、催化剂等残留，避免密闭不严造成漏气。轻轻盖好釜盖，确认密封面相互吻合，无倾斜。釜盖上的固定螺丝为偶数个，旋紧螺丝时，先将各螺丝初步旋好，再用扭力扳手，按对角次序将螺丝两两旋紧，各螺丝旋紧的扭力要保持一致。连接好氢气及氮气导气管。首先打开氮气进气阀，向釜内通入 0.5～1.0 MPa 的氮气，关闭进气阀，开启搅拌器，并保持几分钟以观察压力表读数是否下降，可同时将肥皂水涂在高压釜各接口处检测。确认高压釜密闭后，打开放空阀将氮气排出。关闭放空阀，再打开氮气进气阀，向釜内通入 0.5～1.0 MPa 的氮气，总计氮气置换空气三次，再用氢气置换氮气三次(操作同前)。若为室温反应，通入氢气至反应压力，开始反应。若为加热反应，先通入反应要求压力的 1/2～2/3，加热升温至反应温度后，再缓慢通入氢气至反应压力，以避免升温后釜内压力过高。通过投料量计算出反应吸氢的物质的量，并折算成该反应温度、压力下的相应体积，以此为参考，当釜内压力下降时缓慢打开进气阀补充氢气。当在此温度、压力下，釜内压力不再下降或已远超过计算出的总吸氢量时停止反应。先关闭加热，冷却后关闭搅拌，放掉釜中过量的氢气，直至与外界平衡。在开釜旋松螺丝时，同旋紧时一样，要按照对角次序两两松开，打开全部螺丝后，慢慢提起釜盖，用少量溶剂将搅拌桨上附着的物料洗至釜内，将釜内所有物料转移至大烧杯中，过滤回收催化剂，滤液蒸去溶剂得产品。

高压釜使用后需及时清理干净，除釜腔外，进、出气的管路均需冲洗干净以防止物料在其中凝结，导致针形阀漏气。

3.7.6　催化氢化注意事项

无论是常压氢化还是加压氢化，所用的氢气、催化剂本身易燃易爆，加上高压釜、高压氢气钢瓶等，氢化操作过程中稍有不慎，都会导致着火或爆炸等严重后果。为了防止事故的发生，所有的氢化反应都必须注意以下几点：

(1) 氢化室内严禁烟火，任何一个火花在一定条件下都有可能引起火灾或爆炸。

(2) 实验室进行常压催化氢化反应，实施前必须仔细检查所用仪器，不得使用有明显破损、有裂痕以及有大气泡的玻璃仪器，检查所用的橡皮管是否老化，以及接头处是否松动。

(3) 高压催化氢化反应必须在专门的高压反应室进行，操作过程中必须随时进行安全检查，切勿超过规定的压力和温度。若高压釜已长期未用，需先进行耐压密封实验。可用空气、氮气试漏，严禁使用氧气。将高压釜密封并充气至反应所需压力，放置几分钟后观察压力表读数是否下降，若读数下降，可用涂抹肥皂水的方法检查漏气部分并予以排除。高压釜的升压必须缓慢、分次进行。以 0.2 倍的工作压力为间距，每升一级停 5 min，升至实验压力时停 30 min，检查密封情况，实验压力应为工作压力的 1～1.05 倍较为适宜。发现漏气，应先缓缓降压，然后适当拧紧漏气部分的螺母或接头。严禁在高压高温下拧动螺母或接头，必须待设备冷却且完全解除压力后，才能紧、松螺母。

(4) 无论是常压催化氢化还是高压催化氢化，必须确保反应体系中无空气残留。先用氮气充分置换体系中的空气，再用氢气置换氮气，每个操作必须重复三次以上，确保置换完全，方可进行实验。充气和排气均应缓慢地进行，不要使压力剧烈变化，开闭阀时应避开阀芯和出气方向。

(5) 催化剂使用前，应做小试进行活性检查，催化剂用量不得任意加大。釜内物料量不得超出容积的 1/2。在任何情况下，都不能让氢、氧(空气)与催化剂同时存在，未换气前不得进行搅拌。

(6) 高压釜升温不能太快，升温速度不要大于 80～100℃/h，当离要求温度相差 30～50℃时，应适当减小加热电压，当温度升到离要求温度差 20℃时应暂时切断电源以免过热。有的反应剧烈放热，升温时尤其应该慎重。禁止速冷速热，以防过大的温度应力造成釜体裂纹。

(7) 反应进行时，实验人员应留在防火防爆室外，观察反应是否正常，若发现氢化过程中高压釜的振动或搅拌系统声音异常，或突然听到漏气声，或高压釜出现炸裂现象，应首先将高压釜的搅拌及加热电源切断，再视情况决定是否进入防火防爆室检查。

(8) 氢化反应结束，需充分冷却后再打开针形阀将釜内气体放出，直至釜内压力降至 0.1 MPa 时才可打开高压釜。离开氢化室前，除照明系统外切断所有电源。

第 4 章 有机化合物性质实验

实验三十 烃、卤代烃的化学性质

【实验目的】

(1) 理解卤代烃的亲核取代反应机理，熟悉卤代烃的消除反应性质及反应条件。

(2) 了解利用亲核取代反应的活性区别伯、仲、叔卤代烃的方法。

【实验原理】

饱和链状烃分子的各原子彼此以牢固的 σ 键结合，稳定性大，不与强酸、强碱、强氧化剂作用，但在阳光照射下可发生卤代反应。

不饱和烃分子中含有碳碳双键，性质活泼，能与卤素等亲电试剂发生亲电加成反应，也易被氧化剂(如 $KMnO_4$ 等)氧化。

有侧链的芳烃如甲苯，侧链与芳环相互影响，性质发生变化。例如，甲烷与 $KMnO_4$ 不反应，而甲苯中侧链甲基却能被氧化为羧基；甲苯与卤素作用因条件不同而不同，有 $FeCl_3$ 催化剂存在时，在环上发生亲电取代；有阳光照射时侧链发生自由基取代。

卤代烃的官能团是卤原子。亲核取代反应是卤代烃的主要化学性质。卤代烃中 C—X 键是极性共价键，比烃类活泼得多，其活性因卤原子和烃基结构的不同而异。对于相同烃基的卤代烷，其反应活性次序为：RI＞RBr＞RCl；不同烃基结构的卤代烷，其活性次序又因反应历程的不同而不同。

在单分子亲核取代(S_N1)反应中，如卤代烷与硝酸银的乙醇溶液反应，卤代烷的活性次序是：叔卤代烷(3°)＞仲卤代烷(2°)＞伯卤代烷(1°)；而在双分子亲核取代(S_N2)反应中，如溴(或氯)代烷与碘化钠的丙酮溶液作用生成碘代烷的反应，卤代烷的活性次序是：伯卤代烷(1°)＞仲卤代烷(2°)＞叔卤代烷(3°)。

卤代烯烃、卤代芳烃的化学性质与卤代烷烃有较大的区别，它们的反应活性不活泼，相比卤代烷烃的活性次序为：烯丙基型或苄基卤代烃＞伯、仲卤代烷＞乙烯基型卤代烃或卤代苯。卤代烃易发生亲核取代，如与 $AgNO_3$ 的醇溶液作用生成硝酸酯。卤代烯烃因结构不同，卤原子活性大小不同，与 $AgNO_3$ 的醇溶液反应，烯丙基型反应很快，一般型卤代烃次之，而卤乙烯型很难反应。

卤代烃在强碱作用下，发生 *β*-消除反应，生成烯烃。多卤代烃(如 $CHCl_3$)在强碱作用下，发生 *α*-消除反应，生成卡宾。卡宾是重要的有机合成中间体。消除反应与水解反应的比较见表 4-1。

表 4-1　消除反应与水解反应的比较

反应类型	反应条件	键的变化	卤代烃的结构特点	主要生成物
水解反应	NaOH 水溶液	C—X 与 H—O 键断裂 C—O 与 H—X 键生成	含 C—X 即可	醇
消除反应	NaOH 醇溶液	C—X 与 C—H 键断裂 >C=C< (或—C≡C—) 与 H—X 键生成	与 X 相连的 C 的邻位 C 上有 H	烯烃或炔烃

【仪器与试剂】

仪器：常备仪器。

试剂：饱和硝酸银乙醇溶液、1-溴丁烷(AR)、2-溴丁烷(AR)、2-甲基-2-溴丙烷(AR)、溴苯(AR)、3 mmol/L HNO_3溶液、1-氯丁烷(AR)、1-碘丁烷(AR)、碘化钠丙酮溶液、苄氯(AR)、氯苯(AR)、2,4-二硝基氯苯(AR)、溴乙烷(AR)、KOH、20% NaOH 溶液、氯仿(AR)、0.05% $KMnO_4$溶液、3%溴的四氯化碳溶液、20% H_2SO_4溶液、松节油、液状石蜡、甲苯(AR)、5% HNO_3溶液。

【实验步骤】

1. 脂肪烃的性质

(1)溴代反应。取 2 支干燥试管，分别加入 10 滴液状石蜡、松节油，然后每支试管加入 5 滴 3%溴的四氯化碳溶液，振摇试管，观察哪支试管褪色，哪支试管不褪色。

(2)将不褪色的试管用软木塞塞紧后置于阳光下照射(若无阳光可放置在日光灯下)，20 min 后观察颜色是否消失或减弱。

(3)与 $KMnO_4$作用。取 2 支试管，分别加入 10 滴液状石蜡、10 滴松节油，然后每支试管各加入 5 滴 0.05% $KMnO_4$溶液、5 滴 20% H_2SO_4溶液，振摇试管。观察哪支试管褪色，哪支试管不褪色。

2. 芳香烃的性质

(1)溴代反应。取 2 支试管，分别加入 10 滴甲苯、2 滴 3%溴的四氯化碳溶液，用软木塞塞紧后，将一支置于阳光下，另一支置于黑暗处。15 min 后，观察比较哪支试管褪色，哪支试管不褪色。

(2)向不褪色的试管中加入一颗小铁钉，塞紧后继续置于黑暗处，30 min 后取出，观察颜色是否消失或变浅。

3. 卤代烃活性比较

(1)取 3 支试管，分别加入 4 滴氯苯、4 滴 1-氯丁烷、4 滴苄氯。然后每支试管加入 10 滴 2%硝酸银乙醇溶液[1]，观察有无浑浊出现及出现浑浊的先后次序。若无沉淀可于 70℃水浴中加热 5 min，观察有无沉淀生成。有沉淀生成时，加入 2 滴 5% HNO_3溶液，观察沉淀是否溶解。沉淀不溶者视为正反应；若加热后只稍微出现浑浊，而无沉淀，加 5% HNO_3溶液又会发生溶解者，则视为负反应。根据生成卤化银沉淀的速度排列各卤代烃的反应活性次序，并解释原因。

(2)另在 3 支干燥的试管中分别加入 2～3 滴 1-氯丁烷、1-溴丁烷、1-碘丁烷，然后在每支试管中加入 1 mL 1%硝酸银乙醇溶液，按(1)的步骤重复上述实验，并比较实验结果。

4. 与硝酸银乙醇溶液反应

(1)将 4 支干燥的试管依次标上记号并各加入 1 mL 饱和硝酸银乙醇溶液，然后分别加入 2 滴 1-溴丁烷、2-溴丁烷、2-甲基-2-溴丙烷、溴苯，振摇后注意观察出现沉淀的先后次序。若不见沉淀析出，可在 70℃左右水浴中加热，3 min 后观察现象，在每支有沉淀的试管中各滴入 1 滴 3 mmol/L HNO_3 溶液，振摇，若沉淀溶解则不是卤化银。根据实验现象，排列四种溴代物的反应活性次序，说明不同烃基结构对反应速率的影响。

(2)在 3 支干燥试管中各加入 1 mL 饱和硝酸银乙醇溶液，然后分别加入 2 滴 1-氯丁烷、1-溴丁烷、1-碘丁烷，充分振摇后，观察沉淀析出的先后次序。若未见沉淀析出，可在 70℃左右水浴中加热。根据实验结果，排列三种卤代丁烷的反应活性次序，说明不同卤原子对反应速率的影响。

5. 与碘化钠丙酮溶液反应

在试管中加入 1 mL 碘化钠丙酮溶液[2]，加入 3 滴试样，振摇后静置。观察是否出现沉淀或浑浊。若不见浑浊，可将试管于温热水浴中加热数分钟，再观察现象。浑浊出现说明有溴化钠或氯化钠生成。

试样：1-溴丁烷、苄氯、氯苯、2,4-二硝基氯苯。

6. 卤代烃的消除反应

(1)卤代烃消除反应——生成烯烃[3]。在试管中加入 1 g KOH 固体、4～5 mL 乙醇，微微加热，当 KOH 全部溶解后，再加入 1 mL 溴乙烷，振摇混匀，塞上带有导管的塞子，导管另一端插入盛有溴水或酸性高锰酸钾溶液的试管中。试管中有气泡产生，溶液褪色，说明有乙烯生成。

(2)α-消除反应——生成卡宾[4]。在试管中加入 3 mL 20% NaOH 溶液，再滴入 8 滴氯仿[5]，在振摇下小心加热 1～2 min 至溶液沸腾，然后将试管浸在水中冷却，加入 2～3 滴 2% $KMnO_4$ 溶液，观察现象，写出反应式。

【实验步骤流程图】

1. 脂肪烃的性质

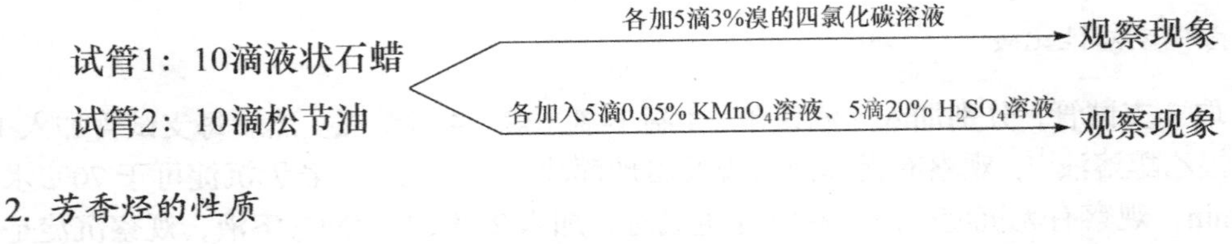

2. 芳香烃的性质

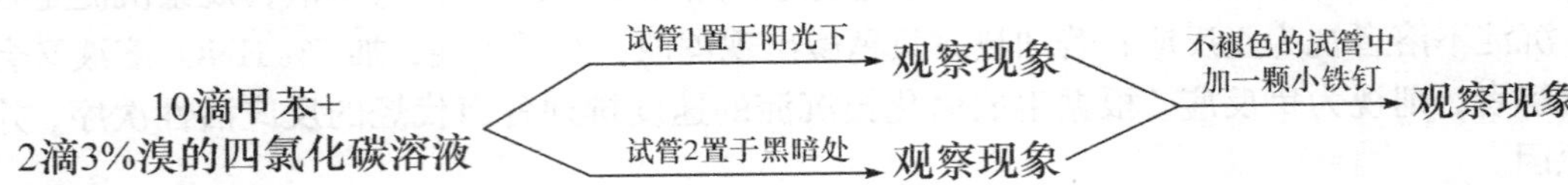

3. 卤代烃活性比较

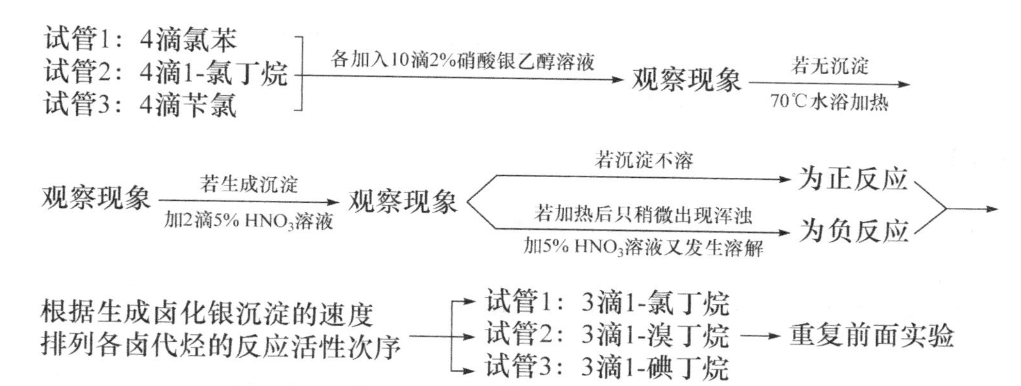

4. 与硝酸银乙醇溶液反应

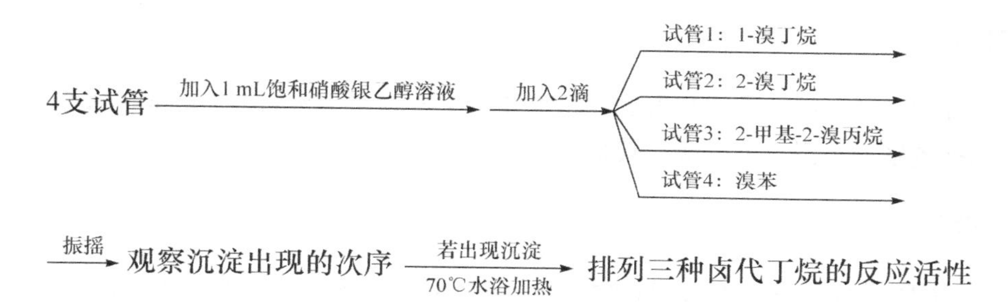

5. 与碘化钠丙酮溶液反应

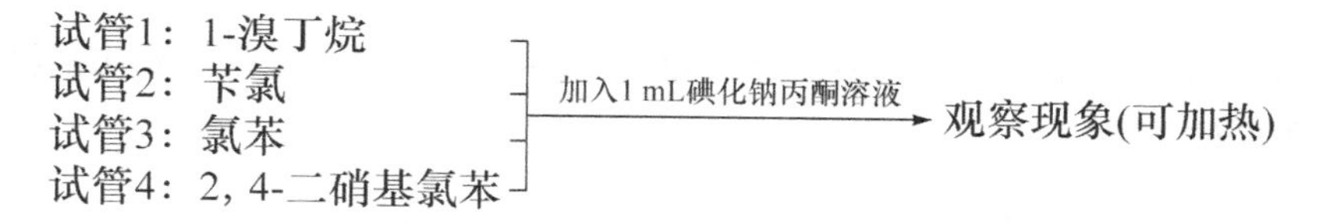

6. 卤代烃的消除反应

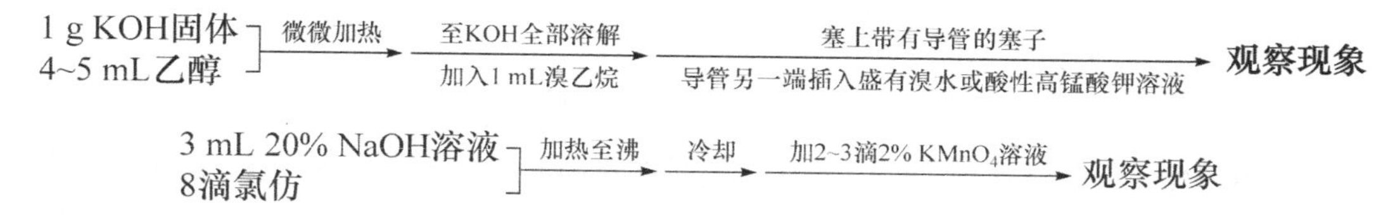

【注意事项】

[1] 18～20℃时，硝酸银在无水乙醇中的溶解度为 2.1 g，由于卤代烃能溶于乙醇而不溶于水，所以用乙醇作溶剂，能使反应处于均相，有利于反应顺利进行。

[2] 碘化钠溶于丙酮，而溴化钠和氯化钠不溶于丙酮。

[3] 通过卤代烃的水解反应可在碳链上引入羟基；通过卤代烃的消除反应可在碳链上引入碳碳双键或碳碳三键。

[4] 与卤原子相连碳原子的邻位碳上有氢原子的卤代烃才能发生消除反应，否则不能发生消除反应。

[5] 氯仿和强碱作用生成二氯卡宾，它在碱性溶液中易水解生成甲酸盐，后者把高锰酸钾还原成锰酸盐，使溶液变成绿色，反应式如下：

$$CHCl_3 + NaOH \longrightarrow :CCl_2 + NaCl + H_2O$$

$$:CCl_2 + 3NaOH \longrightarrow HCOONa + 2NaCl + H_2O$$

$$HCOONa + 2KMnO_4 + 3NaOH \longrightarrow K_2MnO_4 + Na_2MnO_4 + Na_2CO_3 + 2H_2O$$

【思考题】

(1)伯、仲、叔卤代烷与硝酸银乙醇溶液作用的活性次序与在碘化钠丙酮溶液实验中的活性次序有什么不同？试解释原因。

(2)苯和甲苯的溴代条件有什么不同？各是什么类型的反应？

实验三十一　醇、酚、醛、酮、羧酸的化学性质

【实验目的】

(1)验证醇、酚、醛、酮、羧酸的化学性质，了解物质结构与性质之间的关系。

(2)掌握鉴别醇、酚、醛、酮、羧酸的化学方法。

【实验原理】

醇的官能团是羟基(—OH)，与水相似，能与金属钠等活泼金属作用放出氢气。醇与水相比，醇反应比较缓和，而水反应非常剧烈，说明醇的酸性小于水。但醇钠的碱性大于氢氧化钠。

多元醇有其特性，羟基相邻的多元醇(如甘油)能与新制的浅蓝色氢氧化铜沉淀作用，生成深蓝色的配合物溶液。

$$\begin{array}{l} H_2C-OH \\ \ | \\ HC-OH \\ \ | \\ H_2C-OH \end{array} + \begin{array}{l} HO \\ \quad \rangle Cu \\ HO \end{array} \longrightarrow \begin{array}{l} H_2C-O \\ \ | \qquad \rangle Cu \\ HC-O \\ \ | \\ H_2C-OH \end{array} + H_2O$$

甘油酮

酚有弱酸性，但酸性比碳酸弱。酚在室温时在水中溶解度不大，加入碱(如氢氧化钠)后生成易溶于水的酚钠。酚和有烯醇结构的物质遇三氯化铁产生颜色，不同的酚产生的颜色不同。

【仪器与试剂】

仪器：常备仪器。

试剂：无水乙醇(AR)、金属钠(AR)、正丁醇(AR)、仲丁醇(AR)、叔丁醇(AR)、卢卡斯(Lucas)试剂、5%铬酸钾试剂、1∶5 H_2SO_4溶液、甘油(AR)、乙二醇(AR)、苯酚(AR)、pH试纸、苯(AR)、2,4-二硝基苯肼(AR)、甲醛(AR)、乙醛(AR)、丙酮(AR)、苯甲醛(AR)、氨基脲盐酸盐(AR)、庚醛(AR)、3-己酮(AR)、苯乙酮(AR)、KI-I_2溶液、异丙醇(AR)、环

己酮(AR)、本尼迪克特(Benedict)试剂、托伦(Tollen)试剂、甲酸(AR)、乙酸(AR)、草酸(AR)、刚果红试纸、乙酸酐(AR)、乙酰乙酸乙酯(AR)、5% $CuSO_4$溶液、5% NaOH 溶液、95%乙醇、5% H_2SO_4溶液、饱和苯酚溶液、饱和溴水、1% KI 溶液、5% Na_2CO_3溶液、0.5% $KMnO_4$溶液、5% $FeCl_3$溶液、饱和 $NaHSO_3$溶液、10% NaOH 溶液。

【实验步骤】

1. 醇的化学性质

1)醇钠的生成及水解

在干燥的试管中加入 1 mL 无水乙醇，投入一小粒(米粒大小)用滤纸擦干的金属钠，观察有无气体冒出。待反应完后，将试管中反应液倒一半到蒸发皿中，使多余乙醇完全挥发(必要时可将蒸发皿置于水浴中加热)，观察残留的固体乙醇钠，在蒸发皿中加几滴水、1 滴酚酞，观察现象。

2)醇与卢卡斯试剂的作用

在 3 支干燥的试管中分别加入 0.5 mL 正丁醇、仲丁醇、叔丁醇，再加入 2 mL 卢卡斯试剂，振荡，保持 26～27℃，观察 5 min 及 1 h 后混合物的变化。

3)醇的氧化

在 3 支干燥的试管中分别加入 2 滴正丁醇、仲丁醇、叔丁醇，再加入 1 滴 5%铬酸钾试剂和 1 滴 1∶5 H_2SO_4溶液，摇匀，观察现象。

4)多元醇与 $Cu(OH)_2$ 作用

取 3 支试管各加入 6 滴 5% $CuSO_4$溶液、8 滴 5% NaOH 溶液，生成浅蓝色沉淀。然后分别加入 2 滴甘油、2 滴乙二醇、2 滴 95%乙醇，振摇试管，比较 3 支试管的颜色变化，观察沉淀是否消失。

2. 酚的化学性质

1)苯酚的酸性

在试管中盛放 6 mL 饱和苯酚溶液，用玻璃棒蘸取一滴于 pH 试纸上检验其酸性。取一支试管加入 1 mL 苯酚乳状液，逐滴加入 5% NaOH 溶液，直至浑浊消失。然后逐滴加入 5% H_2SO_4溶液，观察现象。

2)苯酚与溴水作用

取 2 滴饱和苯酚溶液，用水稀释至 2 mL，逐滴滴入饱和溴水至淡黄色，将混合物煮沸 1～2 min，冷却，再加入数滴 1% KI 溶液及 1 mL 苯，用力振荡，观察现象。

3)苯酚的氧化

取 3 mL 饱和苯酚溶液置于干燥试管中，加 0.5 mL 5% Na_2CO_3溶液及 1 mL 0.5% $KMnO_4$溶液，振荡，观察现象。

4)苯酚与 $FeCl_3$ 作用

取 2 滴饱和苯酚溶液，放入试管中，加入 2 mL 水，并逐滴滴入 5% $FeCl_3$溶液，观察颜色变化。

3. 醛、酮的化学性质

1) 2,4-二硝基苯肼实验

取 3 支试管，各加入 1 mL 2,4-二硝基苯肼，分别滴加 1～2 滴试样，摇匀静置，观察结晶颜色。

试样：甲醛、乙醛、丙酮。

2) 与饱和 $NaHSO_3$ 溶液加成

取 3 支试管，分别加入 2 mL 新配制的饱和 $NaHSO_3$ 溶液，分别滴加 1 mL 试样，振荡置于冰水中冷却数分钟，观察沉淀析出的相对速度。

试样：苯甲醛、乙醛、丙酮。

3) 缩氨脲的制备

将 0.5 g 氨基脲盐酸盐、1.5 g 碳酸钠溶于 5 mL 蒸馏水中，然后分别装入 4 支试管中，各加入 3 滴试样和 1 mL 乙醇摇匀。将 4 支试管置于 70℃水浴中加热 15 min，然后各加入 2 mL 水，停止加热，在水浴中再放置 10 min，待冷却后将试管置于冰水中，用玻璃棒摩擦试管至结晶完全。

试样：庚醛、3-己酮、苯乙酮、丙酮。

4) 碘仿实验

取 5 支试管，分别加入 1 mL 蒸馏水和 3～4 滴试样，再分别加入 1 mL 10% NaOH 溶液，滴加 $KI\text{-}I_2$ 至溶液呈黄色，继续振荡至浅黄色消失，析出浅黄色沉淀，若无沉淀，则放在 50～60℃水浴中微热几分钟(可补加 $KI\text{-}I_2$ 溶液)，观察结果。

试样：乙醛、丙酮、乙醇、异丙醇、正丁醇。

5) 托伦实验

在 5 支洁净的试管中分别加入 1 mL 托伦试剂，再分别加入 2 滴试样，摇匀，静置，若无变化，50～60℃水浴温热几分钟，观察现象。

试样：甲醛、乙醛、苯甲醛、丙酮、环己酮。

6) 本尼迪克特实验

在 4 支试管中分别加入 1 mL 本尼迪克特试剂，摇匀分别加入 3～4 滴试样，沸水浴加热 3～5 min，观察现象。

试样：甲醛、乙醛、苯甲醛、丙酮。

4. 羧酸及其衍生物的化学性质

1) 酸性实验

将甲酸、乙酸各 5 滴及 0.2 g 草酸分别溶于 2 mL 水中，用洗净的玻璃棒分别蘸取相应的酸液在同一条刚果红试纸上画线，比较各线条颜色和深浅程度。

2) 氧化作用

在 3 支试管中分别加入 0.5 mL 甲酸、乙酸及 0.2 g 草酸和 1 mL 水所配成的溶液，然后分别加入 1 mL 1∶5 H_2SO_4 溶液和 2～3 mL 0.5% $KMnO_4$ 溶液加热至沸，观察现象。

3) 酸酐的水解反应

取两支试管，其中一支加入 1 mL 蒸馏水，另一支加入 1 mL 10% NaOH 溶液，然后各加入 2 滴乙酸酐，振摇混合，观察现象。若无变化，微热片刻，再观察，比较结果。

4）乙酰乙酸乙酯的互变异构实验

将 3 mL 蒸馏水置于一试管中；加入 5 滴乙酰乙酸乙酯，振荡，加入 2 滴 5% $FeCl_3$ 溶液，摇匀，溶液呈现紫红色，再加入 2 滴饱和溴水，紫红色褪去(为什么？)，放置片刻，紫红色又出现(这又是为什么？)，试写出其化学反应式。

【实验步骤流程图】

1. 醇的化学性质

1）醇钠的生成及水解

1 mL无水乙醇 $\xrightarrow{\text{投入一小粒金属钠}}$ 观察现象 $\xrightarrow{\text{反应液倒一半于蒸发皿中}}$ $\xrightarrow{\text{乙醇完全挥发}}$

残留固体 $\xrightarrow[\text{滴1滴酚酞}]{\text{加几滴水}}$ 观察现象

2）醇与卢卡斯试剂的作用

试管1：0.5 mL正丁醇
试管2：0.5 mL仲丁醇
试管3：0.5 mL叔丁醇
$\xrightarrow[\text{振荡}]{\text{加入2 mL卢卡斯试剂}}$ 观察5 min及1 h后的现象

3）醇的氧化

试管1：0.5 mL正丁醇
试管2：0.5 mL仲丁醇
试管3：0.5 mL叔丁醇
$\xrightarrow[\text{加入1滴1：5 H}_2\text{SO}_4\text{溶液}]{\text{加入5\%铬酸钾试剂}}$ 观察现象

4）多元醇与 $Cu(OH)_2$ 作用

试管1
试管2
试管3
$\xrightarrow[\text{加入8滴5\% NaOH溶液}]{\text{加入6滴5\% CuSO}_4\text{溶液}}$ 观察现象 $\xrightarrow[\text{2滴乙二醇、2滴95\%乙醇}]{\text{各加入2滴甘油、}}$ $\xrightarrow{\text{振荡}}$ 观察现象

2. 酚的化学性质

1）苯酚的酸性

6 mL饱和苯酚溶液 $\xrightarrow{\text{pH试纸检验其酸性}}$ 取1 mL苯酚乳状液 $\xrightarrow[\text{至浑浊消失}]{\text{加入5\% NaOH溶液}}$

$\xrightarrow{\text{逐滴加入5\% H}_2\text{SO}_4\text{溶液}}$ 观察现象

2）苯酚与溴水作用

2滴饱和苯酚溶液 $\xrightarrow{\text{稀释至2 mL}}$ $\xrightarrow[\text{至淡黄色}]{\text{滴入饱和溴水}}$ $\xrightarrow{\text{煮沸1~2 min}}$ $\xrightarrow{\text{冷却}}$

$\xrightarrow[\text{加1 mL苯}]{\text{加数滴1\% KI溶液}}$ $\xrightarrow{\text{振荡}}$ 观察现象

3）苯酚的氧化

3 mL饱和苯酚溶液 $\xrightarrow[\text{加1 mL 0.5 \% KMnO}_4\text{溶液}]{\text{加0.5 mL 5\% Na}_2\text{CO}_3\text{溶液}}$ $\xrightarrow{\text{振荡}}$ 观察现象

4）苯酚与 $FeCl_3$ 作用

2滴饱和苯酚溶液 $\xrightarrow{\text{加2 mL水}}$ $\xrightarrow{\text{滴入5\% FeCl}_3\text{溶液}}$ 观察现象

3. 醛、酮的化学性质

1) 2,4-二硝基苯肼实验

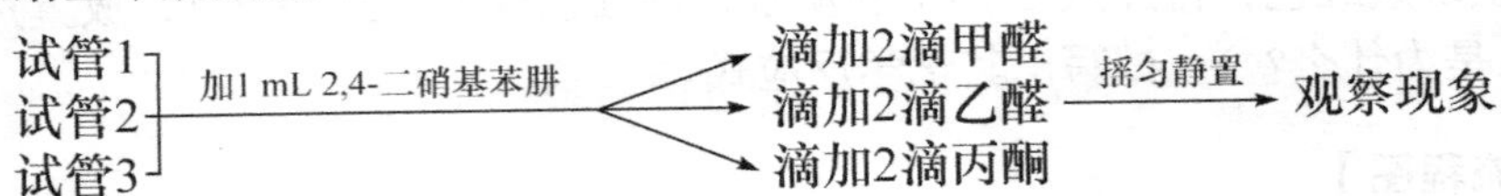

2) 与饱和 $NaHSO_3$ 溶液加成

3) 缩氨脲的制备

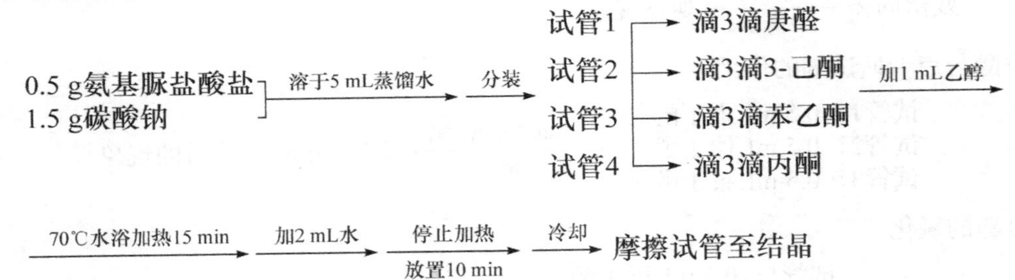

4) 碘仿实验

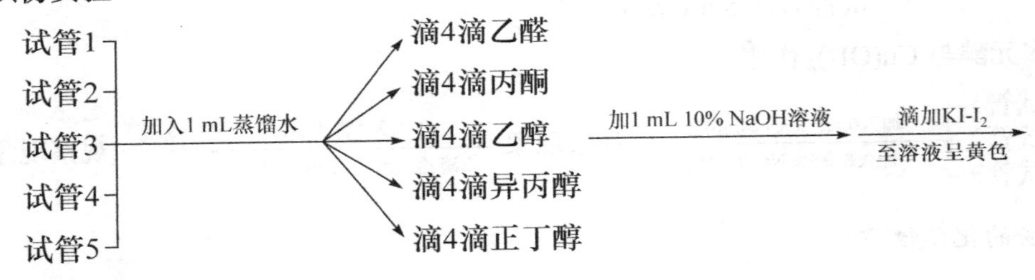

振荡至浅黄色消失 → 析出浅黄色沉淀(若无沉淀，可加热)

5) 托伦实验

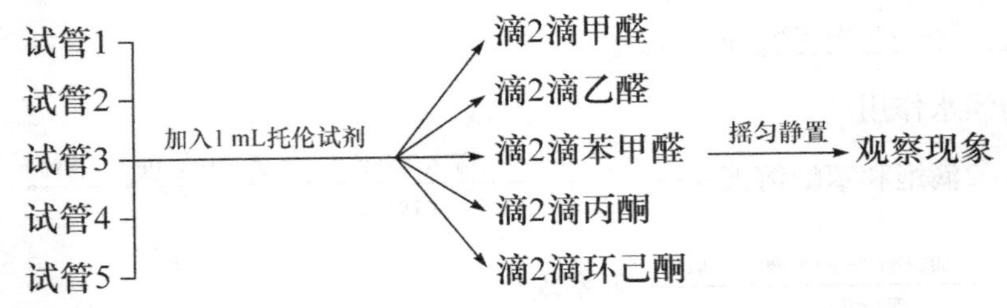

6) 本尼迪克特实验

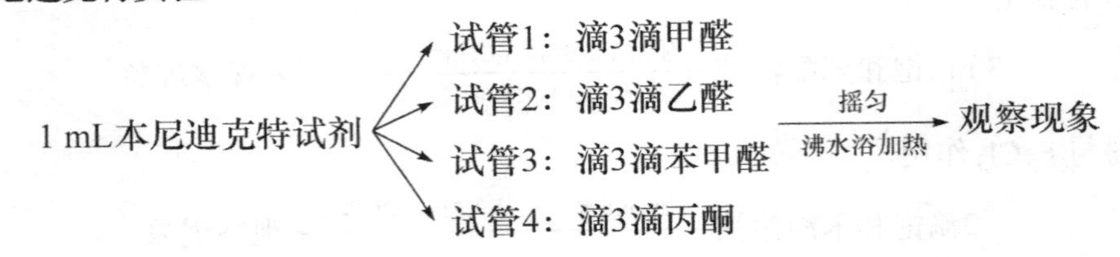

4. 羧酸及其衍生物的化学性质

1) 酸性实验

甲酸、乙酸、草酸 —溶于2 mL水→ —刚果红试纸上画线→ 比较各线条颜色和深浅程度

2) 氧化作用

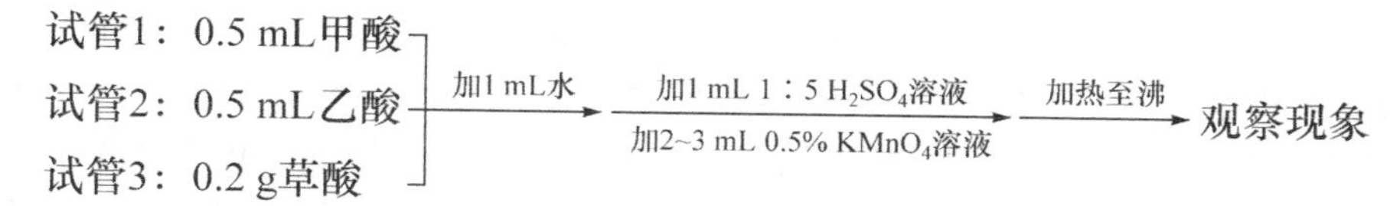

3) 酸酐的水解反应

试管1：1 mL蒸馏水
试管2：1 mL 10% NaOH溶液 —加2滴乙酸酐，振摇混合→ 观察现象(可微热后再观察)

4) 乙酰乙酸乙酯的互变异构实验

3 mL蒸馏水
5滴乙酰乙酸乙酯 —加入2滴5% $FeCl_3$溶液→ 溶液呈现紫红色 —加入2滴饱和溴水→

紫红色褪去 ——→ 解释原因

【思考题】

(1) 在醛、酮与 $NaHSO_3$ 的反应中，为什么 $NaHSO_3$ 溶液要饱和且需新配制的？
(2) 为什么甲酸有还原性而乙酸没有？
(3) 在区别醛、酮的实验中，若丙酮中含有少量乙醛杂质，应如何弃除？
(4) 与氢氧化铜反应产生绛蓝色是邻羟基多元醇的特征反应，此外还有什么试剂能起类似的作用？

实验三十二　胺的化学性质

【实验目的】

(1) 掌握胺、酰胺和脲的主要化学性质。
(2) 掌握苯胺的鉴别方法。
(3) 熟悉重氮盐的制备方法及性质。

【实验原理】

胺是一类碱性有机化合物，可与 HCl 等强酸作用生成盐。胺有伯、仲、叔之分。伯胺、仲胺、叔胺在酰化反应中表现出不同的特点。兴斯堡(Hinsberg)反应就是利用这一特性鉴别或分离伯胺、仲胺和叔胺。

芳香胺(如苯胺)还具有一些特殊的化学性质，可以发生重氮化反应和氧化反应等，其氧化反应的产物比较复杂。

酰胺既可看成是羧酸的衍生物，也可看成是胺的衍生物。酰基的引入，使其碱性变得很弱。酰胺与其他羧酸衍生物一样，可以进行水解等反应。

尿素是最简单的脲，其结构为碳酸的二酰胺，除了能发生水解反应外，还可以与亚硝酸反应放出氮气。此外，缩合、分解、成盐也是尿素的重要性质。

【仪器与试剂】

仪器：常备仪器、水浴锅、带塞子的玻璃导管。

试剂：苯胺(AR)、浓盐酸、5%/20%盐酸、10%/20%氢氧化钠溶液、正丙胺(AR)、苯甲酰氯(AR)、*N*-甲基苯胺(AR)、*N*,*N*-二甲基苯胺(AR)、对甲苯磺酰氯(AR)、异丙胺(AR)、10%/15%/30%硫酸溶液、10%亚硝酸钠溶液、*β*-萘酚、溴水、饱和重铬酸钾溶液、20%尿素水溶液、饱和氢氧化钡溶液、尿素(AR)、5%硫酸铜溶液、浓硝酸、饱和草酸溶液、二苯胺(AR)、乙醇(AR)、乙酰胺(AR)、红色石蕊试纸。

【实验步骤】

1. 碱性与成盐

取一支试管，加入3滴蒸馏水和1滴苯胺，观察溶解情况。向溶液中滴入1～2滴浓盐酸，摇动，再观察溶解情况。最后用水稀释，观察溶液是否澄清。

另取一支试管，加入少许二苯胺晶体，再加入2～3滴乙醇使其溶解。向试管中加入3～5滴蒸馏水，溶液呈乳白色。滴加浓盐酸使溶液刚好变为透明后，再加入水，观察溶液是否澄清。

2. 与苯甲酰氯反应[1]

取一支干燥的试管，加3滴正丙胺，再加6滴苯甲酰氯，摇动试管。注意观察试管中溶液的变化。然后滴加10%氢氧化钠溶液，边滴加边用力摇动试管，使溶液呈碱性。将试管中溶液加热至沸，观察试管中的变化。冷至室温后，把清亮的溶液倾出一部分到另一支试管中，并加浓盐酸酸化。有什么现象？再加碱溶液，又有什么现象？如何解释？

3. 兴斯堡反应[2]

取3支试管，分别加入0.1 mL苯胺、*N*-甲基苯胺、*N*,*N*-二甲基苯胺。再在每支试管中加0.2 g对甲苯磺酰氯，用力摇动试管，手触试管底，哪支试管发热？说明什么？然后加5 mL 10%氢氧化钠溶液，塞好试管，将试管摇动3～5 min。打开塞子，边摇动试管边用水浴加热1 min。冷却溶液并用pH试纸检验，直到呈碱性。加氢氧化钠后，生成的沉淀用5 mL水稀释，并用力摇动试管。不溶解的是什么胺？溶解的又是什么胺？最后各用5%盐酸滴加到刚好呈酸性。注意观察每步所出现的现象，并加以解释。

4. 与亚硝酸反应（重氮化反应）[3]

(1) 取一支大试管，加3滴异丙胺和2 mL 30%硫酸溶液，放在冰水浴中冷却到5℃或更低温度。另取一支试管，加2 mL 10%亚硝酸钠溶液，同样放在冰水浴中冷却。再取一支试管，加 2 mL 10%氢氧化钠溶液，并将 0.1 g β-萘酚溶于其中，也放在冰水浴中冷却。当这 3 支试管中溶液的温度降到 5℃以下后，边摇动边把冷的亚硝酸钠溶液滴加到冷的异丙胺溶液中。注意，此时有什么现象出现？滴加完毕后，再加 β-萘酚溶液，又有什么现象出现？

(2)用 0.1 mL 苯胺代替 0.1 mL 异丙胺做上述实验。注意，在滴加冷的亚硝酸钠溶液时所出现的现象与上面的实验有什么不同？边加边摇动试管，加完后继续摇动到固体全部溶解。然后倒出 0.5 mL 溶液放在试管架上，让温度升高到室温，其现象是什么？在剩余的反应液中加入冷的 β-萘酚溶液，现象又有什么不同？

5. 苯胺的反应

溴代反应：取一支试管加 1 mL 苯胺水溶液，然后滴加 3 滴溴水，边滴边摇动试管，每加 1 滴时，注意观察试管中溶液的变化。

氧化反应[4]：取一支试管加 1 mL 苯胺水溶液，然后滴加 2 滴饱和重铬酸钾溶液和 0.5 mL 15%硫酸溶液，摇动试管，放置 10 min。注意观察溶液颜色的变化。

6. 酰胺的水解作用

取 0.1 g 乙酰胺和 1 mL 20%氢氧化钠溶液放入一支小试管混合均匀，小火加热至沸，用湿润的红色石蕊试纸在试管口检验所产生气体的性质。再取 0.1 g 乙酰胺和 2 mL 10%硫酸溶液放入一支小试管混合均匀，沸水浴加热 2 min，闻气味，放冷并加入 20%氢氧化钠溶液至呈碱性，再加热，用湿润的红色石蕊试纸在试管口检验所产生气体的性质。

7. 脲的反应

(1)脲的水解。取一支试管，加 1 mL 20%尿素水溶液、2 mL 饱和氢氧化钡溶液，加热。在试管口放一条湿润的红色石蕊试纸。观察加热时溶液的变化和石蕊试纸颜色的变化，放出的气体有什么气味？

(2)脲与亚硝酸反应[5]。取一支试管，加 1 mL 20%尿素水溶液和 0.5 mL 10%亚硝酸钠溶液，混合均匀。然后一滴一滴地滴加 15%硫酸溶液，边滴边摇动试管。滴第一滴后，注意观察有无气体产生和气体的颜色、气味。滴第二滴后立即把准备好的带有导气管的塞子塞好试管口，把放出来的气体通入装有 0.5 mL 饱和氢氧化钡溶液的试管中。观察氢氧化钡溶液的变化。滴加硫酸后出现的这些现象说明了什么问题？

(3)脲的缩合反应与分解。取一支干燥试管，加 0.3 g 尿素，加热熔化。继续加热，使其熔化后又凝成固体。在加热过程中，把湿润的红色石蕊试纸放在试管口上，观察试纸的变化，有什么气味？待试管冷却后，加入 2 mL 水，用玻璃棒搅动并加热片刻，将上层清液转入另一试管中，在此清液中加入 1 滴 20%氢氧化钠溶液，1 滴 5%硫酸铜溶液，观察溶液的颜色变化。

(4)脲盐的生成。取一支试管，加 1 mL 浓硝酸，再向浓硝酸中加 1 mL 20%尿素水溶液。不要摇动，观察有什么现象，摇动后又有什么现象。另取一支试管，加 1 mL 冷的饱和草酸溶液，再加 1 mL 20%尿素水溶液。摇动试管，观察混合物有什么现象。

【实验步骤流程图】

1. 碱性与成盐

3滴蒸馏水 + 1滴苯胺 → 观察溶解情况 —滴入1~2滴浓盐酸→ 观察溶解情况

二苯胺晶体 —用2~3滴乙醇溶解→ —加3~5滴蒸馏水→ 观察现象 —滴加浓盐酸至溶液透明→ —加水→ 观察现象

2. 与苯甲酰氯反应

3滴正丙胺 —加6滴苯甲酰氯→ 观察现象 —滴加10%氢氧化钠溶液→ —加热至沸→ 观察现象

—冷至室温→ —转移至另一试管→ —加浓盐酸酸化→ 观察现象 —加碱溶液→ 观察现象

3. 兴斯堡反应

试管1：0.1 mL苯胺

试管2：0.1 mL *N*-甲基苯胺

试管3：0.1 mL *N*,*N*-二甲基苯胺

—加0.2 g对甲苯磺酰氯→ 观察现象 —加5 mL 10%氢氧化钠溶液，塞好试管→

—摇动3~5 min→ —打开塞子，水浴加热1 min→ —冷却，pH试纸检验→ 生成的沉淀 —5 mL水稀释→ 观察溶解性

—用5%盐酸滴加到刚好呈酸性→ 观察现象

4. 与亚硝酸反应(重氮化反应)

试管1：3滴异丙胺+ 2 mL 30%硫酸溶液

试管2：2 mL 10%亚硝酸钠溶液

试管3：2 mL 10%氢氧化钠溶液+0.1 g β-萘酚

—冷却到5℃以下→

—试管2溶液滴加到试管1→ 观察现象 —试管3溶液滴加到试管1→ 观察现象 —苯胺代替异丙胺(试管5)→

—试管2溶液滴加到试管5→ 观察现象 —继续摇动到固体全部溶解→ —倒出0.5 mL溶液至试管6→

试管5滴加试管3溶液

试管6温度升高到室温

→ 观察现象

5. 苯胺的反应

1 mL苯胺水溶液 —滴3滴溴水→ —摇动试管→ 观察现象

1 mL苯胺水溶液 —滴2滴饱和重铬酸钾溶液→ —加0.5 mL 15%硫酸溶液→ —摇动试管，放置10 min→ 观察现象

6. 酰胺的水解作用

0.1 g乙酰胺
1 mL 20%氢氧化钠溶液 —加热至沸→ 湿润的红色石蕊试纸检验所产生气体的性质

0.1 g乙酰胺
2 mL 10%硫酸溶液 —沸水浴加热2 min→ 闻气味 —放冷 / 加20 %氢氧化钠溶液至呈碱性→ —加热→

湿润的红石蕊试纸检验所产生气体的性质

7. 脲的反应

1)脲的水解

1 mL 20%尿素水溶液
2 mL饱和氢氧化钡溶液 —加热→ 湿润的红色石蕊试纸检验所产生气体的性质

2)脲与亚硝酸反应

1 mL 20%尿素水溶液
0.5 mL 10%亚硝酸钠溶液 —滴1滴15%硫酸溶液→ 观察有无气体产生和气体颜色气味

—滴第二滴15%硫酸溶液→ —立即塞好试管口→ —气体导入0.5 mL饱和氢氧化钡溶液→ 观察氢氧化钡溶液的变化

3)脲的缩合反应与分解

0.3 g尿素 —加热熔化→ —继续加热→ 凝成固体，湿润的红色石蕊试纸检验所产生气体的性质

—试管冷却→ —加2 mL水→ —加热片刻→ —转移清液→ —清液中加1滴20%氢氧化钠溶液 / 加1滴5%硫酸铜溶液→ 观察溶液的颜色变化

4)脲盐的生成

试管1：1 mL浓硝酸+1 mL 20%尿素水溶液
试管2：1 mL饱和草酸溶液+1 mL 20%尿素水溶液 —→ 观察振摇前后现象

【注意事项】

[1] 除叔胺外，一般胺都能与苯甲酰氯反应。但注意不能有水，因为苯甲酰氯易水解成苯甲酸。

[2] 兴斯堡反应中，如果酸性太强，加入水量不足，则对甲苯磺酰胺酸性水解生成的对甲苯磺酸和叔胺盐酸盐以固体形式出现。

[3] 重氮化反应可用来鉴别脂肪伯胺和芳香伯胺。反应中，如果是脂肪伯胺，即使在5℃或更低的温度下，反应液也能大量地冒气泡(氮气)；如果是芳香伯胺，反应液的温度低时不冒气泡，当温度升高后才大量冒气泡，而且与β-萘酚碱溶液反应有红色偶氮化合物沉淀生成。仲、叔胺与亚硝酸反应往往生成黄色的亚硝基化合物。一些亚硝基化合物已被证实是致癌物质。

[4] 苯胺的氧化反应中，加硫酸溶液时，可能有白色固体，这是没有溶解的苯胺硫酸盐。

[5] 脲与亚硝酸的反应中，有时是无色气体，有时气体呈棕色。后者是因为温度过高，引起亚硝酸分解成二氧化氮。

【思考题】

(1)为什么兴斯堡反应中对甲苯磺酰氯不能太过量也不能太少？

(2)在与亚硝酸的反应中，为什么脂肪伯胺容易放出氮气，而芳香伯胺要温度升高后才有氮气放出？
(3)试比较苯胺和苯溴代反应的难易，并解释原因。
(4)缩二脲反应除鉴别脲外，还可以鉴别哪一类化合物？

实验三十三　碳水化合物的化学性质

【实验目的】

(1)掌握碳水化合物的主要化学性质。
(2)掌握碳水化合物定性鉴别的几种方法。

【实验原理】

碳水化合物(糖类)是指多羟基醛或酮以及它们失水后结合而成的缩聚物。

氧化反应：醛糖的分子中含有醛基，所以容易被弱氧化剂氧化，能够将费林试剂还原生成氧化铜砖红色沉淀，能将托伦试剂还原生成银镜。

糖脎的生成：单糖具有醛或酮羰基，可以与苯肼反应，首先生成腙，在过量苯肼中 α-羟基继续与苯肼作用生成不溶于水的黄色晶体，称为糖脎。

【仪器与试剂】

仪器：试管、烧杯、三脚架、酒精灯、石棉网、玻璃棒。

药品：脱脂棉、5%葡萄糖、5%果糖、5%蔗糖、5%麦芽糖、2%淀粉、苯肼(AR)、浓盐酸、浓硝酸、浓硫酸、65%硫酸溶液、10%/30%氢氧化钠溶液、硝酸银(AR)、硫酸铜(AR)、乙酸钠(AR)、酒石酸钾钠(AR)、0.1%碘液、氨水、活性炭。

【实验步骤】

碳水化合物的化学性质实验按表 4-2～表 4-6 进行，观察它们的现象并思考原因。

表 4-2　费林实验

步骤	现象	解释及化学反应式
取 4 支试管，各加入 0.5 mL 费林试剂 A 和费林试剂 B，混合均匀后置于水浴中加热，分别加入 5%葡萄糖、5%果糖、5%蔗糖、5%麦芽糖各 5～6 滴，振荡，加热，观察现象		

表 4-3　托伦实验

步骤	现象	解释及化学反应式
取 4 支试管，各加入 1 mL 托伦试剂，分别加入 5%葡萄糖、5%果糖、5%蔗糖、5%麦芽糖各 5～6 滴，振荡，混合均匀后，置于 60～80℃水浴中温热，观察有无银镜生成		

表 4-4　糖脎的生成

步骤	现象	解释及化学反应式
取 4 支试管，各加入 1 mL 5%葡萄糖、5%果糖、5%蔗糖、5%麦芽糖，再加入 10 滴苯肼，混合均匀后，试管口塞少许脱脂棉，置于沸水中 15～20 min，时常振荡，冷却后，注意糖脎的生成		

表 4-5　淀粉的性质

步骤	现象	解释及化学反应式
取 1 支试管，加入 2 mL 水和 5 滴 2%淀粉溶液，然后加入一滴 0.1%碘液，观察现象；再放入沸水浴中加热，冷却观察现象		
取 1 支试管，加入 1 mL 2%淀粉溶液，再加入 3 滴浓盐酸，在沸水浴中加热至 100℃，冷却后逐滴加入 10%氢氧化钠溶液，中和至红色石蕊试纸变蓝，然后加入费林试剂，另一支试管加入未水解的 2%淀粉溶液，加入费林试剂，比较两者		

表 4-6　纤维素的性质

步骤	现象	解释及化学反应式
取 1 支试管，加入 2 mL 65%硫酸溶液，再加入少许脱脂棉，搅拌至脱脂棉全溶解，取 1 mL 倒入 5 mL 水中，在两支试管中加入 30%氢氧化钠溶液，中和，至红色石蕊试纸变蓝，分别加入费林试剂，比较两者		
取 1 支试管，加入 2 mL 浓硝酸，滴加 4 mL 浓硫酸，加入脱脂棉，置于 60～70℃水浴中温热，5 min 后取出脱脂棉，洗涤，用滤纸吸干，点火观察燃烧情况，并与脱脂棉燃烧比较		

【思考题】

(1)还原糖与非还原糖在结构和性质上有什么不同？举例说明。
(2)如何鉴别葡萄糖、果糖、麦芽糖、蔗糖和淀粉？
(3)用哪些方法来检验葡萄、苹果、蜂蜜中含有葡萄糖？

实验三十四　蛋白质的化学性质

【实验目的】

(1)掌握蛋白质的重要化学性质。
(2)了解核蛋白的组成。

【实验原理】

蛋白质是存在于细胞中的一种含氮的生物高分子化合物。在酸碱存在下，或受酶的作用，蛋白质水解成分子量较小的多肽和寡肽，二次水解的最终产物为各种氨基酸，其中以 α-氨基酸为主。蛋白质沉淀、颜色反应和蛋白质的分解等性质实验，有助于认识或鉴定氨基酸和蛋白质。

【仪器与试剂】

仪器：常备仪器、酒精灯、离心管。

试剂：蛋白质溶液、饱和硫酸铵溶液、固体硫酸铵粉末(AR)、6%乙酸铅溶液、2%硫酸铜溶液、1%硝酸银溶液、5%乙酸溶液、饱和苦味酸溶液、饱和鞣酸溶液、10%三氯乙酸溶液、

3%磺柳酸溶液、浓硝酸、10%氢氧化钠溶液、1%赖氨酸溶液、茚三酮溶液、0.5%苯酚溶液、米伦试剂、尿素(AR)、红色石蕊试纸、2%硫酸铜溶液、酵母核蛋白混悬液、5%硫酸溶液、20%间苯二酚盐酸溶液、7%钼酸铵溶液、氨水、5%硝酸银氨水溶液。

【实验步骤】

1. 蛋白质的盐析

取 1.5 mL 蛋白质溶液，加入等体积饱和硫酸铵溶液(饱和浓度为 50%)，微微摇动试管，使溶液混合均匀后，静置数分钟，球蛋白即析出絮状沉淀(如无沉淀可再加少许饱和硫酸铵溶液)。用滤纸滤取上清液，滤液中再加入固体硫酸铵粉末至不再溶解，析出的即为清蛋白，再加水稀释，观察沉淀是否溶解。

2. 蛋白质的沉淀

1)用重金属盐沉淀蛋白质

取 3 支试管，各加 1 mL 蛋白质溶液，分别加入 3 滴 6%乙酸铅溶液、3 滴 2%硫酸铜溶液和 3 滴 1%硝酸银溶液，观察蛋白质沉淀的析出。

2)用有机酸沉淀蛋白质

取 2 支试管，各加 1 mL 蛋白质溶液，并加 5%乙酸溶液使其呈酸性(该沉淀反应最好在弱酸中进行)。然后分别滴加饱和苦味酸溶液、饱和鞣酸溶液，直至沉淀产生为止。

用 10%三氯乙酸溶液、3%磺柳酸溶液进行类似实验(用量同前)，观察现象。

3. 蛋白质的颜色反应

1)黄蛋白反应

在试管中加 1 mL 蛋白质溶液和 10 滴浓硝酸，直火加热煮沸，观察溶液和沉淀颜色。冷却后，再加入 20 滴 10%氢氧化钠溶液，观察颜色变化。

2)与茚三酮的反应

在 2 支试管中分别加 1%赖氨酸溶液和 1 mL 蛋白质溶液，再各加 2 滴茚三酮溶液，加热至沸，观察现象。

3)与硝酸汞试剂作用——米伦反应

在 2 支试管中分别加 1 mL 0.5%苯酚溶液和 1 mL 蛋白质溶液，再各加 0.5 mL 米伦试剂(不可太多)，苯酚溶液出现玫瑰红色，而蛋白质溶液加热后出现沉淀，加热凝固的蛋白质呈砖红色，有时溶液也呈红色。

4)蛋白质的双缩脲反应

(1)双缩脲的生成。

在干燥试管中加 0.2～0.3 g 尿素，微火加热，尿素熔化并形成双缩脲，放出的氨可用红色石蕊试纸检验。试管内有白色固体出现后，停止加热。

(2)双缩脲反应。

上述产物冷却后，加 1 mL 10%氢氧化钠溶液，摇匀，再加 2 滴 2%硫酸铜溶液，混匀，观察有无紫色出现。

在试管中加 1 mL 蛋白质溶液和 1 mL 10%氢氧化铜溶液，再加 1～2 滴 2%硫酸铜溶液共热，由于蛋白质与硫酸铜生成络合物而呈紫色。取 1%赖氨酸溶液作对照，观察颜色变化。

4. 核蛋白组成的鉴定

1) 核蛋白的水解

取 20 mL 酵母核蛋白混悬液于离心管中离心分离，弃去清液，将沉淀转入小烧杯中，加 15 mL 5%硫酸溶液，盖上表面皿在水浴上煮沸约 1 h(煮沸过程中保持原有体积)，水解完毕，离心分离，取上层清液做以下实验。

2) 核糖的鉴定

在试管中加 1 mL 20%间苯二酚盐酸溶液，用小火加热至沸，迅速加入 5 滴水解液，呈现红色(如红色不显可再稍加热)。

3) 磷酸的鉴定

取 10 滴水解液置于试管中，加 5 滴 7%钼酸铵溶液和 2 滴浓硝酸，小心于火上加热，即有黄色沉淀生成。

4) 嘌呤和嘧啶的鉴定

取约 4 mL 水解液置于小烧杯中，加入氨水至微碱性，过滤，在滤液中加 1 mL 5%硝酸银氨水溶液，静置片刻，即有絮状的嘌呤或嘧啶银盐沉淀生成。

【实验步骤流程图】

1. 蛋白质的盐析

1.5 mL蛋白质溶液
等体积饱和硫酸铵溶液 —混匀/静置→ 絮状沉淀 —过滤→ —上清液加固体硫酸铵粉末→ 析出清蛋白

2. 蛋白质的沉淀

1) 用重金属盐沉淀蛋白质

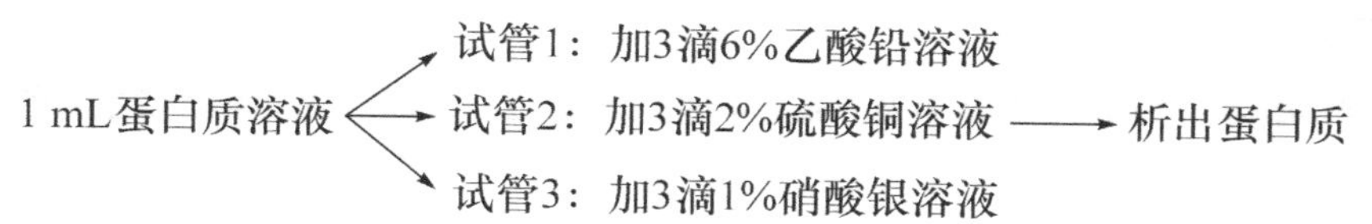

2) 用有机酸沉淀蛋白质

1 mL蛋白质溶液
5%乙酸溶液
→ 试管1：加饱和苦味酸溶液
→ 试管2：加饱和鞣酸溶液
→ 析出蛋白质

3. 蛋白质的颜色反应

1) 黄蛋白反应

1 mL蛋白质溶液
10滴浓硝酸 —加热煮沸→ 观察现象 —冷却后/加20滴10%氢氧化钠溶液→ 观察现象

2) 与茚三酮的反应

试管1：1%赖氨酸溶液
试管2：1 mL蛋白质溶液 —加2滴茚三酮溶液→ —加热至沸→ 观察现象

3) 与硝酸汞试剂作用——米伦反应

试管1：1 mL 0.5%苯酚溶液
试管2：1 mL蛋白质溶液 —加0.5 mL米伦试剂→ 观察现象；加热后观察现象

4) 蛋白质的双缩脲反应

(1) 双缩脲的生成。

0.2~0.3 g尿素 —加热→ 尿素熔化形成双缩脲 → 至白色固体出现，停止加热

(2) 双缩脲反应。

上述产物 —冷却→ —加1 mL 10%氢氧化钠溶液，摇匀→ —加2滴2%硫酸铜溶液，混匀→ 观察现象

1 mL蛋白质溶液
1 mL 10%氢氧化铜溶液
1~2滴2%硫酸铜溶液
—加热→ 观察现象，与1%赖氨酸溶液作对照

4. 核蛋白组成的鉴定

核蛋白的水解与核糖、磷酸、嘌呤与嘧啶的鉴定：

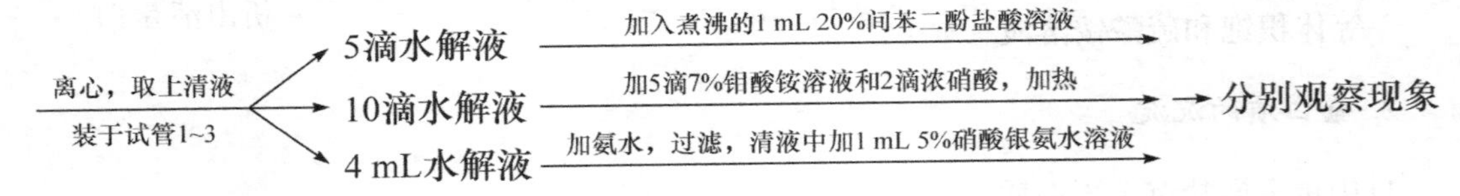

【注意事项】

米伦试剂是硝酸、亚硝酸、硝酸汞及亚硝酸汞的混合物，能与苯酚及某些酚类发生颜色反应。

【思考题】

盐析的原理是什么？

第5章　基础有机化学合成实验

实验三十五　环己烯的制备

【实验目的】

(1)学习以磷酸催化醇脱水制备烯烃的原理和方法。

(2)掌握蒸馏及分馏的基本原理和操作。

(3)掌握液体有机化合物的洗涤、分离提纯及干燥的方法和操作。

【实验原理】

烯烃是重要的有机化工原料。工业上主要通过石油裂解的方法制备烯烃，有时也利用醇在氧化铝等催化剂存在下，进行高温催化脱水制取。实验室则主要用浓硫酸、浓磷酸作催化剂使醇脱水或卤代烃在醇钠作用下脱卤化氢制备烯烃。

$$\text{C}_6\text{H}_{11}\text{—OH} \xrightarrow[\triangle]{85\%H_3PO_4} \text{C}_6\text{H}_{10} + H_2O$$

主反应为可逆反应，本实验采用的措施是边反应边蒸出反应生成的环己烯和水形成的二元共沸物(沸点 70.8℃，含水 10%)。但原料环己醇和水也能形成二元共沸物(沸点 97.8℃，含水 80%)。为了使产物以共沸物的形式蒸出反应体系而又不夹带原料环己醇，本实验采用分馏装置，并控制柱顶温度不超过 90℃。

反应体系采用 85%磷酸作催化剂，而不采用浓硫酸作催化剂是因为磷酸的氧化能力比硫酸弱得多，减少了氧化副反应。分馏是让上升的蒸气和下降的冷凝液在分馏柱中进行多次热交换，相当于在分馏柱中进行多次蒸馏，从而使低沸点的物质不断上升被蒸出，高沸点的物质不断下降被冷凝，流回加热容器中，结果将沸点不同的物质分离开。

【仪器与试剂】

仪器：分馏柱、电热套、分液漏斗、锥形瓶、圆底烧瓶、蒸馏头、温度计、直形冷凝管、接液管、漏斗、带铁圈的铁架台。

试剂：环己醇(AR)、85%磷酸、10%碳酸钠溶液、饱和氯化钠溶液、无水氯化钙(AR)。

【实验步骤】

将 5.0 mL 环己醇[1]及 2.5 mL 85%磷酸[2]加入圆底烧瓶中，用小火加热混合物至沸腾，慢慢蒸出生成的环己烯和水。注意控制分馏柱顶部温度不超过 90℃，以保证能将环己烯和水蒸出而环己醇和水生成的共沸物不被蒸出。当温度下降，不再有馏出物时，停止加热。

将馏出物倒入分液漏斗中，加入等体积的饱和氯化钠溶液[3]洗涤，分去水层[4]；再用 5 mL 10%碳酸钠溶液洗涤有机层，从下口分去水层；用蓝色石蕊试纸检验有机层，如仍呈酸性，再用 5 mL 10%碳酸钠溶液洗涤，直至有机层不呈酸性。用饱和氯化钠溶液洗涤有机层，从下口分去水层。将有机层从分液漏斗上口倒入干燥的小锥形瓶中，用无水氯化钙干燥粗产物，间歇摇动锥形瓶，直到液体清亮为止。

将干燥后的粗产物过滤到圆底烧瓶中，加少量沸石进行蒸馏[5]，收集 80～85℃馏分。产量约 2.0 g。

本实验约 4 h。

测定产品的折射率和红外光谱。

【实验步骤流程图】

5.0 mL环己醇、2.5 mL 85%磷酸 —圆底烧瓶→ —加热至沸腾，<90℃→ 蒸出环己烯+水 —不再馏出时，停止加热→ 馏出物 —分液漏斗→ —等体积饱和氯化钠溶液洗涤→ —5 mL 10%碳酸钠溶液洗涤至中性→ —饱和氯化钠溶液洗涤→ —无水氯化钙干燥至液体清亮→ 粗产物 —蒸馏→ 80~85℃馏分

【注意事项】

[1] 环己烯、环己醇和水形成共沸物，其组成及沸点分别为：环己烯-水(10%)，沸点 70.8℃；环己醇-水(80%)，沸点 97.8℃；环己醇(30.5%)-环己烯，沸点 64.9℃。

[2] 本实验采用 85%磷酸作为脱水催化剂，也可采用浓硫酸，但浓硫酸具有氧化性，易使有机物氧化、炭化，增加副产物。

[3] 洗涤中使用的饱和氯化钠溶液具有除去中性水的作用，还具有降低有机物在水中的溶解度、增加水层的相对密度、促进分层以及增加水的极性、防止乳化的作用。

[4] 干燥之前要完全分离掉可见的水层，干燥应在密闭及干燥的容器内进行，干燥剂的用量要合适，应根据水在有机物中的溶解度及干燥剂的吸水容量计算，一般用量为 10 mL 有机液体加 0.5～1 g 干燥剂。

[5] 蒸馏前应将干燥剂过滤除去，过滤时滤纸不可用水浸湿。蒸馏应使用干燥的仪器。

【思考题】

(1) 制备环己烯的过程中为什么要控制分馏柱顶部温度不超过 90℃？

(2) 本实验采用了哪些措施来提高环己烯的产率？

(3) 蒸馏时加入沸石的作用是什么？如果蒸馏前忘记加沸石，能否将沸石加至将近沸腾的溶液中？当重新蒸馏时，用过的沸石能否继续使用？

(4) 使用分液漏斗时应注意哪些问题？

(5) 能否用其他催化剂制备环己烯？查阅有关资料，试比较使用不同催化剂的优缺点。

实验三十六　正溴丁烷的制备

【实验目的】

(1) 学习由醇制备正溴丁烷的原理和方法。

(2) 学习并掌握回流、气体吸收装置的实验操作方法。

(3) 进一步掌握分液漏斗的使用、液体有机物的干燥及蒸馏等实验操作。

【实验原理】

卤代烃是一种重要的有机合成中间体。由醇和氢卤酸反应制备卤代烷烃是卤代烃制备中的重要方法，正溴丁烷正是用正丁醇与氢溴酸制备而成的。HBr 是一种极易挥发的无机酸，

故本实验使用 NaBr 和浓 H_2SO_4 代替 HBr，使 HBr 边生成边参与反应，从而使 HBr 过量促进反应提高产率。浓 H_2SO_4 还起到催化脱水的作用。

反应中，为了防止反应物正丁醇及产物正溴丁烷逸出反应体系，采用回流装置，并在反应装置中加入气体吸收装置，防止 HBr 外逸对环境造成污染。为了使反应向右进行，还可将反应中生成的 H_2O 质子化，阻止卤代烷通过水的亲核进攻返回醇。反应式如下：

$$NaBr+H_2SO_4 \longrightarrow HBr+NaHSO_4$$

$$n\text{-}C_4H_9OH+HBr \longrightarrow n\text{-}C_4H_9Br+H_2O$$

副反应：

$$n\text{-}C_4H_9OH \xrightarrow{浓H_2SO_4} CH_3CH_2CH{=\!=}CH_2+H_2O$$

$$2n\text{-}C_4H_9OH \xrightarrow{浓H_2SO_4} (n\text{-}C_4H_9)_2O+H_2O$$

$$2NaBr+2H_2SO_4 \longrightarrow SO_2+Br_2+Na_2SO_4+2H_2O$$

【仪器与试剂】

仪器：球形冷凝管、圆底烧瓶、蒸馏头、温度计、直形冷凝管、接液管、电热套、分液漏斗、锥形瓶。

试剂：正丁醇(AR)、溴化钠(AR)、浓硫酸、饱和碳酸氢钠溶液、无水氯化钙(AR)。

【实验步骤】

在 25 mL 圆底烧瓶中加入 5 mL 水，分批加入 5 mL 浓硫酸[1]，混合均匀后，冷却至室温。再加入 3.1 mL 正丁醇(2.5 g，0.034 mol)，混合均匀后加入 4.2 g 研细的溴化钠(0.041 mol)和几粒沸石。安装回流反应装置，烧杯中用水或 5%氢氧化钠溶液作吸收剂。加热至沸，保持微沸回流 30 min，并不时摇动烧瓶促使反应完成[2]。待反应液稍冷后，改为蒸馏装置。蒸出粗产物正溴丁烷[3]，至蒸馏烧瓶中油层完全消失或馏出液无色透明为止[4]。

将馏出液转移至分液漏斗中，加入等体积的水洗涤。产物转移至干燥的分液漏斗中，用等体积的浓硫酸洗涤[5]。尽量分去硫酸层，有机层依次用等体积的水、饱和碳酸氢钠溶液和水洗涤后转移至干燥的锥形瓶中。用无水氯化钙干燥，间歇摇动锥形瓶，直到液体清亮为止。将干燥好的产物过滤到圆底烧瓶中进行蒸馏，收集 99～103℃馏分，产量约 3 g。

本实验约需 4 h。

测定产品的折射率和红外光谱。纯正溴丁烷为无色透明液体，熔点−112.4℃，沸点 101.6℃，n_D^{20} =1.4398。

【实验步骤流程图】

5 mL水、5 mL浓硫酸 $\xrightarrow{25\text{ mL圆底烧瓶}}$ $\xrightarrow{冷却至室温}$ $\xrightarrow[\text{正丁醇}]{加3.1\text{ mL}}$ 混合均匀 $\xrightarrow[沸石]{4.2\text{ g研细溴化钠}}$

$\xrightarrow[回流30\text{ min}]{加热至沸}$ $\xrightarrow[改蒸馏装置]{稍冷}$ $\xrightarrow[或馏出物透明]{至油层完全消失}$ 粗产物 $\xrightarrow{等体积水洗}$ $\xrightarrow{等体积浓硫酸洗涤}$

$\xrightarrow[分别洗涤]{等体积水、饱和碳酸氢钠溶液、水}$ $\xrightarrow[无水氯化钙干燥]{锥形瓶}$ $\xrightarrow{蒸馏}$ 99~103℃馏分 $\longrightarrow$ 称量

【注意事项】

[1] 浓硫酸要分批加入，每次加入浓硫酸均需混合均匀后再加入下一批。

[2] 反应过程中应不时摇动烧瓶，或采用磁力搅拌，促使反应完全。

[3] 正溴丁烷是否蒸馏完全，可以从下列几个方面判断：①馏出液是否由浑浊变为澄清；②蒸馏瓶中的上层油状物是否消失；③取一支试管收集几滴馏出液，观察有无油珠出现，若无，表示馏出液中已无有机物，蒸馏完成。

[4] 正溴丁烷蒸馏完全后应停止蒸馏，以免将过多的无机盐带出使水层的相对密度增大，使正溴丁烷成为上层。简单的判别方法是在馏出物中加几毫升水，体积增加的一层为无机层。如果正溴丁烷成为上层，可加适量的水以降低水层的相对密度，使正溴丁烷回到下层。

[5] 用浓硫酸洗涤后产物呈红色，是氧化作用生成的游离溴，可用少量的饱和亚硫酸氢钠溶液洗涤除去。

【思考题】

(1)加料时是否可以先将溴化钠与浓硫酸混合，然后加入正丁醇和水？为什么？

(2)在回流过程中反应液逐渐分成两层，产物应在哪一层？为什么？

(3)反应后的粗产物中含有哪些杂质？各步洗涤的目的是什么？

(4)用分液漏斗洗涤时，正溴丁烷开始在上层，然后在下层，如果不知道产物的相对密度，可用什么简便的方法加以判别？

(5)为什么用饱和碳酸氢钠溶液洗涤前要先用水洗一次？

实验三十七　乙醚实验室制备

【实验目的】

(1)掌握实验室制备乙醚的原理和方法。

(2)学习低沸点易燃液体的实验操作方法要点。

【实验原理】

醚的制备方法主要有两种：

(1) $2ROH \xrightleftharpoons[\triangle]{浓H_2SO_4} ROR+H_2O$

(2) $ROH+R'X \longrightarrow ROR'+HX$

方法(1)是脂肪族低级伯醇制备简单醚的方法(用仲醇产率低，用叔醇得烯)。常用催化剂是浓 H_2SO_4 或 Al_2O_3。由于反应是可逆的，所以通常采用蒸出产物(水或醚)的方法使反应向有利于生成醚的方向进行。制备乙醚时，反应温度(140℃)比原料乙醇的沸点(78℃)高得多，因此先将催化剂加热至所需温度，再将乙醇直接加到催化剂中，以免乙醇被蒸出，而乙醚的沸点(34.6℃)较低，当它生成后就立即从反应液中蒸出。

方法(2)常用于制备混合醚，特别是制备芳基烷基醚时产率较高。

可见反应温度不同，所得产物不同，而且温度越高，浓 H_2SO_4 的氧化能力越强，醇被氧化的副反应就加剧。所以本实验的操作关键是严格控制反应温度为135～145℃。制备反应方程式如下：

主反应：

$$CH_3CH_2OH+H_2SO_4 \xrightleftharpoons{100\sim130℃} CH_3CH_2OSO_2OH+H_2O$$

$$CH_3CH_2OSO_2OH+CH_3CH_2OH \xrightleftharpoons{135\sim145℃} CH_3CH_2OCH_2CH_3+H_2SO_4$$

总反应式：

$$2CH_3CH_2OH \xrightleftharpoons[H_2SO_4]{140℃} CH_3CH_2OCH_2CH_3+H_2O$$

副反应：

$$CH_3CH_2OH \xrightarrow{H_2SO_4} \begin{cases} \xrightarrow{170℃} CH_2{=}CH_2+H_2O \\ \xrightarrow{[O]} CH_3CHO+SO_2+H_2O \end{cases}$$

$$CH_3CHO \xrightarrow{H_2SO_4} CH_3COOH+SO_2+H_2O$$

$$SO_2+H_2O \longrightarrow H_2SO_3$$

反应装置如图 5-1 所示。

【仪器与试剂】

仪器：三颈烧瓶、滴液漏斗、电热套、温度计、蒸馏头、直形冷凝管、接液管、烧杯。

试剂：95%乙醇、浓硫酸、5%氢氧化钠溶液、饱和氯化钠溶液、饱和氯化钙溶液、无水氯化钙(AR)。

【实验步骤】

1. 乙醚的制备

(1)在干燥的三颈烧瓶中加入 12 mL 95%乙醇，缓缓加入 12 mL 浓硫酸混合均匀。滴液漏斗中加入 25 mL 95%乙醇。

(2)按图 5-1 连接好装置[1,2]。

(3)用电热套加热，使反应温度迅速升到 140℃。开始由滴液漏斗慢慢滴加乙醇。

(4)控制滴入速度与馏出液速度大致相等(每秒 1 滴)[3]。

(5)维持反应温度在 135～145℃，30～45 min 滴完，再继续加热 10 min，直到温度升到 160℃，停止反应。

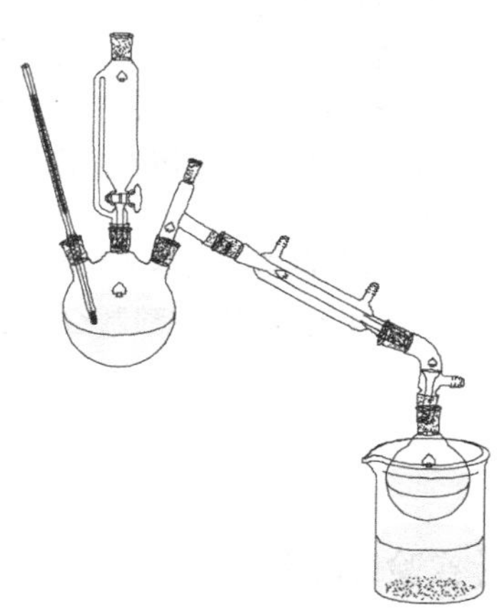

图 5-1　制备乙醚的实验装置

2. 乙醚的精制

(1)将馏出液转至分液漏斗中，依次用 8 mL 5%氢氧化钠溶液、8 mL 饱和氯化钠溶液洗涤，最后用 8 mL 饱和氯化钙溶液洗涤两次。

(2)分出醚层，用无水氯化钙干燥。

(3)蒸出醚，蒸馏收集 33～38℃馏分。

(4)计算产率。

本实验约需 4 h。

纯乙醚为无色透明液体，有刺激性气味，熔点−116.3℃，沸点 34.6℃，n_D^{20}=1.3555。

【实验步骤流程图】

25 mL 95%乙醇 $\xrightarrow[\text{开始滴加(控制135\textasciitilde145℃)}]{\text{当反应液温度上升到140℃，}}$ 12 mL 95%乙醇、12 mL浓硫酸 $\xrightarrow{\text{边反应边蒸馏}}$ 馏出液

$\xrightarrow[\text{洗涤}]{\text{8 mL 5\%氢氧化钠溶液}}$ $\xrightarrow[\text{洗涤}]{\text{8 mL饱和氯化钠溶液}}$ $\xrightarrow[\text{洗涤两次}]{\text{8 mL饱和氯化钙溶液}}$ $\xrightarrow[\text{干燥}]{\text{无水氯化钙}}$ $\xrightarrow[\text{热水浴}]{\text{蒸馏}}$

收集33~38℃馏分，称量，计算产率，测折射率

【注意事项】

[1] 在反应装置中，滴液漏斗末端和温度计水银球必须浸入液面以下，接收器必须浸入冰水浴中，尾接管支管接橡皮管通入下水道或室外。

[2] 乙醚是低沸点易燃的液体，仪器装置连接处必须严密。在洗涤过程中必须远离火源。

[3] 控制好滴加乙醇的速度(每秒 1 滴)和反应温度(135～145℃)。

【思考题】

(1) 反应温度过高或过低对反应有什么影响?

(2) 实验室使用或蒸馏乙醚时应注意哪些问题?

(3) 制备乙醚时，滴液漏斗的下端若不浸入反应液液面以下，会有什么影响？如果滴液漏斗的下端较短不能浸入反应液液面以下，应如何处理?

(4) 制备乙醚和蒸馏乙醚时，温度计的位置是否相同？为什么?

(5) 制备乙醚时，反应温度已高于乙醇的沸点，为什么乙醇不易被蒸出?

(6) 制备乙醚时，为什么要控制滴加乙醇的速度？什么滴加速度比较合适?

(7) 在粗制乙醚中有哪些杂质？它们是怎样形成的？实验中采用了哪些措施将它们一一除去?

(8) 在用氢氧化钠溶液洗涤乙醚粗产物之后，用饱和氯化钙溶液洗涤之前，为什么要用饱和氯化钠溶液洗涤产品?

(9) 若精制后的乙醚沸程仍较长，可能是什么杂质未除尽？如何将其完全除去?

(10) 用乙醇和浓硫酸制乙醚时，反应温度过高或过低对反应有什么影响？如何控制好反应温度?

实验三十八　苯乙酮的制备

【实验目的】

学习利用傅-克酰基化(Friedel-Crafts acylation)反应制备芳香酮的原理和方法。

【实验原理】

1877 年法国化学家傅瑞德(Friedel)和美国化学家克拉夫茨(Crafts)发现了制备烷基苯和芳香酮的反应，简称傅-克反应。制备烷基苯的反应称为傅-克烷基化反应，制备芳香酮的反应称为傅-克酰基化反应。傅-克烷基化反应可合成乙苯：

$$C_6H_6 + CH_3CH_2Br \xrightarrow{AlCl_3} C_6H_5CH_2CH_3 + HBr$$

许多路易斯酸可作为傅-克反应的催化剂，如无水 $AlCl_3$、无水 $ZnCl_2$、$FeCl_3$、$SbCl_3$、$SnCl_4$、BF_3 等。因为酸是一种非质子酸，在反应中是电子对的接受者，形成碳正离子，便于向苯环进攻。在烷基化反应中，$AlCl_3$ 可以重复使用，所以烷基化反应的 $AlCl_3$ 只需催化剂用量。

傅-克酰基化反应制苯乙酮的原理：

$$C_6H_6 + (CH_3CO)_2O \xrightarrow{AlCl_3} C_6H_5COCH_3 + CH_3COOH$$

反应历程：

$$CH_3-\overset{\overset{\large O}{\|}}{C}-O-\overset{\overset{\large O}{\|}}{C}-CH_3 + AlCl_3 \longrightarrow CH_3-\overset{\overset{\large O}{\|}}{C}-Cl + CH_3-\overset{\overset{\large O}{\|}}{C}-O-AlCl_2$$

$$H_3C-\overset{\overset{\large O}{\|}}{C}-Cl + AlCl_3 \rightleftharpoons H_3C-\overset{\overset{\large O:\ AlCl_3}{\|}}{C}-Cl \rightleftharpoons H_3C-\overset{\overset{\large \bar{O}:\ AlCl_3}{|}}{\underset{+}{C}}-Cl$$

$$C_6H_6 + H_3C-\overset{\overset{\large \bar{O}}{|}}{\underset{+}{C}}-Cl \underset{}{\overset{AlCl_3}{\rightleftharpoons}} \left[(C_6H_6^{+})\overset{H}{} - \overset{\overset{\large Cl}{|}}{\underset{\underset{\large CH_3}{|}}{C}}-OAlCl_3 \right] \longrightarrow C_6H_5-\overset{+}{\underset{\underset{\large CH_3}{|}}{C}}-OAlCl_3 + HCl$$

$$C_6H_5-\overset{+}{\underset{\underset{\large CH_3}{|}}{C}}-OAlCl_3 \rightleftharpoons C_6H_5-\overset{\overset{\large O:\ AlCl_3}{\|}}{C}-CH_3 \xrightarrow[H_2O]{H^+} C_6H_5-\overset{\overset{\large O}{\|}}{C}-CH_3 + Al(OH)Cl + HCl$$

$$(H_3C-CO)_2O + AlCl_3 \longrightarrow \begin{matrix} H_3C-C(=O\rightarrow AlCl_3) \\ \quad\quad O \\ H_3C-C(=O\rightarrow AlCl_3) \end{matrix}$$

从反应历程可以看出：

(1)酰基化反应：苯乙酮与等物质的量的氯化铝形成络合物，副产物乙酸也与等物质的量的氯化铝形成盐，反应中一分子酸酐消耗两分子以上的氯化铝。

(2)反应中形成的苯乙酮/氯化铝络合物在无水介质中稳定，水解时络合物被破坏，析出苯乙酮。氯化铝与苯乙酮形成络合物后不再参与反应，因此氯化铝是在生成络合物后，剩余的作为催化剂。

(3)氯化铝可以与含羰基的物质形成络合物，所以原料乙酸酐也与氯化铝形成分子络合物；另外，氯化铝的用量多时，可使乙酸盐转变为乙酰氯，作为酰化试剂参与反应：

$$CH_3-\overset{\overset{\large O}{\|}}{C}-O-AlCl_2 \longrightarrow CH_3-\overset{\overset{\large O}{\|}}{C}-Cl + AlOCl$$

(4)苯用量是过量的，苯既作为反应试剂，也作为溶剂，所以乙酸酐才是产率的基准试剂。

(5)酰基化反应特点：产物纯、产量高(因酰基不发生异构化，也不发生多元取代)。

【仪器与试剂】

仪器：三颈烧瓶、回流冷凝管、滴液漏斗、分液漏斗、蒸馏头、温度计、直形冷凝管、接液管、锥形瓶、干燥管、机械搅拌装置。

试剂：乙酸酐(AR)、苯(AR)、无水硫酸镁(AR)、浓盐酸(AR)、无水氯化铝(AR)、10%氢氧化钠溶液。

【实验步骤】

(1)向装有 10 mL 滴液漏斗、机械搅拌装置和回流冷凝管(上端通过氯化钙干燥管与氯化氢气体吸收装置[1]相连，如图 5-2 所示）的 100 mL 三颈烧瓶中迅速加入 13 g（0.097 mol）粉状无水氯化铝[2]和 16 mL（约 14 g，0.18 mol）无水苯[3]。在搅拌下将 4 mL（约 4.3 g，0.042 mol）乙酸酐[4]自滴液漏斗慢慢滴加到三颈烧瓶中（先加几滴，待反应发生后再继续滴加），控制乙酸酐的滴加速度以使三颈烧瓶稍热为宜。加完后（约 10 min），待反应稍缓和后在沸水浴中搅拌回流，直到不再有氯化氢气体逸出为止。

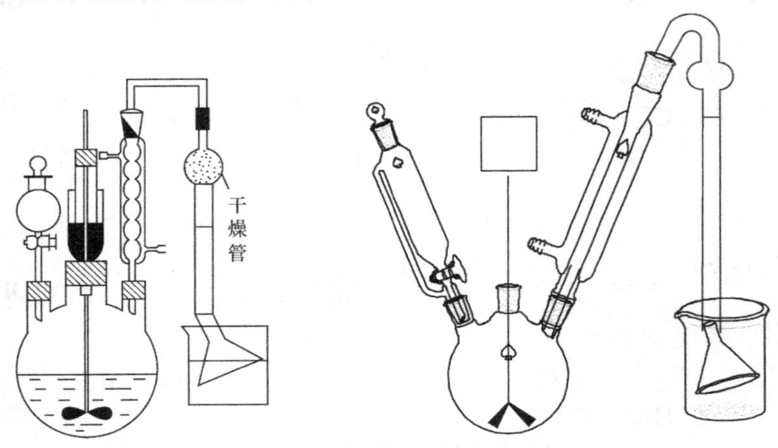

图 5-2　无水滴加搅拌气体吸收反应装置

（2）将反应混合物冷却到室温，在搅拌下倒入 18 mL 浓盐酸和 30 g 冰水的烧杯中（在通风橱中进行），若仍有固体不溶物，可补加适量浓盐酸使其完全溶解。将混合物转入分液漏斗中，分出有机层（哪一层？），水层用苯萃取两次（每次 8 mL）。合并有机层，依次用 15 mL 10%氢氧化钠溶液、15 mL 水洗涤，再用无水硫酸镁干燥。

（3）先在水浴上蒸馏回收苯，然后在石棉网上加热蒸去残留的苯[5]，稍冷后改用空气冷凝管（为什么？）蒸馏，收集 195～202℃馏分，产量约为 4.1 g（产率 85%）。

纯苯乙酮为无色透明油状液体，熔点 20.5℃，沸点 202℃，n_D^{20}=1.5372。

【实验步骤流程图】

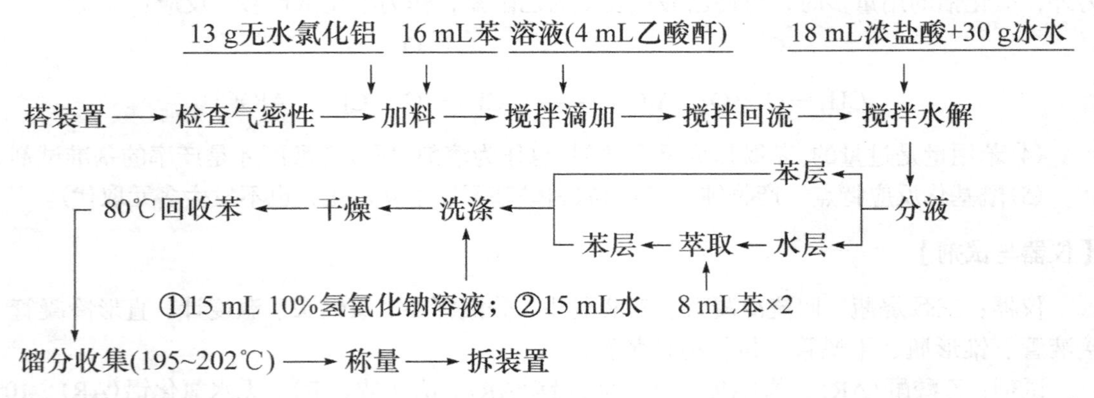

【注意事项】

[1] 吸收装置：约 20%氢氧化钠溶液，自配 200 mL，特别注意防止倒吸。

[2] 无水氯化铝的质量是本实验成败的关键，以白色粉末打开盖冒大量的烟，无结块现象为好。若大部分变黄，则表明已水解，不可用。氯化铝要研碎，速度要快。

[3] 苯以分析纯为佳，最好用钠丝干燥 24 h 以上再用。

[4] 滴加苯乙酮和乙酸酐混合物的时间以 10 min 为宜，滴得太快温度不易控制。

[5] 粗产物中的少量水在蒸馏时与苯以共沸物形式蒸出，其共沸点为 69.4℃。

【思考题】

(1)傅-克酰基化反应与傅-克烷基化反应各有什么特点？在两反应中，氯化铝和芳烃的用量有什么不同？为什么？

(2)反应完成后为什么要加入浓盐酸和冰水的混合物？

(3)下列试剂在无水氯化铝存在下相互作用，应得到什么产物？

①过量苯+$ClCH_2CH_2Cl$；②氯苯和丙酸酐；③甲苯和邻苯二甲酸酐；④溴苯和乙酸酐。

(4)为什么硝基苯可作为反应的溶剂？芳环上有—OH、—NH_2 等基团存在时对反应不利，甚至不发生反应，为什么？

(5)在苯乙酮的制备中，水和潮气对本实验有什么影响？在仪器装置和实验操作中应注意哪些事项？

实验三十九 呋喃甲醇和呋喃甲酸的制备

【实验目的】

(1)学习呋喃甲醛在浓碱条件下进行坎尼扎罗(Cannizzaro)反应制备呋喃甲醇和呋喃甲酸的原理和方法。

(2)进一步掌握萃取、蒸馏、重结晶等基本操作。

【实验原理】

坎尼扎罗反应是指不含α-活泼氢的醛在浓的强碱作用下，自身进行氧化还原反应，一分子醛被氧化成酸，另一分子醛被还原为醇的反应。本实验利用坎尼扎罗反应，以呋喃甲醛(糠醛)和氢氧化钠作用制备呋喃甲醇和呋喃甲酸。

$$2\ \text{(呋喃-2-基)}CHO + NaOH \longrightarrow \text{(呋喃-2-基)}CH_2OH + \text{(呋喃-2-基)}COONa$$

$$\text{(呋喃-2-基)}COONa + HCl \longrightarrow \text{(呋喃-2-基)}COOH$$

【仪器与试剂】

仪器：烧杯、分液漏斗、玻璃棒、圆底烧瓶、蒸馏头、温度计、直形冷凝管、接液管、锥形瓶、布氏漏斗、抽滤瓶、抽气泵。

试剂：呋喃甲醛(AR)、氢氧化钠(AR)、乙醚(AR)、浓盐酸(AR)、无水硫酸镁(AR)、刚果红试纸。

【实验步骤】

在 50 mL 烧杯中加入 8.2 mL 呋喃甲醛[1]，并用冰水冷却。另取 4 g 氢氧化钠溶于 6 mL 水中，冷却。在搅拌下将氢氧化钠溶液滴加到呋喃甲醛中。滴加过程中必须保持反应混合物温度在 8～12℃[2]。加完后，保持此温度继续搅拌[3]1 h，得黄色浆状物。

在搅拌下向反应混合物中加入约 5 mL 水至固体恰好完全溶解[4]，得暗红色溶液。将溶液转入分液漏斗中，每次用 8 mL 乙醚萃取四次，保留萃取后的水溶液。合并乙醚萃取液，用无水硫酸镁干燥。滤去干燥剂，如图 1-12(a)安装蒸馏装置，用水浴蒸去乙醚(注意蒸馏时尾接管的支管口接橡皮管伸入水槽中)。将冷凝管换成空气冷凝管，加热蒸馏，收集 169～172℃馏分，呋喃甲醇产量约 3 g。

在搅拌下向乙醚萃取后的水溶液中慢慢滴加浓盐酸[5](约 2 mL)，至刚果红试纸变蓝。冷却，结晶完全后抽滤，用少量冷水洗涤产物。粗产物用水重结晶[6]，得白色针状呋喃甲酸，产量约 4 g。

本实验需 6～7 h。

测定呋喃甲醇的折射率、呋喃甲酸的熔点和它们的红外光谱。

纯呋喃甲醛为无色易流动、有特殊苦辣气味液体，熔点−31℃，沸点 171℃，n_D^{20}=1.4869。

纯呋喃甲酸为白色单斜长棱形晶体，熔点 133～134℃，沸点 230～232℃，n_D^{20}=1.5310。

【实验步骤流程图】

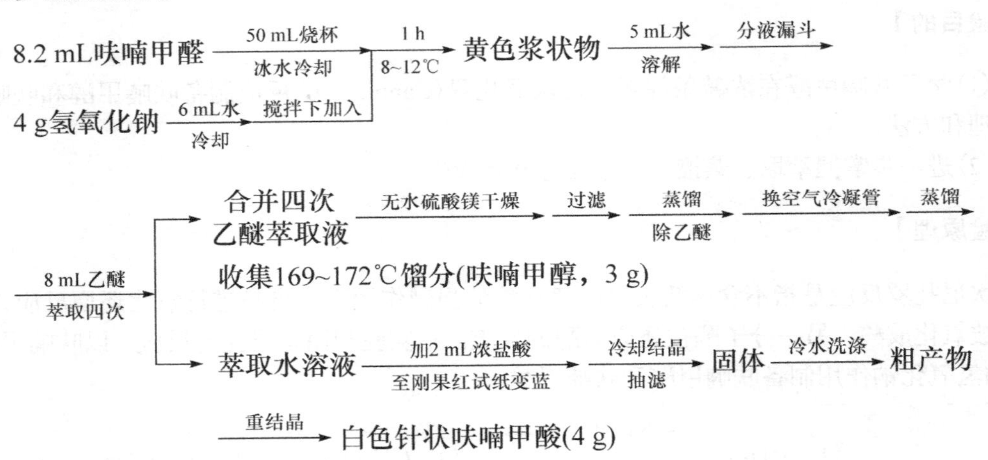

【注意事项】

[1] 呋喃甲醛久置易呈棕褐色，需蒸馏后方能使用，蒸馏时收集 155～162℃的馏分，新蒸馏的呋喃甲醛为无色或淡黄色液体。

[2] 反应温度若高于 12℃，则氧化过度，致使反应物变成深红色；若温度过低，反应过慢，可能积累一些氢氧化钠，一旦发生反应，则过于剧烈，增加副反应，影响产量及纯度。

[3] 由于反应是在两相间进行的，因此必须充分搅拌。

[4] 溶解呋喃甲酸的钠盐时，应控制水用量，否则溶剂过多，会增加呋喃甲酸在水中的溶解，从而损失一部分产品。

[5] 酸化时，酸要加得充足，以保证 pH 为 2.0～3.0，使呋喃甲酸充分游离出来。

[6] 呋喃甲酸重结晶时，不要长时间加热回流，否则部分呋喃甲酸会被分解，出现焦油状物。

【思考题】

(1) 为什么呋喃甲醛要重新蒸馏？长期放置的呋喃甲醛可能含哪些杂质？若不先除去，对本实验有什么影响？

(2)本实验是将氢氧化钠溶液滴加到呋喃甲醛中，若滴加顺序相反，反应过程有什么不同？对产率是否有影响？

(3)影响产物产率的关键步骤有哪些？应如何保证反应顺利进行？

(4)乙醚萃取后的水溶液用浓盐酸酸化，为什么要用刚果红试纸？若不用刚果红试纸，如何知道酸化是否恰当？

(5)坎尼扎罗反应还可以在固相和超声辐射等条件下进行，查阅资料，对坎尼扎罗反应的新方法进行概述。

实验四十　苯甲酸与苯甲醇的制备

【实验目的】

(1)学习由苯甲醛制备苯甲醇和苯甲酸的原理和方法。

(2)进一步熟悉机械搅拌器的使用。

(3)进一步掌握萃取、洗涤、蒸馏、干燥和重结晶等基本操作。

(4)全面复习巩固有机化学实验基本操作技能。

【实验原理】

本实验采用苯甲醛在浓氢氧化钠溶液中发生坎尼扎罗反应，制备苯甲醇和苯甲酸，反应式如下：

$$2\,C_6H_5CHO + NaOH \longrightarrow C_6H_5CH_2OH + C_6H_5COONa$$

$$C_6H_5COONa + HCl \longrightarrow C_6H_5COOH + NaCl$$

本实验制备苯甲醇和苯甲酸，采用机械搅拌下的加热回流装置，如图 5-3(a)所示。乙醚的沸点低，要注意安全，蒸馏低沸点液体的装置如图 5-3(b)所示。

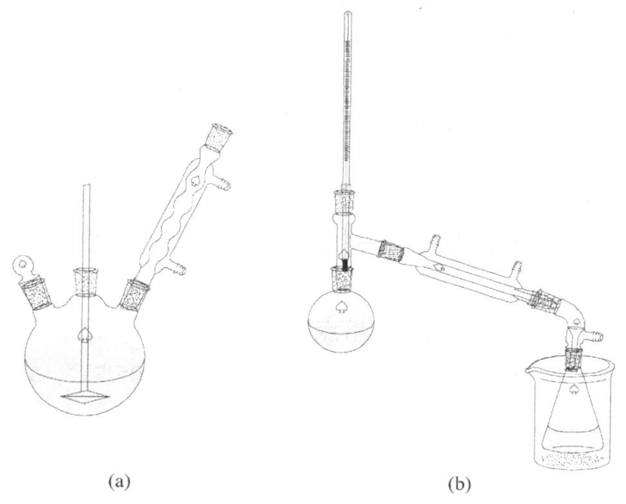

图 5-3　制备苯甲酸和苯甲醇的反应装置(a)及蒸馏乙醚的装置(b)

【仪器与试剂】

仪器：三颈烧瓶、圆底烧瓶、球形冷凝管、分液漏斗、直形冷凝管、蒸馏头、温度计套管、温度计(250℃)、支管接液管、锥形瓶、空心塞、量筒、烧杯、布氏漏斗、抽滤瓶、表面皿、红外灯、机械搅拌器。

试剂：苯甲醛(AR)、氢氧化钠(AR)、浓盐酸(AR)、乙醚(AR)、饱和亚硫酸氢钠溶液、10%碳酸钠溶液、无水硫酸镁(AR)、活性炭。

主要物料的物理常数见表 5-1。

表 5-1　主要物料的物理常数

化合物	分子量	相对密度 d	熔点/℃	沸点/℃	折射率 n	溶解度/g		
						水	乙醇	乙醚
苯甲醛	105.12	1.046	–26	179.1	1.5465	0.3	溶	溶
苯甲醇	108.13	1.0419	–15.3	205.3	1.5392	4^{17}	∞	∞
苯甲酸	122.12	1.2659	122	249	1.501	微溶	溶	溶

【实验步骤】

(1) 在 250 mL 三颈烧瓶上安装机械搅拌及回流冷凝管，另一口塞住。

(2) 加入 8 g 氢氧化钠和 30 mL 水，搅拌溶解。稍冷，加入 10 mL 新蒸馏的苯甲醛。

(3) 开启搅拌器，调整转速，使搅拌平稳进行。加热回流约 40 min。

(4) 停止加热，从球形冷凝管上口缓缓加入 20 mL 冷水，摇动均匀，冷却至室温。

(5) 反应物冷却至室温后，倒入分液漏斗，用乙醚萃取三次，每次 10 mL。水层保留待用。

(6) 合并三次乙醚[1]萃取液，依次用 5 mL 饱和亚硫酸氢钠溶液、10 mL 10%碳酸钠溶液、10 mL 水洗涤。

(7) 分出醚层，倒入干燥的锥形瓶，加无水硫酸镁干燥，注意锥形瓶上要加塞。

(8) 按图 5-3(b)安装低沸点液体的蒸馏装置，缓缓加热蒸出乙醚(回收)。

(9) 升高温度蒸馏，当温度升到 140℃时改用空气冷凝管，收集 198～204℃馏分，即为苯甲醇，称量，计算产率。

(10) 将第(5)步保留的水层慢慢地加入盛有 30 mL 浓盐酸和 30 mL 水的混合物中，同时用玻璃棒搅拌，析出白色固体。

(11) 冷却，抽滤，得到粗苯甲酸。

(12) 粗苯甲酸用水作溶剂重结晶[2]，需加活性炭脱色。产品在红外灯下干燥后称量，回收，计算产率。

纯苯甲酸为白色鳞片状(针状)晶体，熔点 121～125℃，沸点 249℃，n_D^{20} =1.5040。

纯苯甲醇为无色液体，有芳香味，熔点–15.3℃，沸点 205.7℃，n_D^{20} =1.5396。

【实验步骤流程图】

8 g NaOH / 30 mL H_2O —(250 mL三颈烧瓶 / 溶解)→ —(稍冷 / 加入10 mL苯甲醛)→ —(搅拌 / 回流40 min)→ —(停止加热 / 加20 mL冷水)→ —(摇匀)→ 冷却至室温

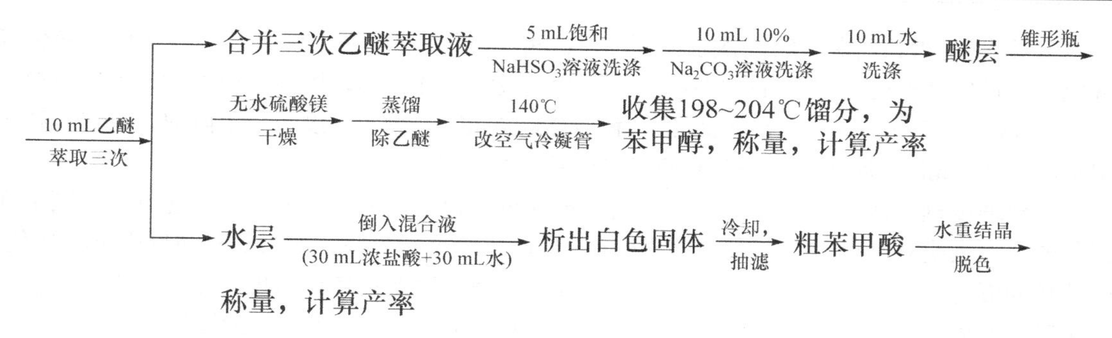

【注意事项】

[1] 本实验需要用乙醚，而乙醚极易着火，必须在近旁没有任何种类的明火时才能使用。蒸乙醚时可在接液管支管上连接一长橡皮管通入水槽的下水管内或引出室外，接收器用冷水浴冷却。

[2] 结晶提纯苯甲酸可用水作溶剂。苯甲酸在水中的溶解度为 80℃时 100 mL 水中可溶解苯甲酸 2.2 g。

【思考题】

(1) 试比较坎尼扎罗反应与羟醛缩合反应在醛的结构上有什么不同。

(2) 本实验中两种产物是根据什么原理分离提纯的？用饱和亚硫酸氢钠溶液及 10%碳酸钠溶液洗涤的目的是什么？

(3) 乙醚萃取后剩余的水溶液，用浓盐酸酸化到中性是否最恰当？为什么？

(4) 为什么要用新蒸馏的苯甲醛？长期放置的苯甲醛含有什么杂质？若不先除去，对本实验有什么影响？

实验四十一　己二酸的制备

【实验目的】

(1) 学习用环己醇氧化制备己二酸的原理和方法。

(2) 掌握电动搅拌器的使用方法及浓缩、过滤、重结晶等基本操作。

【实验原理】

实验室可用浓硝酸、高锰酸钾氧化环己醇制备己二酸。本实验采用高锰酸钾作氧化剂，氧化环己醇制备己二酸，反应式如下：

$$3\ \text{C}_6\text{H}_{11}\text{OH}\ (\text{环己醇}) + 8KMnO_4 + H_2O \longrightarrow 3HO_2C(CH_2)_4CO_2H + 8MnO_2 + 8KOH$$

【仪器与试剂】

仪器：三颈烧瓶、搅拌器、水浴锅、玻璃棒、抽滤瓶、布氏漏斗、抽气泵、烧杯。

试剂：环己醇(AR)、高锰酸钾(AR)、10%氢氧化钠溶液、浓盐酸(AR)、亚硫酸氢钠(AR)、活性炭。

【实验步骤】

按图 1-7(a)安装反应装置。在三颈烧瓶中加入 50 mL 10%氢氧化钠溶液，开动搅拌器，分批加入 6 g 研细的高锰酸钾。待高锰酸钾溶解后，加热使反应液温度至 40℃，移开热源，用滴管缓慢滴加环己醇[1]（第一次加入量 5～6 滴），观察反应液温度上升、高锰酸钾变色等现象。待反应液温度下降至 43℃左右时，继续缓慢滴加环己醇，控制滴加速度，使反应温度维持在 43～48℃[2]。待环己醇滴加完毕（滴加总量 2 mL），反应温度开始下降时，将混合物用沸水浴加热 5 min，促使反应完全并使二氧化锰沉淀凝结。

用玻璃棒蘸一滴反应混合物点到滤纸上做点滴实验。如果在棕色二氧化锰点的周围出现紫色的环，表明有高锰酸盐存在，继续加热 10 min 后重新检验，如果长时间反应仍不褪色，则分批向混合物中加入少量固体亚硫酸氢钠直到点滴实验无紫色环出现为止。如果在棕色二氧化锰点的周围没有出现紫色的环，说明高锰酸钾反应完全，可进行后续操作。

将混合物趁热抽滤，用少量热水洗涤滤渣 3 次。将滤液转移至烧杯或锥形瓶中加少量活性炭煮沸脱色，趁热抽滤。将滤液转移至干净烧杯中，小火加热蒸发，使溶液浓缩[3]至 10 mL 左右。冷却，用浓盐酸酸化，使溶液呈强酸性（pH 2.0～3.0，约需 4 mL 浓盐酸）。结晶完全后抽滤，干燥，得白色己二酸晶体 1.5～2 g。

本实验约需 4 h。

可用重结晶方法对产品进行进一步纯化，产品干燥后测定熔点和红外光谱。

纯己二酸为白色晶体，沸点 330.5℃，$n_D^{20}=1.4263$。

【实验步骤流程图】

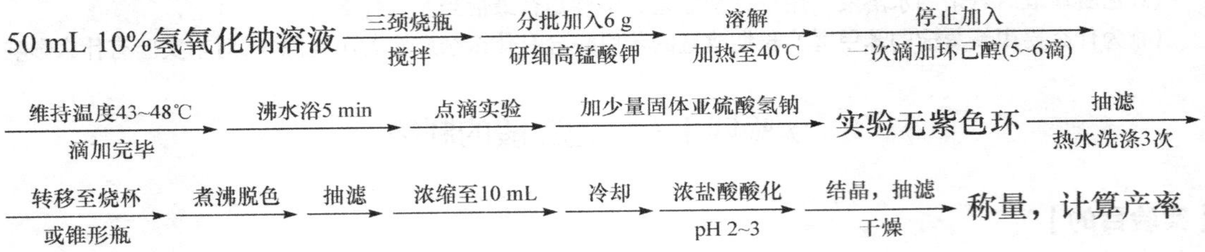

50 mL 10%氢氧化钠溶液 —三颈烧瓶/搅拌→ —分批加入6 g/研细高锰酸钾→ —溶解/加热至40℃→ —停止加入/一次滴加环己醇(5~6滴)→ —维持温度43~48℃/滴加完毕→ —沸水浴5 min→ —点滴实验→ —加少量固体亚硫酸氢钠→ 实验无紫色环 —抽滤/热水洗涤3次→ —转移至烧杯/或锥形瓶→ —煮沸脱色→ —抽滤→ —浓缩至10 mL→ —冷却→ —浓盐酸酸化/pH 2~3→ —结晶，抽滤/干燥→ 称量，计算产率

【注意事项】

[1] 环己醇在常温下为黏稠液体，为了便于滴加，可在盛环己醇的量筒中加入 3～5 mL 水，并用滴管使其变成乳液。

[2] 环己醇要逐滴加入并严格控制滴加速度，使反应温度不超过 50℃。否则，反应强烈放热，使温度急剧升高而难以控制，不仅导致产率下降，有时还会使反应物冲出反应器，甚至发生爆炸事故。

[3] 浓缩时加热不要过猛，以防液体外溅。溶液浓缩至 10 mL 左右后停止加热，让其自然冷却。

【思考题】

(1)为什么有些实验在加入最后一个反应物前要预先加热（如本实验中先预热到 40℃）？为什么一些反应剧烈的实验，开始时的加料速度要缓慢，待反应开始后反而可以适当加快加料速度？

(2)反应完后如果反应混合物做点滴实验有紫色环出现，为什么要加入亚硫酸氢钠？

(3)本实验得到的溶液为什么要用浓盐酸酸化？是否还可用其他酸酸化？为什么？

(4)查阅资料，概述合成己二酸的各种方法，并比较其特点。

实验四十二　苯甲酸的制备

【实验目的】

(1)学习用甲苯氧化制备苯甲酸的原理及方法。

(2)学习机械搅拌的操作。

(3)复习重结晶、减压过滤等基本操作。

【实验原理】

苯甲酸对氧化剂是稳定的，但苯环上的侧链可被氧化，无论侧链多长，只要有 α-H，都被氧化成苯甲酸。常规方法是采用高锰酸钾氧化甲苯合成苯甲酸。反应式如下：

$$C_6H_5CH_3 + 2KMnO_4 \longrightarrow C_6H_5COOK + KOH + 2MnO_2 + H_2O$$

$$C_6H_5COOK + HCl \longrightarrow C_6H_5COOH + KCl$$

【仪器与试剂】

仪器：圆底烧瓶(或三颈烧瓶)、球形冷凝管、量筒、石棉网、抽滤瓶、布氏漏斗、烧杯、酒精灯、滴管、滤纸、搅拌棒、表面皿。

试剂：甲苯(AR)、高锰酸钾(AR)、浓盐酸(AR)、亚硫酸氢钠(AR)。

【实验步骤】

1. 仪器安装、加料及反应

在 250 mL 圆底烧瓶(或三颈烧瓶)中放入 2.7 mL 甲苯和 100 mL 水，瓶口装回流冷凝管和机械搅拌装置[1]，在石棉网上加热至沸。分批加入 8.5 g 高锰酸钾；黏附在瓶口的高锰酸钾用 25 mL 水冲洗入瓶内。继续在搅拌下反应，直至甲苯层几乎消失，回流液不再出现油珠(需 4～5 h)。

2. 分离提纯

将反应混合物趁热减压过滤，用少量热水洗涤滤渣。合并滤液[2]和洗涤液，置于冰水浴中冷却，然后用浓盐酸酸化(用刚果红试纸检验)，至苯甲酸全部析出。

将析出的苯甲酸减压过滤，用少量冷水洗涤，挤压除去水分，把制得的苯甲酸放在沸水浴上干燥。产量约 1.7 g。

若要得到纯净产物，可在水中进行重结晶。

纯苯甲酸为无色针状晶体，熔点 121～125℃，沸点 249℃，n_D^{20} =1.5040。

【实验步骤流程图】

2.7 mL 甲苯、100 mL水 —250 mL圆底烧瓶/搅拌回流→ —分批加入8.5 g高锰酸钾→ —搅拌至甲苯层消失，回流液无油珠/4~5 h→ —减压过滤→ —滤液冰水浴冷却/结晶→ —沸水浴干燥→ —重结晶→ 称量，计算产率

【注意事项】

[1] 由于甲苯不溶于高锰酸钾水溶液，故该反应为两相反应，需要较高温度和较长时间，所以反应采用

了加热回流装置。如果同时采用机械搅拌或在反应中加入相转移催化剂，则可能缩短反应时间。

[2] 滤液如果呈紫色，可加入少量亚硫酸氢钠使紫色褪去，重新减压过滤。苯甲酸在 100 g 水中的溶解度为：4℃，0.18 g；18℃，0.27 g；75℃，2.2 g。

【思考题】

(1)在氧化反应中，影响苯甲酸产量的主要因素有哪些？

(2)反应完毕后，如果滤液呈紫色，为什么要加亚硫酸氢钠？

(3)精制苯甲酸还有什么方法？

实验四十三　肉桂酸的制备

【实验目的】

(1)学习用珀金(Perkin)反应制备肉桂酸的原理及方法。

(2)巩固水蒸气蒸馏的原理及操作。

【实验原理】

醛基直接与芳香环相连的芳香醛和酸酐在碱性催化剂存在下，生成 α, β-不饱和芳香酸，称为珀金反应。

$$C_6H_5CHO + (CH_3CO)_2O \xrightarrow[\text{加热}]{CH_3COOK} C_6H_5CH{=}CHCOOH + CH_3COOH$$

催化剂通常是用相应酸酐的羧酸钾或羧酸钠，有时也可用碳酸钾或叔胺代替。

【仪器与试剂】

仪器：蒸发皿、玻璃棒、金属板、研钵、三颈烧瓶、玻璃塞或橡皮塞、温度计、空气冷凝管、抽滤瓶、布氏漏斗、抽气泵。

试剂：苯甲醛(AR)、乙酸酐(AR)、无水乙酸钾(AR)、碳酸钠(AR)、浓盐酸(AR)、无水碳酸钾(AR)、10%氢氧化钠溶液、浓盐酸(AR)、刚果红试纸。

【实验步骤】

1. 无水乙酸钾缩合制备肉桂酸

将含水乙酸钾放入蒸发皿中加热，待水分挥发又结成固体后，加强热使固体再熔化，并不断搅拌，使水分挥发，将熔融的乙酸钾趁热倒在金属板上，冷却至常温后放入研钵研碎，得无水乙酸钾(如不立即使用，应保存在干燥器中)。

将 1.0 g 无水乙酸钾、2.5 mL 乙酸酐、1.5 mL 苯甲醛[1,2]和几粒沸石加入 100 mL 三颈烧瓶中，三颈烧瓶的中口用空心玻璃塞或橡皮塞密封，在一个侧口插入 250℃温度计，另一侧口安装空气冷凝管，冷凝管上口接无水氯化钙干燥管。加热回流 1 h，反应温度维持在 150～170℃[3]。

反应完毕后，将反应物冷却至 100℃以下，向反应瓶中加入 20 mL 热水，浸泡几分钟后用玻璃棒捣碎固体，然后加入适量的固体碳酸钠(1.5～2.5 g)，使溶液呈微碱性，进行水蒸气蒸馏，至馏出液无油珠为止。

将少量活性炭加入水蒸气蒸馏后的残留液中，煮沸 3～5 min 后趁热过滤。在搅拌下向稍冷后的热滤液中小心加入浓盐酸至呈酸性。冷却，结晶完全后抽滤，用少量冷水洗涤滤饼，干燥后称量，粗产物约 1.2 g。若要得到较纯的肉桂酸，可将粗产物用体积比为 3∶1 的水-乙醇溶液重结晶。

本实验约需 4 h。

测定产品的熔点和红外光谱。

2. 无水碳酸钾缩合制备肉桂酸

向 100 mL 三颈烧瓶中加入 2.2 g 研细的无水碳酸钾、1.5 mL 苯甲醛及 4 mL 乙酸酐，混合均匀后加热回流 45 min。

反应物冷却后，向其中加入 15～20 mL 热水，将装置改成水蒸气蒸馏装置，进行水蒸气蒸馏至馏出液无油珠为止。冷却后向烧瓶中加入 10 mL 10%氢氧化钠溶液，使所有的肉桂酸形成钠盐而溶解。抽滤，将滤液倒入烧杯中，在搅拌下慢慢滴加浓盐酸至刚果红试纸变蓝。冷却，结晶完全后抽滤，用少量冷水洗涤滤饼，干燥后称量，粗产物约 1.2 g。若要得到较纯的肉桂酸，可将粗产物用体积比为 3∶1 的水-乙醇溶液重结晶。

产品干燥后测定熔点和红外光谱。

纯肉桂酸的熔点 133℃，沸点 300℃，n_D^{20}=1.5550。

【实验步骤流程图】

1. 无水乙酸钾缩合制备肉桂酸

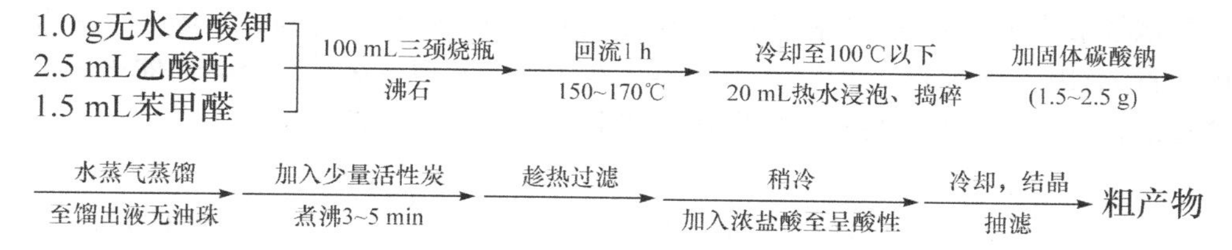

2. 无水碳酸钾缩合制备肉桂酸

2.2 g研细的无水碳酸钾、1.5 mL苯甲醛、4 mL乙酸酐 →(混合均匀/回流45 min)→ (冷却/加入15~20 mL热水)→ (水蒸气蒸馏/至馏出液无油珠)→ (冷却，加入10 mL/10%氢氧化钠溶液)→ (抽滤)→ (滤液倒入烧杯)→ (搅拌下滴加浓盐酸/至刚果红试纸变蓝)→ (冷却，结晶/抽滤)→ 粗产物(约1.2 g)

【注意事项】

[1] 乙酸酐加热时会发生水解，因此所有反应仪器应充分干燥，乙酸钾应先进行无水处理，除去其中的结晶水，无水碳酸钾要预先烘干。

[2] 乙酸酐久置后易吸潮水解，苯甲醛放久后易氧化生成苯甲酸，所以在使用前一定要重新蒸馏。

[3] 开始加热不要过猛，温度太高易发生脱羧、聚合等副反应，故反应温度一般控制在150～170℃。

【思考题】

(1) 实验方法 1 中，水蒸气蒸馏前若用氢氧化钠溶液代替碳酸钠可以吗？为什么？为什么方法 2 中水蒸气蒸馏前可以不加碱？

(2) 水蒸气蒸馏除去什么物质？

(3) 苯甲醛与丙酸酐在碳酸钾存在下相互作用，其产物是什么？

(4) 具有哪种结构的醛能发生珀金反应？

(5) 由于珀金反应为固、液两相反应，同时苯甲醛等原料在反应过程中会发生聚合，因此产率不高。试查阅资料，讨论可采取哪些措施提高珀金反应的产率。

(6) 水蒸气蒸馏装置中安全管和 T 形管的作用分别是什么？

实验四十四　乙酰水杨酸的制备

【实验目的】

(1) 学习用乙酸酐作酰化剂酰化水杨酸制备乙酰水杨酸的原理和方法。

(2) 巩固重结晶、抽滤等基本操作。

【实验原理】

乙酰水杨酸即阿司匹林(aspirin)，于19世纪末合成成功，它是一种有效的解热止痛、治疗感冒的药物，至今仍广泛使用。有关报道表明，人们正在发现它的某些新功能。水杨酸可以止痛，常用于治疗风湿病和关节炎。它是一种具有双官能团的化合物，一个是酚羟基，另一个是羧基，羧基和羟基都可以发生酯化，而且还可以形成分子内氢键，阻碍酰化和酯化反应的发生。

乙酰水杨酸由水杨酸(邻羟基苯甲酸)与乙酸酐进行酯化反应得到。水杨酸可由水杨酸甲酯，即冬青油(由冬青树提取而得)水解制得。本实验的常规方法采用硫酸作催化剂，以乙酸酐为酰化剂，与水杨酸的酚羟基发生酰化反应生成酯。反应式如下：

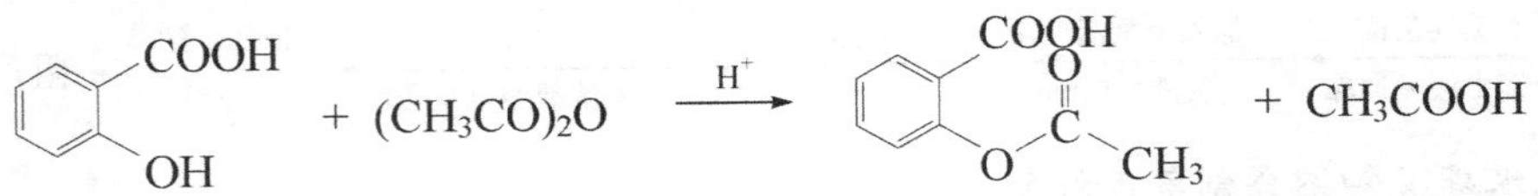

$$\text{(COOH, OH-benzene)} + (CH_3CO)_2O \xrightarrow{H^+} \text{(COOH, O-C(=O)-CH}_3\text{-benzene)} + CH_3COOH$$

在生成乙酰水杨酸的同时，水杨酸分子之间可以发生缩合反应，生成少量的聚合物。

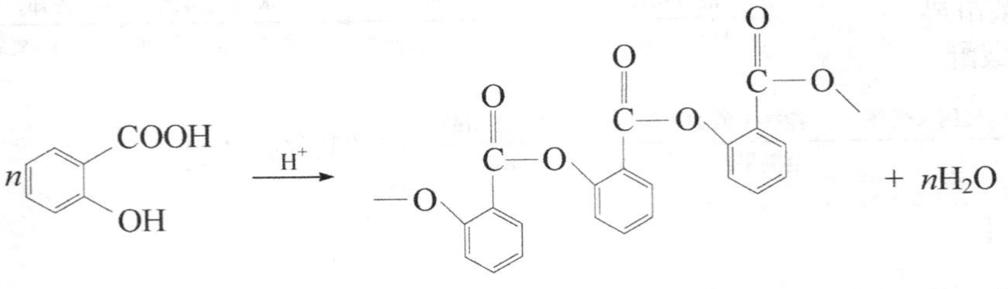

$$n\,\text{(COOH, OH-benzene)} \xrightarrow{H^+} \text{—O—C}_6\text{H}_4\text{—C(=O)—O—C}_6\text{H}_4\text{—C(=O)—O—C}_6\text{H}_4\text{—C(=O)—O—} + nH_2O$$

实验装置如图 5-4 所示。

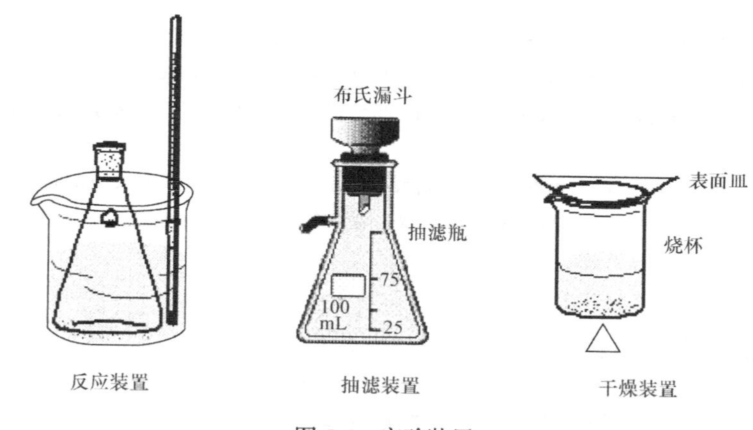

图 5-4 实验装置

【仪器与试剂】

仪器：锥形瓶、大试管、水浴锅、抽滤装置、烧杯。

试剂：水杨酸(AR)、乙酸酐(AR)、饱和碳酸氢钠溶液、1%三氯化铁溶液、浓盐酸(AR)、浓硫酸(AR)。

【实验步骤】

在 100 mL 锥形瓶(大试管)中加入 5 mL 新蒸馏的乙酸酐[1]、2.0 g 水杨酸[2]和 5 滴浓硫酸，摇动锥形瓶使水杨酸全部溶解，在水浴(85～90℃)上加热 15 min。稍微冷却，在不断搅拌下将反应物倒入盛有 30 mL 冷水的烧杯中，用 20 mL 冷水淋洗锥形瓶（大试管），将淋洗液倒入烧杯中。将烧杯放入冰浴中，搅拌冷却。待结晶完全析出后，进行抽滤。抽干得粗产物[3~5]，干燥后称量，计算产率。粗产物也可用乙醇-水进行重结晶。

本实验约需 4 h。

测定产品的熔点和红外光谱。

纯乙酰水杨酸为白色晶体，熔点 136～140℃，沸点 321.4℃。

【实验步骤流程图】

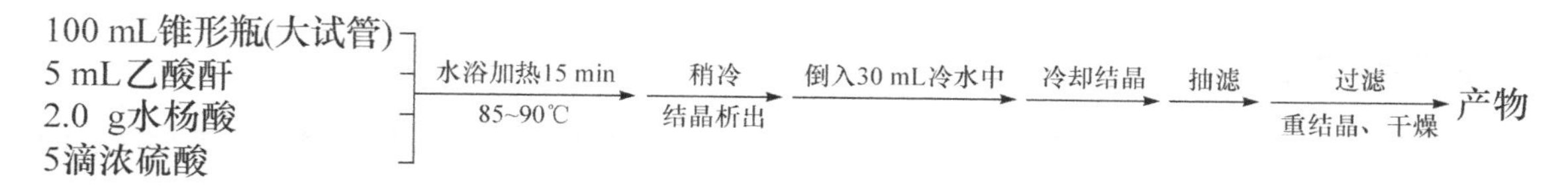

【注意事项】

[1] 乙酸酐加热容易水解，因此反应所用的仪器要全部干燥，要使用新蒸馏的乙酸酐，收集 139～140℃馏分。

[2] 水杨酸是具有酚羟基和羧基的双官能团化合物，能进行两种不同的酯化反应。当与乙酸酐作用时，可以得到乙酰水杨酸，如与过量的甲醇反应，则生成水杨酸甲酯。它是第一个作为冬青树的香味成分被发现的，因此称为冬青油。

[3] 在生成乙酰水杨酸的同时，水杨酸分子之间可以发生缩合反应，生成少量聚合物。可通过将粗产物溶于碱，过滤后再酸化的方法进行提纯，水杨酸可溶于碱，聚合物不溶于碱。

[4] 乙酰水杨酸受热后易发生分解，分解温度为 126～135℃，因此重结晶时不宜长时间加热，控制水温，产物干燥采取自然晾干。

[5] 为了检验产物中是否还有水杨酸，利用水杨酸可与三氯化铁发生颜色反应的特点，将几粒结晶加入盛有 3 mL 水的试管中，加入 1～2 滴 1%三氯化铁溶液，观察有无颜色反应(紫色)。

【思考题】

(1) 水杨酸与乙酸酐的反应过程中，浓硫酸的作用是什么?

(2) 若在硫酸的存在下，水杨酸与乙醇作用将得到什么产物？写出反应式。

(3) 反应中可能产生什么副产物？应采取什么措施加以控制？如何除去?

(4) 乙酰水杨酸也称阿司匹林，是一种广泛使用的解热止痛药物。通过什么简便方法可以鉴定阿司匹林是否变质?

(5) 查阅资料，了解阿司匹林的相关知识。

实验四十五　乙酸正丁酯的制备

【实验目的】

(1) 熟悉乙酸正丁酯的制备原理，掌握乙酸正丁酯的制备方法。

(2) 掌握回流和蒸馏操作。

(3) 掌握洗涤和萃取操作。

【实验原理】

以乙酸和正丁醇为原料，酸催化直接酯化制备乙酸正丁酯：

$$CH_3COOH + C_4H_9OH \xrightleftharpoons{\text{催化剂}} CH_3COOC_4H_9 + H_2O$$

酯化反应一般要用酸进行催化，本实验采用硫酸。为使化学平衡向有利于酯生成的方向移动，本实验采用乙酸过量的方法。

【仪器与试剂】

仪器：圆底烧瓶、球形冷凝管、直形冷凝管、蒸馏烧瓶、分液漏斗、烧杯、锥形瓶、滴管、温度计、电子天平。

试剂：正丁醇(AR)、冰醋酸(AR)、浓硫酸(AR)、10%碳酸钠溶液、无水硫酸镁(AR)。

【实验步骤】

如图 5-5 所示安装回流、蒸馏装置，在干燥的 50 mL 圆底烧瓶中装入正丁醇(9.2 mL，0.1 mol)和冰醋酸(12 mL，0.2 mol)，并小心加入 1 mL 浓硫酸。混合均匀，投入少量沸石，然后安装回流装置。在石棉网上加热回流。约 45 min 后不再有水生成，表示反应完毕。停止加热。冷却后卸下装置，将圆底烧瓶中的反应液倒入分液漏斗中。用 10 mL 10%碳酸钠溶液洗涤，分去水层。将酯层再用 10 mL 水洗涤一次，分去水层。将酯层倒入小锥形瓶中，加 1~2 g 无水硫酸镁干燥。

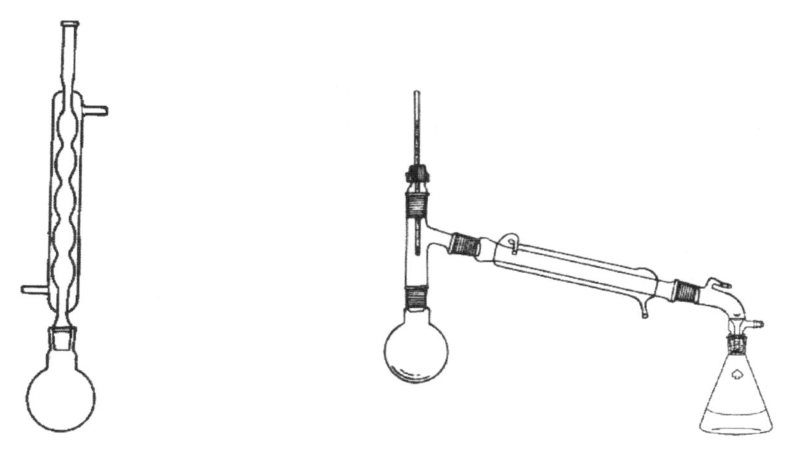

图 5-5　回流、蒸馏装置

将干燥后的乙酸正丁酯倒入干燥的 50 mL 蒸馏烧瓶中(注意不要把硫酸镁倒进去！)，加入沸石，安装好蒸馏装置，在石棉网上加热蒸馏，收集 124～126℃馏分。前后馏分倒入指定的回收瓶中。

纯乙酸正丁酯为无色液体，沸点 126.5℃，n_D^{20} =1.3951。

【实验步骤流程图】

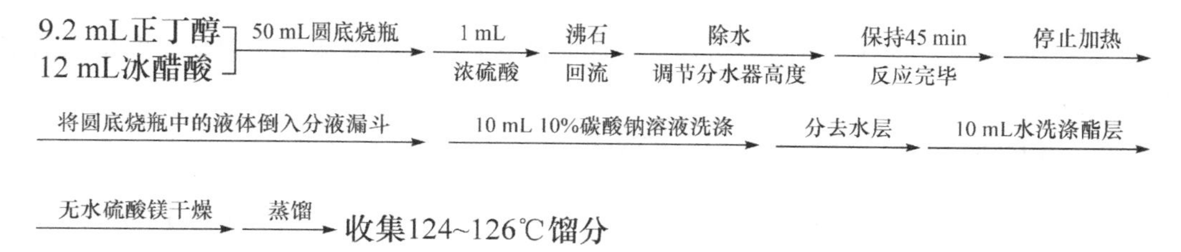

【注意事项】

[1] 浓硫酸在反应中起催化作用，故只需少量。

[2] 本实验利用共沸物除去酯化反应中生成的水。正丁醇、乙酸正丁酯和水形成以下几种共沸物：含水的共沸物冷凝为液体时，分为两层，上层是含少量水的酯和醇，下层主要是水。

【思考题】

(1) 乙酸正丁酯的合成实验根据什么原理来提高产量？

(2) 乙酸正丁酯的粗产物中，除产品乙酸正丁酯外，还有什么杂质？如何除去？

实验四十六　苯佐卡因的制备

【实验目的】

(1)通过苯佐卡因(benzocaine)的合成，了解药物合成的基本过程。

(2)掌握氧化、酯化和还原反应的基本原理及基本操作。

【实验原理】

苯佐卡因的结构式如下所示：

$$H_2N-C_6H_4-COOCH_2CH_3$$

第一步是还原反应。以锡粉为还原剂，在酸性介质中，将对硝基苯甲酸还原成可溶于水的对氨基苯甲酸盐酸盐：

$$HOOC-C_6H_4-NO_2 \xrightarrow[HCl]{Sn} HOOC-C_6H_4-NH_2 \cdot HCl + SnCl_4$$

还原反应后锡生成四氯化锡也溶于水，反应完毕，加入浓氨水至碱性，生成的氢氧化锡沉淀可被滤去：

$$SnCl_4 + 4NH_3 \cdot H_2O \longrightarrow Sn(OH)_4 \downarrow + 4NH_4Cl$$

而对氨基苯甲酸在碱性条件下生成羧酸铵盐仍能溶于水。然后用冰醋酸中和，即析出对氨基苯甲酸固体：

$$HOOC-C_6H_4-NH_2 \cdot HCl \xrightarrow{NH_3 \cdot H_2O} H_4NOOC-C_6H_4-NH_2 \xrightarrow{CH_3COOH} HOOC-C_6H_4-NH_2 + CH_3COONH_4$$

第二步是酯化反应：

$$HOOC-C_6H_4-NH_2 \xrightarrow[H_2SO_4]{C_2H_5OH} C_2H_5OOC-C_6H_4-NH_2 \cdot H_2SO_4 \xrightarrow{Na_2CO_3} C_2H_5OOC-C_6H_4-NH_2$$

酯化产物与硫酸成盐而溶于水，反应完毕加碱中和即得苯佐卡因固体。

【仪器与试剂】

仪器：三颈烧瓶、圆底烧瓶、滴液漏斗、回流冷凝管、电热套、磁力搅拌器、抽滤瓶、布氏漏斗、抽气泵、表面皿、烧杯、量筒。

试剂：对硝基苯甲酸（AR）、锡粉、浓盐酸（AR）、浓氨水（AR）、冰醋酸（AR）、无水乙醇（AR）、浓硫酸（AR）、碳酸钠粉末（AR）、10%碳酸钠溶液、蓝色石蕊试纸。

【实验步骤】

1. 还原反应

在 100 mL 三颈烧瓶上安装回流冷凝管和滴液漏斗。在三颈烧瓶中加入 4 g 对硝基苯甲酸、9 g 锡粉和磁力搅拌子，滴液漏斗中加入 20 mL 浓盐酸。开动磁力搅拌器，从滴液漏斗中滴加浓盐酸，反应立即开始。如有必要可稍稍加热以维持反应正常进行（反应液中锡粉逐渐减少）。20～30 min 后反应接近终点，反应液呈透明状。

稍冷后，将反应液倾入 250 mL 圆底烧瓶中。待反应液冷至室温后，在不断搅拌下慢慢滴加浓氨水，使溶液刚好呈碱性，注意总体积不要超过 55 mL，可加热浓缩。向滤液中小心地滴加冰醋酸，即有白色晶体析出。继续滴加少量冰醋酸，则有更多的固体析出，用蓝色石蕊试纸检验直到呈酸性为止。在冷水浴中冷却后抽滤得白色固体，晾干后称量，产量约 2.0 g。

纯对氨基苯甲酸为黄色晶体，熔点 184～186℃。

2. 酯化反应

在 100 mL 三颈烧瓶中加入 2 g 对氨基苯甲酸、20 mL 无水乙醇（10.34 mol）和 2 mL 浓硫酸。将混合物充分摇匀，加入沸石，安装回流冷凝管，电热套加热回流 1 h，反应液呈无色透明状。

趁热将反应液倒入盛有 85 mL 水的烧杯中。待溶液稍冷后，慢慢加入碳酸钠粉末[1]，边加边用玻璃棒搅拌，使碳酸钠粉末充分溶解。当液面上有少许白色沉淀出现时，再慢慢滴加 10%碳酸钠溶液，将溶液的 pH 调至 9.0 左右。所得固体产物抽滤，晾干后称量，产量 1～2 g。

纯对氨基苯甲酸乙酯为白色针状晶体，熔点 91～92℃。

【实验步骤流程图】

1. 还原反应

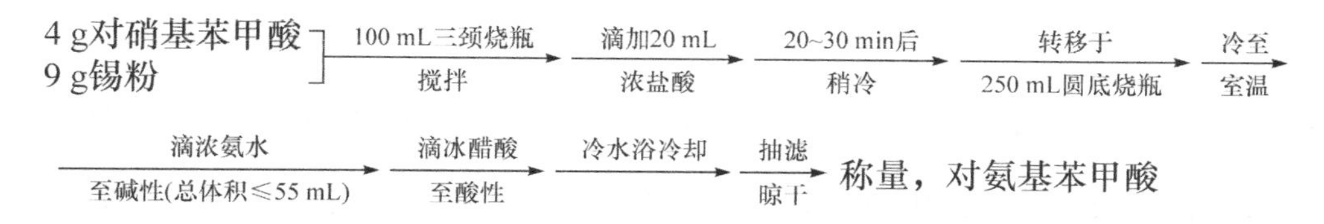

2. 酯化反应

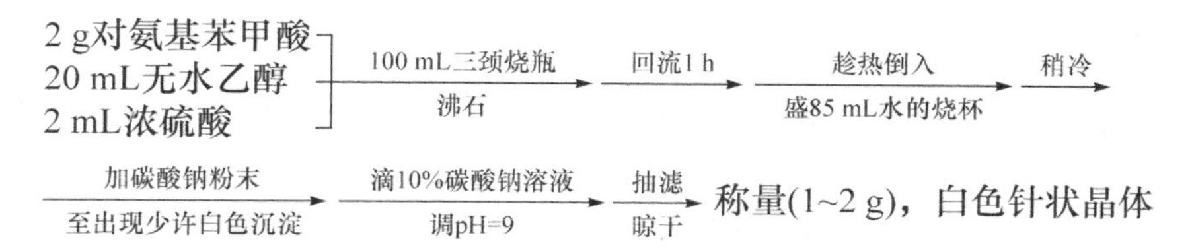

【注意事项】

[1] 用碳酸钠粉末中和时，应慢慢加入，以防生成大量泡沫而溢出。

【思考题】

(1)酯化反应中，抽滤后所得固体产物要加 10%碳酸钠溶液洗涤，其作用是什么？
(2)酯化反应结束后，为什么要用碳酸钠溶液而不用氢氧化钠进行中和？
(3)试提出其他合成苯佐卡因的路线，并比较它们的优缺点。

实验四十七　乙酰乙酸乙酯的制备

【实验目的】

(1)学习并掌握利用克莱森(Claisen)酯缩合反应制备乙酰乙酸乙酯的原理和方法。
(2)进一步巩固金属钠的保存及使用方法。

【实验原理】

含 α-H 的酯在碱性催化剂作用下与另一分子酯发生克莱森酯缩合反应，生成β-酮酸酯。以乙酸乙酯为原料，用金属钠作缩合试剂制备乙酰乙酸乙酯时，真正的催化剂是金属钠与乙酸乙酯中残留的少量乙醇作用生成的乙醇钠。反应一旦发生，生成的乙醇与金属钠继续作用，维持反应继续进行。如果使用高纯度的乙酸乙酯，反而不能发生缩合反应。反应式如下：

$$2CH_3COOC_2H_5 \xrightarrow{NaOC_2H_5} Na^+[CH_3COCHCOOC_2H_5]^- \xrightarrow{HOAc} CH_3COCH_2COOC_2H_5$$

反应经历了如下平衡过程：

$$CH_3COOC_2H_5 + C_2H_5O^- \rightleftharpoons {}^-CH_2COOC_2H_5 + C_2H_5OH$$

$$CH_3COOC_2H_5 + {}^-CH_2COOC_2H_5 \rightleftharpoons H_3C-\underset{OC_2H_5}{\overset{O^-}{C}}-CH_2COOC_2H_5 \rightleftharpoons CH_3COCH_2COOC_2H_5$$

$$+ C_2H_5O^- \longrightarrow [CH_3CO\bar{C}HCOOC_2H_5 \longleftrightarrow CH_3\overset{O^-}{C}=CHCOOC_2H_5] + C_2H_5OH$$

由于乙酰乙酸乙酯分子中亚甲基上的氢的酸性比乙醇强得多，因此最后一步实际上是不可逆的，生成的乙酰乙酸乙酯钠盐必须用乙酸酸化才能使乙酰乙酸乙酯游离出来。

【仪器与试剂】

仪器：圆底烧瓶、冷凝管、电热套、橡皮塞、干燥管、分液漏斗、蒸馏头、直形冷凝管、温度计、接液管、锥形瓶。

试剂：乙酸乙酯(AR)、金属钠(AR)、二甲苯(AR)、50%乙酸溶液、饱和氯化钠溶液、无水硫酸钠(AR)。

【实验步骤】

在干燥的 100 mL 圆底烧瓶中加入 2.5 g 金属钠[1]和 15 mL 干燥的二甲苯，安装冷凝管，用电热套加热使钠熔融成粒状。迅速拆去冷凝管，用橡皮塞塞紧圆底烧瓶，用力来回振摇，使钠珠呈细粒状。静置，使钠珠沉于瓶底，倾滤出二甲苯(倒入指定的回收瓶，切勿倒入水槽或废液缸，以免着火)后，迅速向烧瓶中加入 27.5 mL 乙酸乙酯[2]，装上冷凝管和无水氯化钙干燥管，很快有氢气泡逸出，表明反应已经开始。待反应过后，用电热套小火加热，保持微沸状态，直至金属钠完全消失为止，反应约需 1.5 h。此时，反应液为橘红色透明溶液(有可能析出淡黄色沉淀)。反应液冷却后，加入 50%乙酸溶液[3]，边加边摇动，直至反应液呈弱酸性为止(约需 15 mL)，得到透明的溶液。将此溶液转入分液漏斗，加入等体积的饱和氯化钠溶液，用力振荡片刻后静置分层，分出粗产物，用无水硫酸钠干燥后滤入圆底烧瓶，并用少量乙酸乙酯洗涤干燥剂。用沸水浴常压蒸出未作用的乙酸乙酯后，减压蒸馏，收集乙酰乙酸乙酯[4]，产量约 6 g[5]。

测定产品的折射率和红外光谱。乙酰乙酸乙酯的沸点与压力的关系见表 5-2。乙酰乙酸乙酯的熔点–45℃，n_D^{20} =1.4192。

表 5-2　乙酰乙酸乙酯的沸点与压力的关系

压力/									
mmHg	12	14	18	20	30	40	60	80	760
kPa	1.6	1.87	2.4	2.67	4	5.33	8	10.67	101.33
沸点/℃	71	74	78	82	88	92	97	100	181

【实验步骤流程图】

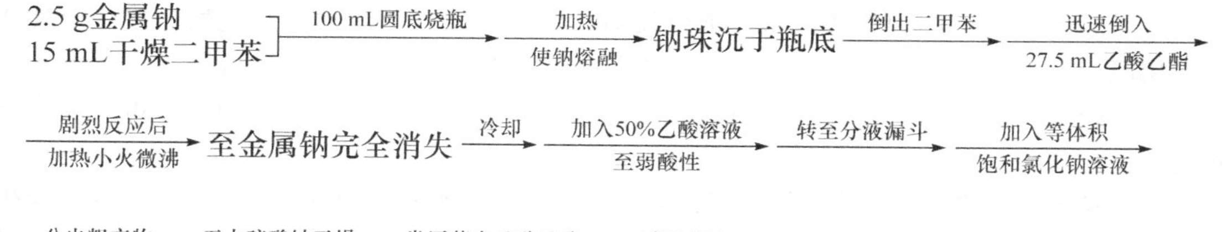

【注意事项】

[1] 反应过程中金属钠应尽量全部作用，但很少量的金属钠并不影响进一步操作。

[2] 乙酸乙酯必须保持绝对干燥，但应含有 1%～2%的乙醇。提纯方法是先用饱和氯化钙溶液洗涤乙酸乙酯 3 次，再用熔融的无水碳酸钾干燥，水浴蒸馏，收集 76～78℃馏分。

[3] 用乙酸中和时应小心加入，以防止与未反应完的金属钠发生剧烈反应。开始中和时有固体析出，继续加酸并不断振摇，固体会逐渐消失，最后得到透明的溶液。如果有少量固体未溶解，可加入少量水使其溶解。但应避免加入过量的乙酸，否则会增加乙酰乙酸乙酯的溶解损失。

[4] 常压蒸馏时，乙酰乙酸乙酯容易分解而降低产量。

[5] 理论产量按金属钠计算。

【思考题】

(1)为什么本实验所用的仪器和试剂都必须干燥无水？

(2)克莱森酯缩合反应的催化剂是什么？本实验为什么可以用金属钠代替？

(3)反应过程中可能出现的淡黄色沉淀为哪种物质？

(4) 本实验中加入50%乙酸溶液和饱和氯化钠溶液的目的是什么？能否用其他酸代替乙酸？

(5) 写出下列化合物发生克莱森酯缩合反应的产物：

①苯甲酸乙酯和丙酸乙酯；②苯甲酸乙酯和苯乙酮。

实验四十八　对甲苯磺酸钠的制备

【实验目的】

(1) 学习阴离子表面活性剂对甲苯磺酸钠的制备方法，了解表面活性剂。

(2) 学习芳香烃磺化反应的原理和制备方法。

(3) 熟练掌握在搅拌下进行分水回流的操作技术。

【实验原理】

表面活性剂是指少量溶于液体就能降低液体表面张力，改变界面性质的化合物。表面活性剂根据它能否在水中电离生成离子，分为离子型表面活性剂和非离子型表面活性剂。离子型表面活性剂按电离后生成的离子所带电荷情况进一步分为阳离子表面活性剂、阴离子表面活性剂和两性表面活性剂。表面活性剂的特点是分子内同时含有亲水性基团和亲油性基团，至少能溶于油-水两相中的某一相，能够降低水或其他液体的表面张力，因此具有润湿、渗透、分散、乳化、增溶、发泡及洗涤等作用。表面活性剂在化妆品、洗涤剂、食品、医药、纺织、印染、农药、涂料、高分子合成等领域有着广泛而重要的用途。

对甲苯磺酸钠是一种阴离子表面活性剂，为合成洗涤剂的主要成分，由甲苯经磺化反应生成对甲苯磺酸再转化为钠盐制得。

芳香烃的磺化反应为苯环的亲电取代反应，常用的磺化剂主要有浓硫酸、发烟硫酸或三氧化硫。磺化反应的难易与磺化剂的种类、浓度及反应温度有关。当芳环上有供电子取代基时，磺化反应容易进行。磺化反应是可逆反应，在反应中除去生成的水，可使反应正向进行。

本实验用过量的甲苯与浓硫酸反应，同时利用甲苯与水易形成共沸物的特点，使反应生成的水通过共沸蒸馏不断地用分水器移出反应体系，以保持反应体系中硫酸浓度不下降，反应温度也不会过高，有利于反应正向进行。甲苯磺化时温度过高会使二磺化产物增多，因此反应温度应控制在适宜的范围。反应结束后，将反应物倒入饱和氯化钠溶液中(降低产物对甲苯磺酸的溶解度)，再加入固体碳酸钠使产物转变为钠盐，得到对甲苯磺酸钠。

主要反应：

$$C_6H_5CH_3 + H_2SO_4 \rightleftharpoons p\text{-}CH_3C_6H_4SO_3H + H_2O$$

$$2\ p\text{-}CH_3C_6H_4SO_3H + Na_2CO_3 \longrightarrow 2\ p\text{-}CH_3C_6H_4SO_3Na + CO_2 + H_2O$$

副反应：

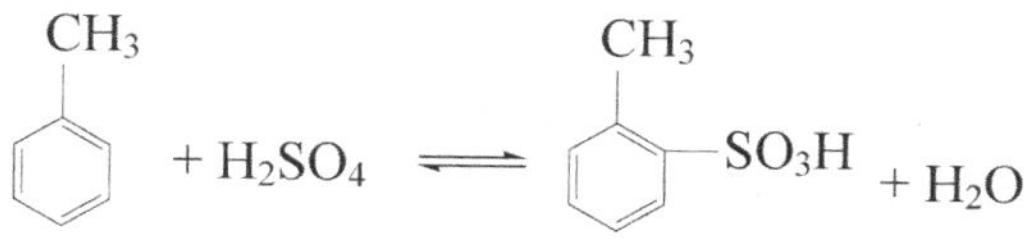

$$\text{C}_6\text{H}_5\text{CH}_3 + H_2SO_4 \rightleftharpoons o\text{-}CH_3C_6H_4SO_3H + H_2O$$

【仪器与试剂】

仪器：三颈烧瓶、电动搅拌器、搅拌棒、温度计、分水器、冷凝管、抽滤瓶、布氏漏斗、抽气泵。

试剂：甲苯(AR)、浓硫酸(AR)、饱和氯化钠溶液、碳酸钠(AR)、pH 试纸。

【实验步骤】

在装有电动搅拌器、温度计的干燥 50 mL 三颈烧瓶中加入 20.0 mL(17.39 g，0.188 mol)甲苯，开动搅拌器，缓慢加入 5.0 mL(0.092 mol)浓硫酸，安装分水器和冷凝管，分水器预先加水至支管口，然后放出 2 mL 水。缓慢加热至回流，分水器中水量不断增加，控制反应温度在 110℃左右，反应至分水器中水量增加约 2 mL 时停止加热。

稍冷后，将反应液趁热倒入盛有 40 mL 饱和氯化钠溶液的烧杯中，在冷却搅拌下慢慢加入固体碳酸钠(在通风橱中操作)，立即产生气泡，并有固体产物生成。待气泡减少时，用 pH 试纸测试溶液的 pH，继续加入固体碳酸钠直至溶液 pH 为 5.0～6.0 时为止，抽滤。粗产物可用 30 mL 饱和氯化钠溶液重结晶。若产物有颜色，重结晶时可加入少量活性炭脱色。将产物干燥后称量，计算产率。

对甲苯磺酸钠为白色斜方片状结晶，熔点高于 300℃，易溶于水，自溶液中析出时常带有结晶水。

【实验步骤流程图】

20.0 mL甲苯 $\xrightarrow[\text{搅拌}]{\text{三颈烧瓶}}$ $\xrightarrow[\text{5.0 mL浓硫酸}]{\text{缓慢加入}}$ $\xrightarrow[\text{110℃}]{\text{回流}}$ $\xrightarrow[\text{停止加热}]{\text{分水器中水量增加2 mL}}$ $\xrightarrow{\text{稍冷}}$ $\xrightarrow[\text{(40 mL饱和氯化钠溶液)}]{\text{趁热倒入烧杯}}$ $\xrightarrow[\text{加入固体碳酸钠至pH为 5～6}]{\text{搅拌}}$ $\xrightarrow{\text{抽滤}}$ 粗产物 $\xrightarrow[\text{溶液重结晶}]{\text{30 mL饱和氯化钠}}$ $\xrightarrow{\text{脱色}}$ 称量，计算产率

【思考题】

(1)反应中为什么采用搅拌装置？

(2)硫酸浓度和反应温度对本反应有什么影响？

实验四十九　乙酰苯胺的制备

【实验目的】

(1)掌握苯胺乙酰化反应的原理和操作。

(2)巩固固体有机化合物重结晶提纯的原理和方法。

【实验原理】

以乙酸为酰化剂，将苯胺酰化生成乙酰苯胺。反应式如下：

$$C_6H_5NH_2 + CH_3COOH \xrightarrow[105℃]{加热} C_6H_5NHCOCH_3 + H_2O$$

采用分馏装置，控制柱顶温度，使生成的水蒸出，避免乙酸蒸出，使平衡向右移动，提高产率。为防止苯胺氧化，加入少量锌粉。

实验装置如图 2-24(b)所示。

【仪器与试剂】

仪器：圆底烧瓶、分馏柱、温度计、直形冷凝管、接液管、锥形瓶、布氏漏斗、抽滤瓶、抽气泵、烧瓶、电热套、表面皿。

试剂：苯胺(AR)、冰醋酸(AR)、锌粉(AR)、活性炭。

【实验步骤】

在 25 mL 圆底烧瓶中放入 2.5 mL 苯胺、3.7 mL 冰醋酸[1]和少量锌粉[2]，安装反应装置。小火加热，维持分馏柱顶端温度不超过 105℃[3]，蒸出反应中生成的水。当温度计读数大幅度下降并不再有水蒸出时，停止加热。将反应液趁热搅拌倒入 30 mL 冷水中[4]。冷却至室温，待固体充分析出后，抽滤，用 5 mL 冷水洗涤产物除去残留的酸液。抽干，得粗产物。

称取 1 g 粗产物，加入 100 mL 锥形瓶中，加入一定量的蒸馏水，加热至沸溶解，稍冷后加入适量活性炭，重新煮沸 3～5 min，趁热过滤，将滤液转入烧杯中，室温下冷却结晶。抽滤，每次用 3～5 mL 蒸馏水洗涤结晶 2～3 次，将结晶转移至干净的表面皿上，干燥，得纯乙酰苯胺[5]。

本实验约需 4 h。

测定产品的熔点和红外光谱，并与纯净的乙酰苯胺进行对比。

纯乙酰苯胺的熔点 114.3℃，沸点 305℃，n_D^{20} =1.5299。

【实验步骤流程图】

2.5 mL苯胺、3.7 mL冰醋酸、少量锌粉 —25 mL圆底烧瓶→ —分馏（温度不超过105℃）→ —至温度计读数大幅度下降（此时不再有水蒸出）→ —趁热倒入30 mL冷水中→ —冷却至室温（至固体充分析出）→ —抽滤→ —脱色（重结晶）→ 纯乙酰苯胺

【注意事项】

[1] 苯胺有强致癌作用，冰醋酸有较强的灼伤能力，加料时尽量避免吸入或与皮肤接触。

[2] 锌粉不能加得太多，否则在后处理中会出现不溶于水的氢氧化锌。

[3] 反应时，应维持分馏柱顶端温度不超过 105℃，以保证能将水蒸出而乙酸不被蒸出。

[4] 反应结束后，应趁热将反应物倒入冷水中，以防乙酰苯胺凝固。

[5] 乙酰苯胺在水中的溶解度为 0.53 g(6℃)、3.5 g(80℃)。

【思考题】

(1)本实验中采取哪些措施来提高乙酰苯胺的产率？

(2)反应过程中为什么要控制分馏柱顶部温度不超过 105℃？

(3)在重结晶时如果按下列操作会产生什么结果？试说明原因。

①在溶解样品时加入太多溶剂；②用大量的活性炭脱色；③冷却结晶时没有充分冷却；④抽滤得到的晶体没有用纯的冷溶剂洗涤；⑤抽滤得到的晶体用热的纯溶剂洗涤。

(4)计算重结晶 1 g 粗乙酰苯胺所需要的蒸馏水的用量。

(5)重结晶操作中，活性炭为什么要在固体物质全部溶解后加入？为什么不能在溶液沸腾时加入？

(6)测定熔点时，能否按照下面的方法进行操作？为什么？

①在纸上研细样品和装样；②样品研得不细或装填不紧密；③毛细管内样品装填太多；④样品没烘干；⑤毛细管一端没封好，还有一针孔；⑥在接近熔点时升温速度太快；⑦把用过的毛细管冷却固化后进行第二次测定。

实验五十　羧甲基纤维素钠的制备

【实验目的】

(1)学习羧甲基纤维素钠的制备方法，加深对多糖类高聚物纤维素的了解。

(2)熟练掌握机械搅拌、抽滤、洗涤等基本操作。

【实验原理】

羧甲基纤维素钠(CMC-Na)，习惯上又称 CMC，是具有醚结构的纤维素衍生物，为白色或微黄色粉末，无毒，无味，有吸湿性，不溶于有机溶剂，溶于水和弱碱性溶液形成透明胶体。CMC 具有良好的乳化和分散能力，较高的黏度、黏结力和成膜性，可用作黏合剂、乳化剂、分散剂和增稠剂，在食品、医药、纺织、造纸及建筑业等领域有着广泛的用途。

生产 CMC 常用的原料有稻草、纸浆和棉花等富含纤维素的物质。本实验选用滤纸为原料，用氢氧化钠将滤纸纤维溶解成碱性纤维素，再与氯乙酸进行醚化反应制得羧甲基纤维素钠。

反应式如下：

$$[C_6H_7O_2(OH)_2OH]_n + n\text{NaOH} \longrightarrow [C_6H_7O_2(OH)_2ONa]_n + H_2O$$

$$[C_6H_7O_2(OH)_2ONa]_n + ClCH_2COOH \xrightarrow{\text{NaOH}} [C_6H_7O_2(OH)_2OCH_2COONa]_n + NaCl$$

【仪器与试剂】

仪器：三颈烧瓶、电动搅拌器、滴液漏斗、温度计、烧杯、冷凝管、锥形瓶、抽滤装置。

试剂：75%乙醇、50%氢氧化钠溶液、26%氯乙酸乙醇溶液、冰醋酸(AR)、95%乙醇、无水乙醇(AR)、滤纸。

【实验步骤】

称取 4 g 滤纸，剪成碎片，加入装有电动搅拌器、温度计的 250 mL 三颈烧瓶中，加入 125 mL 75%乙醇，开动搅拌器，快速搅拌使其成纸浆。装上滴液漏斗，由滴液漏斗滴加 20 mL 50%氢氧化钠溶液，继续快速搅拌约 30 min。再由滴液漏斗慢慢滴加 12.5 mL 26%氯乙酸乙醇溶液。用电热套小火加热烧瓶，使瓶内温度达 55～60℃，保温搅拌 1～2 h。取少量反应物于试管中，加水溶解，如溶于水，说明反应已基本完成。在搅拌下滴加冰醋酸中和，至溶液呈中性，趁热抽滤。将滤出的纤维状产物置于烧杯中，加 100 mL 95%乙醇，搅拌调成浆状，抽滤，再用 75%乙醇洗涤，直至滤液不含氯化钠为止，最后用少量无水乙醇洗涤。将产物在 80℃ 真空烘箱中减压干燥，得白色粉末状固体，称量，计算产率。

羧甲基纤维素钠为白色或乳白色纤维状粉末或颗粒，无臭，具有吸湿性。

【实验步骤流程图】

4 g碎滤纸 $\xrightarrow[\text{三颈烧瓶}]{\text{250 mL}}$ $\xrightarrow[\text{搅拌}]{\text{125 mL 75\%乙醇}}$ $\xrightarrow[\text{50\%氢氧化钠溶液}]{\text{滴加20 mL}}$ $\xrightarrow[\text{30 min}]{\text{搅拌}}$ $\xrightarrow[\text{26\%氯乙酸乙醇溶液}]{\text{滴加12.5 mL}}$ $\xrightarrow[\text{搅拌1～2 h}]{\text{55～60℃}}$

$\xrightarrow{\text{至反应物能溶于水}}$ $\xrightarrow[\text{至中性}]{\text{滴冰醋酸}}$ $\xrightarrow{\text{抽滤}}$ $\xrightarrow[\text{95\%乙醇调成浆状}]{\text{固体物加100 mL}}$ $\xrightarrow{\text{抽滤}}$ $\xrightarrow[\text{至不含氯化钠}]{\text{75\%乙醇洗涤}}$ $\xrightarrow{\text{真空减压干燥}}$

白色粉末状固体，称量，计算产率

【思考题】

(1) 纤维素是天然高分子化合物，它的结构单元是什么？以哪种苷键形成高分子化合物？

(2) 为什么纤维素不溶于水，而 CMC 溶于水？

(3) 举例说明 CMC 应用实例，解释其作用原理。

实验五十一　二苯甲酮肟的贝克曼重排

【实验目的】

(1) 验证贝克曼(Beckmann)重排反应。

(2) 学习贝克曼重排反应的实施方法。

【实验原理】

脂肪酮和芳香酮都可以与羟胺作用生成肟。在酸作用下，肟首先发生质子化，然后脱去一分子水，同时与羟基处于反位的基团迁移到缺电子的氮原子上，烷基迁移并推走羟基形成氰基，然后该中间体水解得到酰胺。在酮肟分子中，发生迁移的烃基与离去基团(羟基)互为反位。在迁移过程中，迁移碳原子的构型保持不变。

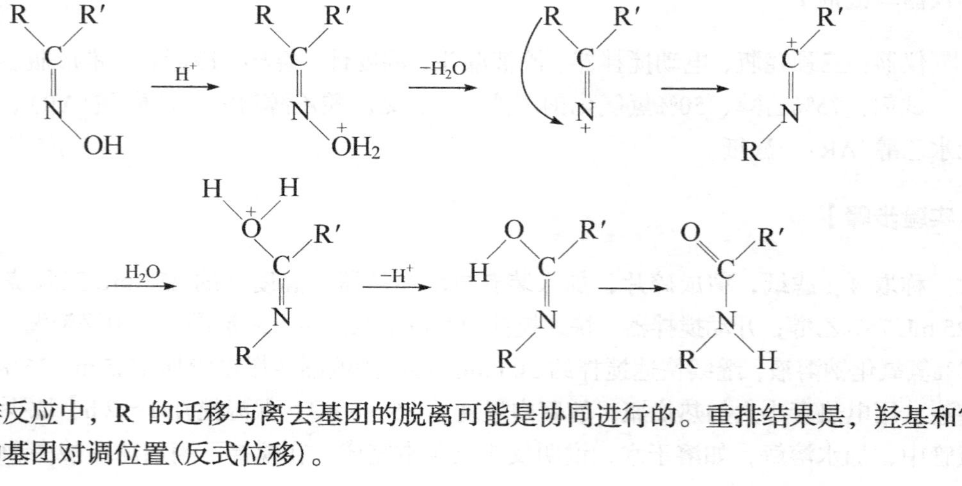

$$\mathrm{RR'C{=}N{-}OH} \xrightarrow{H^+} \mathrm{RR'C{=}N{-}\overset{+}{O}H_2} \xrightarrow{-H_2O} \mathrm{RR'C{=}\overset{+}{N}} \longrightarrow \mathrm{R'\overset{+}{C}{=}N{-}R}$$

$$\xrightarrow{H_2O} \mathrm{R'C(\overset{+}{O}H_2){=}N{-}R} \xrightarrow{-H^+} \mathrm{R'C(OH){=}N{-}R} \longrightarrow \mathrm{R'C({=}O){-}NHR}$$

在这个重排反应中，R 的迁移与离去基团的脱离可能是协同进行的。重排结果是，羟基和它处于反位的基团对调位置(反式位移)。

贝克曼重排不仅可以用来测定酮的结构，而且在有机合成上也有实用价值。例如，环己酮肟经贝克曼重排生成己内酰胺，己内酰胺开环聚合可得到聚己内酰胺树脂(尼龙-6)。它是一种性能优良的高分子材料。

【仪器与试剂】

仪器：锥形瓶、电热套、玻璃棒、抽滤瓶、布氏漏斗、抽气泵、烧杯。

试剂：二苯甲酮(AR)、羟胺盐酸盐(AR)、无水乙醇(AR)、固体氢氧化钠(AR)、浓盐酸(AR)、冰水、多聚磷酸(PPA)(AR)。

【实验步骤】

1. 二苯甲酮肟的制备

在125 mL锥形瓶中，将2.5 g二苯甲酮及1.5 g羟胺盐酸盐溶解在5 mL乙醇和1 mL水中，剧烈振荡下加入18～20粒固体氢氧化钠，数分钟后，温和煮沸约5 min，此时尚有少许氢氧化钠固体存在。稍冷后，转入一个事先装有8 mL浓盐酸和50 mL水的烧杯中，二苯甲酮肟即以白色粉状结晶析出。冷却后抽滤，用少量冷水(或冰水)洗涤，并用约20 mL乙醇重结晶。抽滤，并在滤纸上压干。测定熔点，其余产品供下步重排反应用。干燥的二苯甲酮肟为无色针状晶体，熔点142～143℃，产率几乎是100%。

2. 二苯甲酮肟的重排

在100 mL烧杯中放入25 mL PPA和余下的二苯甲酮肟(可用未经干燥的产品)，搅拌下用小火加热，慢慢升温到100℃，重排按预期发生(小心加热)。保温20 min后，充分搅拌下升温至125～130℃，停止加热，放置10 min后，将黏稠液小心倒入350 mL左右冰水中，不断搅拌，立即析出大量白色固体，抽滤，用少量冷水洗涤，并用约20 mL乙醇重结晶。所得苯甲酰基苯胺为银白色针状结晶，晾干后称量，产率约75%，熔点163～164℃，沸点117～119℃(1.33 kPa)。

【实验步骤流程图】

1. 二苯甲酮肟的制备

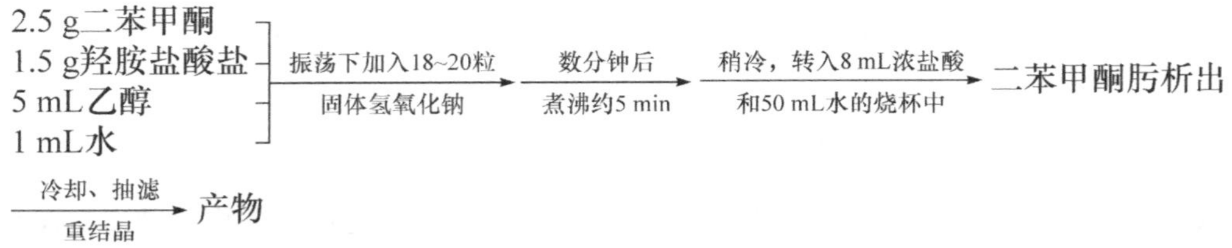

2.5 g二苯甲酮
1.5 g羟胺盐酸盐
5 mL乙醇
1 mL水
$\xrightarrow[\text{固体氢氧化钠}]{\text{振荡下加入18~20粒}}$ $\xrightarrow[\text{煮沸约5 min}]{\text{数分钟后}}$ $\xrightarrow[\text{和50 mL水的烧杯中}]{\text{稍冷，转入8 mL浓盐酸}}$ 二苯甲酮肟析出

$\xrightarrow[\text{重结晶}]{\text{冷却、抽滤}}$ 产物

2. 二苯甲酮肟的重排

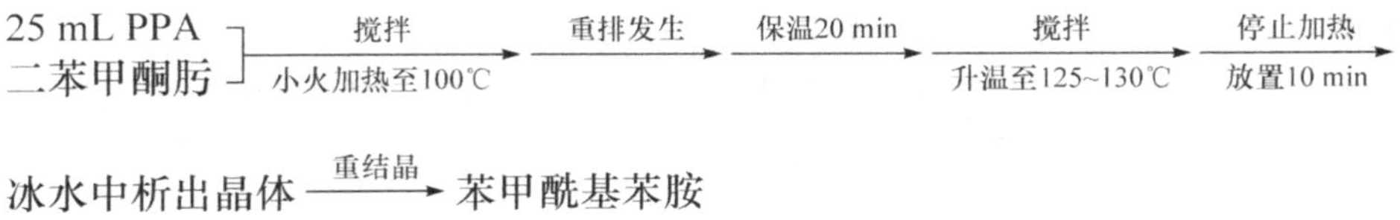

25 mL PPA
二苯甲酮肟
$\xrightarrow[\text{小火加热至100℃}]{\text{搅拌}}$ $\xrightarrow{\text{重排发生}}$ $\xrightarrow{\text{保温20 min}}$ $\xrightarrow[\text{升温至125~130℃}]{\text{搅拌}}$ $\xrightarrow[\text{放置10 min}]{\text{停止加热}}$

冰水中析出晶体 $\xrightarrow{\text{重结晶}}$ 苯甲酰基苯胺

【思考题】

(1) 二苯甲酮肟析出时，加浓盐酸的作用是什么？

(2) 试述二苯甲酮肟的重排原理。

实验五十二　环己酮、糠醛与氨基脲的竞争反应

【实验目的】

通过紫外分光光度法和熔点测定以及糠醛对席夫(Schiff)试剂显色方法，证明由动力学控制和由热力学控制的反应所生成的产物是不相同的。

【实验原理】

一些有机化合物的反应在不同的条件下可以得到不同的产物，从反应进程的角度来研究，这是由于这些反应能通过两条具有不同活化能的途径进行。

如果反应条件有利于以较大速率进行反应而生成的产物作为主要产物，也就是有利于通过较低活化能的那一条途径来进行，并且由此而生成的产物是反应的主要产物，则这一反应就是受动力学控制的，或者也称为受速率控制的。但是，反应中的主要产物可能是比较稳定的，也可能是比较不稳定的。

如果反应是在有利于使两个产物彼此处于平衡的条件下进行，则更为稳定的产物通常是占优势的主要产物，这种反应就称为受热力学控制或受平衡控制的。升高温度、延长反应时间有利于热力学控制反应的进行。

图 5-6(a)和(b)说明了两个类似的反应进程。图中 R 代表反应物，P_1 和 P_2 分别代表产物。

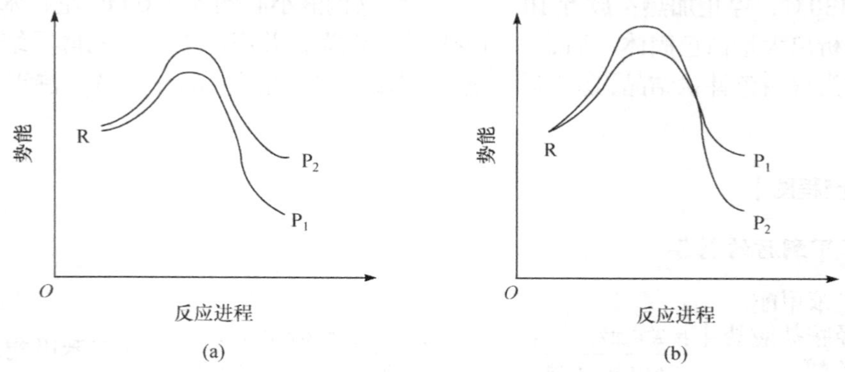

图 5-6　环己酮、糠醛与氨基脲的竞争反应进程曲线

从图 5-6(a)可以看到，产物 P_1 的势能比 P_2 低，稳定性比 P_2 高。无论从动力学控制还是热力学控制的角度讲，它都是反应的主要产物。但图 5-6(b)中情况不同，当反应以动力学控制时，P_1 为主要产物，因为它的过渡态所需要的活化能较低，反应容易发生；但当反应以热力学控制时，则主要产物转变为势能较低、稳定性较高的 P_2。

作为对产物的动力学控制和热力学控制原理进行说明的一个例子就是环已酮和糠醛与氨基脲之间的竞争反应及平衡反应。这些反应的产物是相应羰基化合物的缩氨基脲，都具有特征熔点。

$$H_2N-C(=O)-NHNH_2 + O=C_6H_{10} \rightleftharpoons NH_2-C(=O)-NH-N=C_6H_{10} + H_2O$$

氨基脲　环己酮　环己酮缩氨基脲

$$NH_2-C(=O)-NH-NH_2 + O=CH-C_4H_3O \rightleftharpoons NH_2-C(=O)-NH-N=CH-C_4H_3O + H_2O$$

氨基脲　糠醛　糠醛缩氨基脲

【仪器与试剂】

仪器：试管、电热套、紫外分光光度计、容量瓶、移液管、注射器、量筒。

试剂：盐酸氨基脲(AR)、磷酸氢二钾(AR)、环己酮(AR)、95%乙醇、席夫试剂(AR)、糠醛(AR)。

【实验步骤】

1. 席夫试剂与糠醛显色法[1,2]

(1) 配制缓冲溶液。称取 3.0 g 盐酸氨基脲和 6.0 g 磷酸氢二钾(K_2HPO_4)溶于 75 mL 水(pH= 6.1～6.2)。此溶液以 A 表示。

(2) 吸取 3.0 mL 环己酮和 2.5 mL 糠醛溶于 15 mL 95%乙醇中。此溶液以 B 表示。

(3) 吸取 1.5 mL 环己酮溶于 8.5 mL 95%乙醇中。此溶液以 C 表示。

(4) 吸取 1.3 mL 糠醛[3]溶于 8.7 mL 95%乙醇中。此溶液以 D 表示。

在 3 支试管中各加入 5 mL A 溶液，在另外 3 支试管中各加入 1 mL B 溶液，将上述 6 支试管以 A-B 一一对应分为三组，分别放在 0℃冰水浴、20℃恒温水浴、80℃热水浴中热平衡 5 min，再将每组的 A 与 D 混合，振摇 10～15 s，混匀，反应 5 min，把反应试管移至 0℃冰水浴，冷却 5 min，迅速过滤沉淀，收集滤液 L_0、L_{20}、L_{80}。取 L_0、L_{20}、L_{80} 各 1.5 mL，分别加 6 mL 席夫试剂，摇匀，2 min 后用紫外分光光度计，在 λ=510 nm、池厚为 1 cm 时，测吸光度(A)。

分别取 1 mL C 溶液和 D 溶液代替 B 溶液在 0℃下进行与上面相同的实验，并测出其相应的吸光度(A)，填入表 5-3 内。

表 5-3　样品吸光度测试记录

反应物组成	温度/℃	比色液组成 L：席夫试剂	吸光度(A)
A：B=5：1	0	1：4	
A：B=5：1	20	1：4	
A：B=5：1	80	1：4	
A：C=5：1	0	1：4	
A：D=5：1	0	1：4	

A 值的大小表示溶液中剩余糠醛的多少，从而也能说明缩合产物究竟以什么为主。从实验中应该发现，在低温(0℃)时，A 值大，主要产物应该是受速率控制的环己酮缩氨基脲；在

较高温度(80℃)时，*A* 值减小，溶液中几乎无剩余的糠醛，主要产物应该是受热力学控制的糠醛缩氨基脲。

2. 熔点测定法[1]

将实验步骤 1.中收集滤液后得到的沉淀尽量晾干，分别测定它们的熔点并填入表 5-4 中，将结果与上面的席夫显色法进行列表对照。

表 5-4　样品熔点测试记录

反应物组成	温度/℃	测得熔点/℃
A∶B=5∶1	0	
A∶B=5∶1	20	
A∶B=5∶1	80	
A∶C=5∶1	0	
A∶D=5∶1	0	

3. 紫外分光光度法[1]

1) 纯品的制备

(1) 环己酮缩氨基脲。如席夫显色法一样配制缓冲溶液。用 1.0 mL 移液管(或 1 mL 注射器)吸取 1.0 mL 环己酮于 5 mL 95%乙醇中，混匀，将此溶液倒入上述缓冲溶液中，搅拌，反应 5～10 min 使结晶完全，抽滤，用少量冷水洗涤干燥得粗产物。用 95%乙醇-水混合溶剂重结晶，可得纯品。

(2) 糠醛缩氨基脲。按上述操作(1)制备糠醛缩氨基脲，其中糠醛的用量为 0.8 mL。

2) 竞争反应

A 溶液：同实验步骤 1.(1)配制缓冲溶液，且均分为三份待用。

B 溶液：溶解 3.0 mL 环己酮和 2.5 mL 糠醛于 15 mL 95%乙醇中，也均分为三份待用。

(1) 取 A 溶液和 B 溶液各一份，分别在冰水浴中冷却到 0～2℃，然后将 B 溶液迅速倒入 A 溶液中(混合物放在冰水浴中)，搅拌 3～5 min，抽滤，结晶用少量冰水洗涤，干燥。

(2) 在室温(20℃)时将一份 B 溶液倒入 A 溶液中，反应 5 min，再在冰水浴中冷却 3 min，结晶与(1)同样处理。

(3) 在水浴上将 A 溶液和 B 溶液分别加热到 80～85℃，然后将 B 溶液倒入 A 溶液中，搅拌，在此温度下维持 10～15 min，冷却到室温后再在冰水浴中冷却 3 min，结晶与(1)同样处理。

3) 平衡反应

(1) 取 0.3 g 纯环己酮缩氨基脲，溶解于 0.3 mL 糠醛、2 mL 95%乙醇和 10 mL 水的混合溶液中，混匀后在 80～85℃水浴上加热 15 min，冷却到室温后再在冰浴中冷却 5 min，结晶与 2) (1) 同样处理。

(2) 以 0.3 g 糠醛缩氨基脲和 0.3 mL 环己酮进行同样的操作得结晶。

4) 定量测定

利用紫外分光光度计，定量测定上述各反应产物的含量。

(1)制作标准曲线[4]：精确称取糠醛缩氨基脲和环己酮缩氨基脲各 5.0 mg，分别用 95%乙醇定容到 100 mL，然后按表 5-5 吸取样品并再次用乙醇定容到 10 mL。

表 5-5　标准曲线取样

10 mL 容量瓶编号	1	2	3	4	5
糠醛缩氨基脲/mL	2.0	1.5	1.0	0.5	0
环己酮缩氨基脲/mL	0	0.5	1.0	1.5	2.0

上述 5 个编号的容量瓶代表不同浓度的缩氨基脲混合物，每瓶用紫外分光光度计进行测定，在波长 230 nm、300 nm 处各得一个吸光度值。5 瓶样品可以得到各有 5 个吸光度的两组数据，以吸光度为纵坐标、浓度为横坐标，分别得到两条相交的标准曲线。

(2)反应物的定量测定：精确称量 5.0 mg 由 2)(1)反应得到的晶体，按制作标准曲线时相同的操作，用 95%乙醇定容到 100 mL，然后吸取 2 mL，再用 95%乙醇定容到 10 mL。用紫外分光光度计测此溶液的 A_{230} 和 A_{300}，再从标准曲线上寻找其相应的含量。

用同样方法测得 2)(2)、2)(3)及 3)(1)、3)(2)结晶的含量。

【实验步骤流程图】

A 溶液：3.0 g 盐酸氨基脲和 6.0 g 磷酸氢二钾(K_2HPO_4)溶于 75 mL 水。

B 溶液：3.0 mL 环己酮和 2.5 mL 糠醛溶于 15 mL 95%乙醇。

C 溶液：1.5 mL 环己酮溶于 8.5 mL 95%乙醇。

D 溶液：1.3 mL 糠醛溶于 8.7 mL 95%乙醇。

1. 席夫试剂与糠醛显色法

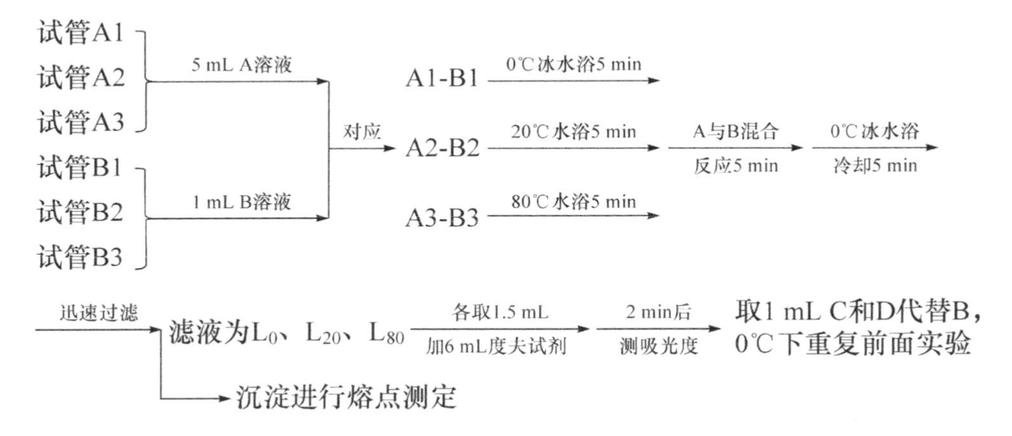

2. 紫外分光光度法

1)纯品的制备

1.0 mL环己酮、5 mL 95%乙醇 —混匀→ 倒入缓冲溶液中，搅拌反应5~10 min → 抽滤 → 重结晶 → 环己酮缩氨基脲纯品

0.8 mL糠醛 —重复上述操作→ 糠醛缩氨基脲纯品

2)竞争反应

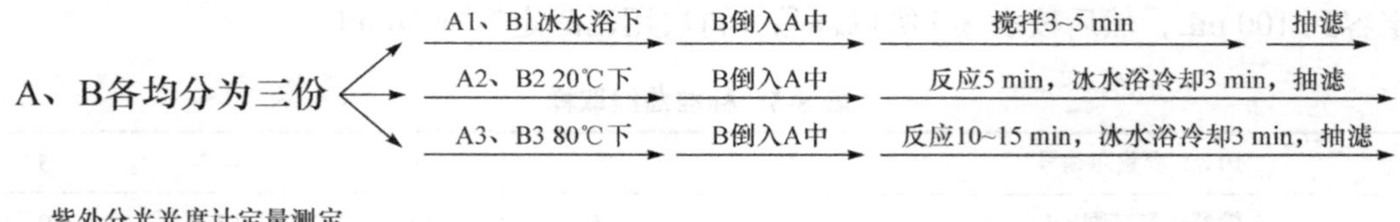

【注意事项】

[1] 本实验选编了“席夫试剂与糠醛显色法”“熔点测定法”“紫外分光光度法”三种实验方法，可根据具体情况选择其中一种或两种方法进行实验，而得到的结论是相同的。

[2] 醛与席夫试剂作用呈现紫红色。席夫试剂的配制方法：将 0.5 g 品红盐酸盐溶于 500 mL 蒸馏水中，过滤。另取 500 mL 蒸馏水通入 SO_2 使其饱和。将这两种溶液混匀，静置过夜。应储存于密闭的棕色瓶中。

[3] 实验中所用的糠醛必须先重新蒸馏。

[4] 标准曲线的制作或产物的定量测定，固体样品的称量要求精确到 0.0001 g，否则测定时会产生较大的误差；液体样品的取样要用 1.0 mL 移液管或 1.0 mL 注射器，不能用量筒。

【思考题】

通过实验，如何确定两种缩氨基脲中一种是受速率控制，另一种是受平衡控制的产物？

第 6 章　有机天然产物的提取

实验五十三　银杏叶中黄酮类化合物的提取

【实验目的】

(1)进一步学习从天然产物提取有效成分的原理和方法。

(2)熟练掌握索氏提取器(Soxhlet extractor)萃取物质的方法。

(3)熟练掌握分光光度法测定物质含量的原理和操作。

【实验原理】

银杏树为银杏科银杏属植物，又名公孙树，为现存古代孑遗植物之一，是我国的特产植物，我国拥有世界银杏树资源的 70%以上。黄酮类化合物是银杏叶的有效成分之一，对治疗冠心病、心绞痛、高血压、支气管哮喘等有显著效果，并可防治由于血管老化和脑血管供血不足所致的疾病。

黄酮类化合物是苯并 γ-吡喃酮(色原酮)重要的一类衍生物，泛指两个苯环(A 环、B 环)通过三碳链相互连接而成的一类化合物，大多具有 C_6-C_3-C_6 的基本骨架，且常有羟基、甲氧基、甲基、异戊烯基等取代基。

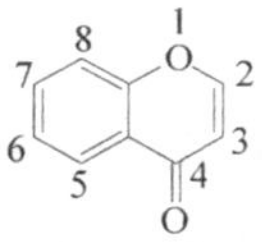

色原酮 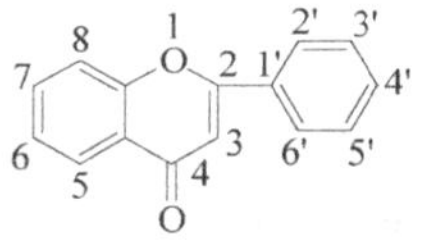　　2-苯基色原酮 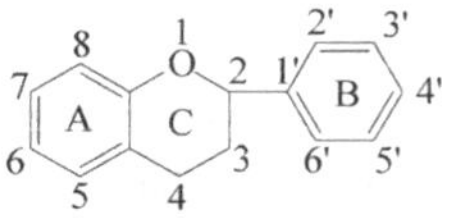　　C_6-C_3-C_6

根据 B 环连接位置(2 位或 3 位)、C 环氧化程度、C 环是否成环等将黄酮类化合物分为七大类。主要有三类：①黄酮类，如槲皮黄酮等；②黄烷醇类，如儿茶素等；③双黄酮类，如白果双黄酮等。银杏叶中黄酮类化合物含量较高，为 2.5%～5.91%。

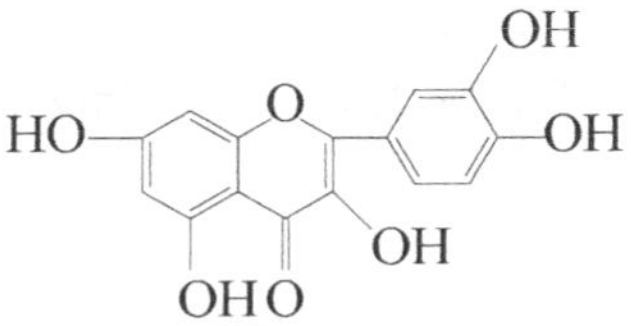

槲皮黄酮 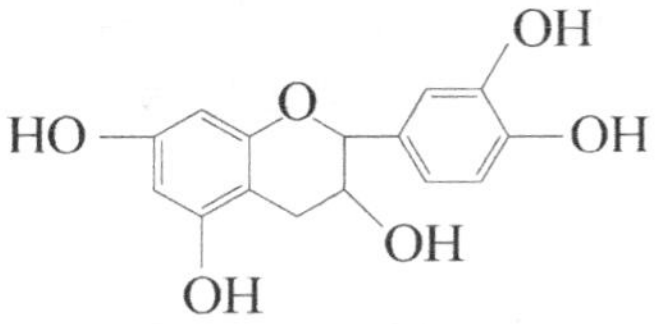　　儿茶素

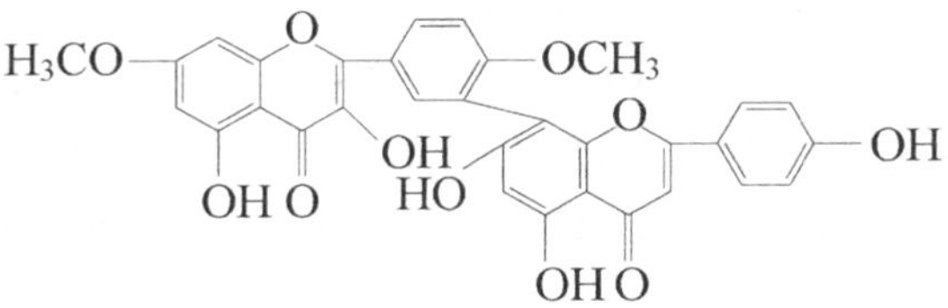

白果双黄酮

本实验采取有机溶剂萃取法提取银杏叶中的黄酮类化合物。

提取物中总黄酮类化合物的含量用“络合-分光光度法”进行测定，黄酮与铝离子在碱性及亚硝酸钠存在条件下生成稳定的有色络合物，以芦丁为标准溶液，在 500 nm 波长处用紫外分光光度计做比色测定。

【仪器与试剂】

仪器：索氏提取器、电热套、烧杯、分液漏斗、容量瓶、紫外分光光度计。

试剂：银杏叶、70%乙醇、二氯甲烷(AR)、无水硫酸钠(AR)、芦丁标准物、甲醇(AR)、5%亚硝酸钠溶液、10%硝酸铝溶液、1 mol/L 氢氧化钠溶液。

【实验步骤】

1. 黄酮类粗产物提取

称取 50 g 干燥粉碎后的银杏叶粉末，在索氏提取器中用 250 mL 70%乙醇溶液进行提取，至银杏叶颜色逐渐变浅后停止加热。减压蒸去溶剂，得到棕黑色银杏粗提取物。

2. 粗产物精制

将银杏粗提取物转入 500 mL 烧杯中，加 250 mL 去离子水，搅拌均匀后转移至分液漏斗中，每次用 60 mL 二氯甲烷萃取 3 次。合并萃取液，用无水硫酸钠干燥，蒸去溶剂，剩余物干燥，得精制的黄酮提取物，称量，计算产率。

3. 提取物中总黄酮含量测定

1) 标准溶液的配制

精确称取 50 mg 在 120℃干燥至恒量的芦丁标准物，置于 25 mL 容量瓶中，加适量甲醇，水浴微热至溶解，放置冷却，加甲醇至刻度，摇匀。精确吸取 10 mL，置于 100 mL 容量瓶中，加水至刻度，摇匀，即得芦丁标准溶液(1 mL 中含无水芦丁 0.2 mg)。

2) 标准曲线的绘制

精确吸取芦丁标准溶液 1 mL、2 mL、3 mL、4 mL、5 mL，分别置于 25 mL 容量瓶中，各加 5 mL 水。加 1 mL 5%亚硝酸钠溶液[1]，摇匀，放置 6 min，加 1 mL 10%硝酸铝溶液，摇匀，放置 6 min，加 10 mL 1 mol/L 氢氧化钠溶液，加水至刻度，摇匀，放置 15 min。以相应试剂为空白，在 500 nm 波长处测定吸光度。以吸光度为纵坐标，浓度(mg/mL)为横坐标，绘制标准曲线。

3) 样品的测定

精确称取 50 mg 在 120℃干燥至恒量的上述精制的黄酮[2]提取物，置于 25 mL 容量瓶中，加适量甲醇，水浴微热至溶解，放置冷却，加甲醇至刻度，摇匀后精确吸取 10 mL 置于 100 mL 容量瓶中，加水至刻度，摇匀后精确吸取 3 mL 置于 25 mL 容量瓶中，加水 5 mL，加 1 mL 5%亚硝酸钠溶液，摇匀，放置 6 min，加 1 mL 10%硝酸铝溶液，摇匀，放置 6 min，加 10 mL 1 mol/L 氢氧化钠溶液，加水至刻度，摇匀，放置 15 min。以相应试剂为空白，在 500 nm 波长处测定吸光度。根据吸光度在芦丁标准曲线上读出相应的浓度 c(mg/mL)。银杏叶中黄酮类化合物的总含量 B%按下式计算：

$$B\% = \frac{c}{w \times 60} \times 100$$

式中，w 为样品质量。

【实验步骤流程图】

50 g银杏叶粉末 →(索氏提取器, 70%乙醇) →(减压除去溶剂) 粗提取物 →(500 mL烧杯) →(250 mL去离子水, 搅拌均匀) →(分液漏斗, 60 mL二氯甲烷萃取3次) →(合并萃取液) →(无水硫酸钠干燥) →(蒸去溶剂) →(剩余物干燥) 称量，计算产率 → 标准曲线法测黄酮含量

【注意事项】

[1] 在中性或弱碱性及亚硝酸钠存在条件下，黄酮类化合物与铝盐生成螯合物，加入氢氧化钠溶液后显红橙色，在 500 nm 波长处有吸收峰且符合定量分析的比尔定律。用此方法进行总黄酮的含量测定影响因素很多：①某些邻二酚羟基类化合物也会与铝离子络合显色，如含多羟基的酚酸、有机酸类化合物，如咖啡酸、绿原酸等；②某些黄酮类成分与铝离子络合，在 500 nm 波长处没有最大吸收，影响测定结果，使测定结果偏小，如刺槐素苷、黄芩素、山柰酚等。因此，用亚硝酸钠-硝酸铝-氢氧化钠对成分不明确的待测物进行含量测定，有时会造成结果不准确。

[2] 天然黄酮类化合物多以苷类形式存在，多为无定形固体或粉末。因与糖类结合而有旋光性，且多为左旋。分子内具有共轭体系且可能含有—OH、—OR 等助色基团，因而一般具有颜色。

【思考题】

(1) 黄酮类化合物存在于自然界许多植物中。查阅资料，了解从植物中提取黄酮类化合物的其他方法及含量的测定方法，比较它们各自的特点。

(2) 查阅资料，了解黄酮类化合物的药用功能。

(3) 不同时期的银杏叶中黄酮含量是否一致？为什么？

实验五十四　黄连中黄连素的提取

【实验目的】

(1) 学习并掌握提取黄连素的原理和方法。

(2) 进一步训练和巩固提取植物中天然有机物的方法。

【实验原理】

黄连素是中药黄连的主要有效成分，抗菌能力很强，对急性细菌性痢疾和一些炎症有很好的疗效。黄连中黄连素的含量为 4%～10%。

黄连素是黄色针状晶体，微溶于水和乙醇，较易溶于热水和热乙醇，几乎不溶于乙醚。黄连素存在三种互变异构体，在自然界多以季铵碱的形式存在。黄连素的盐酸盐、氢碘酸盐、硫酸盐、硝酸盐均难溶于冷水，易溶于热水，其各种盐的纯化都比较容易。黄连素的互变异构体结构式如下：

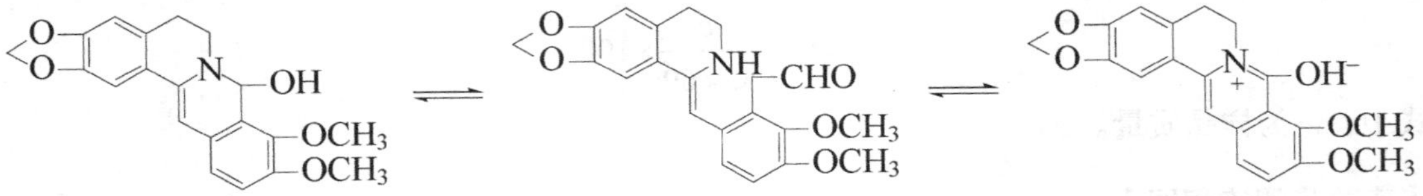

醇式 ⇌ 醛式 ⇌ 季铵碱式

【仪器与试剂】

仪器：索氏提取器、电热套、抽滤瓶、布氏漏斗、抽气泵、烧杯。

试剂：95%乙醇、黄连、浓盐酸(AR)、1%乙酸溶液、氧化钙(AR)、氯化钠(AR)。

【实验步骤】

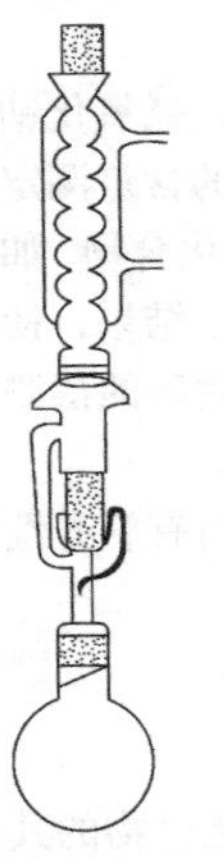

图 6-1　索氏提取实验装置

本实验用索氏提取法提取黄连中的黄连素。

按图 6-1 装配仪器，称取 10 g 由中药黄连切成的细小碎片，磨细后放入索氏提取器的滤纸套筒中，然后在 250 mL 圆底烧瓶中加入 100 mL 95%乙醇和 1 粒沸石，加热。连续提取 1～2 h，待冷凝液刚虹吸下去时，立即停止加热，在水泵减压下蒸出乙醇(回收)，直到得棕红色糖浆状物质。再加入 20 mL 1%乙酸溶液，加热溶解，抽滤除去不溶物。然后向溶液中滴加浓盐酸，至溶液浑浊为止(约需 10 mL)。在冰浴中冷却[1]，放置一段时间即有黄色针状的黄连素盐酸盐[2]析出。

将滤液转入 250 mL 烧杯中，加入 3～3.5 g 氧化钙[3]，煮沸，充分搅拌 5 min，测溶液的 pH，使 pH 达到 8.0～9.0，继续搅拌 2 min。趁热抽滤，滤液为黄连素溶液。将滤液转入 250 mL 烧杯中，使溶液温度维持在 40～50℃，加入 20～30 g 氯化钠，制成氯化钠的饱和溶液，充分搅拌后，放于冰水浴中静置 30 min，使黄连素充分析出。抽滤，在 80℃下干燥 10 min，称量，计算提取率。

【实验步骤流程图】

10 g黄连碎片、95%乙醇、1粒沸石 —索氏提取1~2 h→ —蒸出乙醇→ 得棕红色糖浆状物质 —加20 mL 1%乙酸→ —加热溶解→

—抽滤除去不溶物→ 得黄连素盐酸盐溶液 —加20 mL 1%乙酸 / △→ 抽滤 —滴加浓盐酸 10 mL→ 冰浴冷却 →

滤液移入250 mL烧杯中 —加3~3.5 g氧化钙→ —煮沸5 min / 使pH达到8~9→ —继续搅拌2 min→ —趁热抽滤→

得黄连素溶液 —40~50℃ / 制得氯化钠的饱和溶液→ —冰水浴中静置30 min→ —抽滤→ —80℃下干燥10 min→ 得黄连素

【注意事项】

[1] 放置冷却时最好用冰水浴冷却。

[2] 如晶形不好，可用水重结晶一次。

[3] 得到纯净的黄连素晶体比较困难。将黄连素盐酸盐加热水至刚好溶解，煮沸，用氧化钙调节 pH 为

8.5～9.8，冷却后滤去杂质，滤液继续冷却至室温以下，即有针状黄连素析出，将晶体在 50～80℃干燥，熔点 145℃。

【思考题】

(1) 简述黄连素的提取原理。
(2) 为什么要用氧化钙调节溶液的 pH？用氢氧化钠是否可以？为什么？

实验五十五　槐花米中芦丁和槲皮素的提取

【实验原理】

黄酮类物质是广泛存在于植物界的一类黄色素。以前黄酮类的应用仅限于作为天然染料，后来发现了黄酮类物质对油脂的防氧化作用，人们才对黄酮重视起来。

黄酮类化合物药理作用广泛，如芦丁、橙皮苷、葛根素等已用于临床治疗心血管系统的疾病；查尔酮有明显的抑菌作用；槲皮苷有利尿作用，且有某些抗病毒作用等。

芦丁是槲皮素与芸香糖结合而成的一种黄酮苷，也称芸香苷。纯芦丁为淡黄色针状结晶，熔点 188℃(理论值)，带三个结晶水时熔点为 174～178℃。难溶于冷水，微溶于热水；可溶于甲醇和乙醇，在热甲醇和热乙醇中溶解度较大；难溶于乙酸乙酯、丙酮，不溶于苯、氯仿、乙醚和石油醚等溶剂。由于分子中具有较多酚羟基，因此具有一定的弱酸性，易溶于碱液，呈黄色，酸化后重新析出。据此可以采用醇提取法和碱水提取法提取芦丁，再利用碱溶酸沉的方法分离芦丁，最后利用其在冷、热水中的溶解度差异进行重结晶纯化。

芦丁的化学结构式如下：

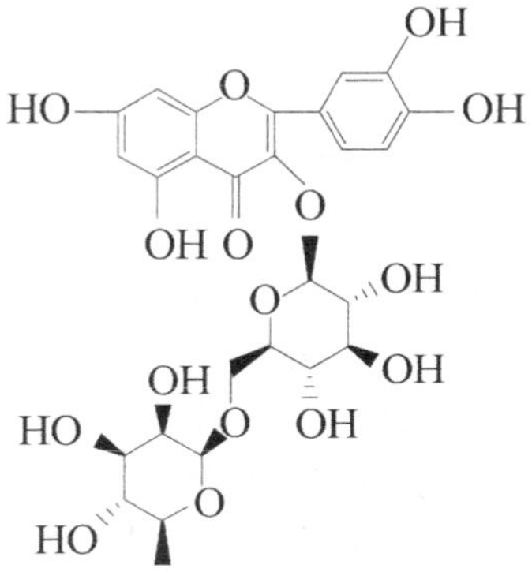

OH
HO　O　OH
O
OH O
O　OH
OH　OH
HO　O　OH
O
HO

芦丁通过结构修饰，即用稀硫酸水解可以得到槲皮素。槲皮素的化学名称为 3,3,4,5,7-五羟基黄酮，熔点＞300℃，溶于冰醋酸、稀碱液(呈黄色)，几乎不溶于水。具有较好的祛痰、止咳作用，并有一定的平喘作用，还有降低血压、增强毛细血管抵抗力、减少毛细血管脆性、降血脂、扩张冠状动脉、增加冠脉血流量等作用。还能抗促性腺因子、抗炎、抗菌和抗病毒，可用于治疗慢性支气管炎，对冠心病及高血压患者也有辅助治疗作用，同时对治疗痢疾、痛风和皮肤病也有辅助治疗作用。

槐米是豆科植物槐树的花蕾，其芦丁的含量高达 12%～16%。本实验以槐米为提取原料，提取芦丁并进行分离纯化，再用稀硫酸水解得到槲皮素。通过熔点测定、紫外光谱和红外光谱进行鉴定和分析。

【仪器与试剂】

仪器：研钵、圆底烧瓶、烧杯、球形冷凝管、旋转蒸发仪(或减压蒸馏装置)、抽滤瓶、布氏漏斗、抽气泵、试管、熔点测定仪、紫外分析仪、紫外-可见分光光度计、红外光谱仪。

试剂：槐花米、95%/75%/50%乙醇、石油醚(AR)、丙酮(AR)、2%硫酸、浓硫酸(AR)、饱和石灰水溶液、15%盐酸、浓盐酸(AR)、槲皮素标准品(AR)、镁粉(AR)、氯化铝(AR)、α-萘酚(AR)、甲醇钠(AR)、乙酸钠(AR)、硼酸(AR)、甲醇(AR)、正丁醇(AR)、乙酸(AR)。

【实验步骤】

1. 醇液提取法(3～4 h)

称取 20 g 槐花米于研钵中研碎，置于 250 mL 圆底烧瓶中，加入 100 mL 75%乙醇，加热回流提取 1 h，过滤收集滤液。滤渣再用 100 mL 75%乙醇加热回流提取 1 h，过滤，合并滤液。将滤液减压蒸馏浓缩至约 80 mL，浓缩液放置 24 h，结晶析出(实验可以在此暂停，进行分次实验)。抽滤，滤饼用石油醚、丙酮、95%乙醇各 25 mL 依次洗涤，干燥后称量，得黄色芦丁粗品。

2. 芦丁的精制(1 h)

称取 2.0 g 芦丁粗品于 250 mL 烧杯内，加入 150 mL 去离子水，石棉网上加热煮沸溶解，不断搅拌并慢慢加入约 50 mL 饱和石灰水溶液，调节溶液的 pH 为 8.0～9.0，待沉淀溶解后，趁热过滤。滤液置于 250 mL 烧杯中，用 15%盐酸调节溶液的 pH 为 4.0～5.0，静置 30 min 至析出晶体完全，抽滤。产品用水洗涤一两次，烘干后称量，计算产率。

3. 芦丁的鉴别(2～3 h)

(1)外观与性状：观察外观颜色、结晶形状等。

(2)化学鉴别：

(a)盐酸-镁粉实验：取少许芦丁于试管内，加入 4 mL 乙醇，溶解，分出 1 mL 于另一试管内。加 2～3 滴浓盐酸，再加少许镁粉，观察颜色变化。

(b)α-萘酚实验[莫利希(Molisch)反应]：向剩余的芦丁乙醇溶液中加入等体积 10% α-萘酚乙醇溶液，摇匀，沿试管内壁滴加浓硫酸，观察、记录液面产生的颜色变化。

(3)熔点测定：用熔点测定仪测定芦丁的熔点，测定方法见熔点测定实验。

(4)紫外光谱测定：

(a)样品溶液配制：精确称取 0.500 g 制备产品芦丁，用无水甲醇溶解至 50 mL，于容量瓶中稀释至刻度定容。

(b)芦丁甲醇溶液光谱：取样品溶液于石英比色皿内，加入 3 滴甲醇钠后，立即扫描测定。放置 5 min 后再测定一次。获得紫外光谱图。

(c)氯化铝诊断光谱：取样品溶液于石英比色皿内，加入 6 滴氯化铝溶液，放置 1 min 后进行扫描测定。测定后加入 3 滴盐酸溶液(浓盐酸：水=1：2)再测定一次。获得紫外光谱图。

(d)乙酸钠诊断光谱：取 3 mL 样品溶液，加入过量的无水乙酸钠固体，摇匀，使比色皿底剩有约 2 mm 高的乙酸钠。加入乙酸钠 2 min 内将样品装入石英比色皿内进行扫描测定，5～

10 min 后再测定一次。获得紫外光谱图。

(e)乙酸钠-硼酸诊断光谱：取 3 mL 样品溶液，加入 5 滴硼酸饱和溶液，快速加入乙酸钠，使其饱和。然后立即装入石英比色皿内扫描测定。获得紫外光谱图。

4. 芦丁的结构修饰——槲皮素的制备(约 2 h)

称取 1.00 g 芦丁精制品于 250 mL 圆底烧瓶内，加入 150 mL 2%硫酸，石棉网上加热煮沸 40～60 min(注意观察反应现象，并予以解释)。放冷后抽滤，滤饼用约 30 mL 水分多次洗涤除酸，至滤液为中性，得槲皮素粗品。将槲皮素粗品用约 150 mL 50%乙醇加热溶解，趁热抽滤，滤液放置 12 h，使其充分结晶析出，抽滤，干燥，得槲皮素精制品，称量，计算产率。

5. 槲皮素的鉴定(约 4 h)

(1)产品外观与性状：观察外观颜色、结晶形状等。

(2)熔点测定：用熔点测定仪测定槲皮素的熔点，测定方法见熔点测定实验。

(3)纸层析鉴定：

(a)样品配制：分别取制备的槲皮素和槲皮素标准品各少许，用少量乙醇在小试管中水浴加热溶解。

(b)点样：取层析滤纸(圆形或条形)，在指定位置点上制备的槲皮素样品和标准品的乙醇溶液。

(c)展开：将点好样品的滤纸放在装有展开剂的展开缸内，饱和后展开。展开剂组成为正丁醇：乙酸：水=4：1：5(体积比)。

(d)显色计算比移值：展开结束后，喷 1%氯化铝乙醇溶液，干燥后观察、记录样品斑点颜色。紫外灯下观察、记录样品点荧光色。计算 R_f 进行鉴定。

【实验步骤流程图】

20 g槐花米 —(100 mL 75%乙醇 / 回流1h)→ —(滤渣回流1 h)→ 合并滤液 —(减压蒸馏至80 mL / 放置24 h)→ —(抽滤)→

粗芦丁 —(称取2.0 g用150 mL去离子水溶解)→ —(搅拌加入50 mL饱和石灰水溶液 / 调pH为8~9)→ —(趁热过滤)→

—(15%盐酸调pH为4~5)→ —(静置30 min)→ —(抽滤 / 洗涤1~2次)→ —(烘干)→ 称量，计算产率

【思考题】

(1)本实验制备槲皮素时，用什么方法促使糖苷键断裂？还可用其他什么方法？

(2)查阅文献，还有什么方法可以提取槲皮素？

实验五十六　油料作物中油脂的提取

【实验目的】

(1)掌握油料作物中油脂的提取方法。

(2)了解油料作物中油脂的种类及结构。

【实验原理】

花生是重要的植物油脂原料之一，油脂为混合脂肪酸的甘油酯。本实验是在脂肪提取器(或索氏提取器)中，用石油醚作萃取剂，从花生中提取油脂，再经皂化、酸化得到混合脂肪酸。

油脂通过皂化和酸化生成甘油和混合脂肪酸的反应式如下：

$$\begin{array}{r} CH_3(CH_2)_{16}COOCH_2 \\ | \\ CH_3(CH_2)_{14}COOCH \\ | \\ CH_3(CH_2)_7CH{=}CH(CH_2)_7COOCH_2 \end{array} + 3NaOH \xrightarrow{\text{加热}} CH_3(CH_2)_{16}COONa$$

$$+ CH_3(CH_2)_{14}COONa + CH_3(CH_2)_7CH{=}CH(CH_2)_7COONa + HOCH_2CH(OH)CH_2OH$$

$$CH_3(CH_2)_{16}COONa + CH_3(CH_2)_{14}COONa + CH_3(CH_2)_7CH{=}CH(CH_2)_7COONa$$

$$\xrightarrow{H^+} CH_3(CH_2)_{16}COOH + CH_3(CH_2)_{14}COOH + CH_3(CH_2)_7CH{=}CH(CH_2)_7COOH$$

将混合脂肪酸溶于甲醇并冷冻，利用不饱和脂肪酸与饱和脂肪酸在冷甲醇中的溶解度不同可将其分离。

饱和脂肪酸主要有软脂酸和硬脂酸，均为片状结晶固体，可用来制肥皂、润滑剂、增塑剂等。不饱和脂肪酸主要有油酸、亚油酸等，不饱和键为 *Z* 构型，均为无色油状液体。饱和脂肪酸和不饱和脂肪酸都是重要的轻化工原料。

【仪器与试剂】

仪器：研钵、索氏提取器、圆底烧瓶、蒸馏头、温度计、冷凝管、接液管、接收瓶、布氏漏斗、抽滤瓶、抽气泵、分液漏斗、电热套、球形冷凝管、红外光谱仪。

试剂：花生米、乙醚(AR)、石油醚(AR)、95%乙醇、甲醇(AR)、无水硫酸钠(AR)、氢氧化钠(AR)、稀硫酸。

【实验步骤】

(1)称取 10 g 花生米，在研钵内捣碎研细[1]，再加入 20 g 无水硫酸钠充分混匀后，装入索氏提取器的滤纸筒[2]中，并将研钵及研杵用沾有石油醚的棉花擦净，此棉花作为滤纸筒盖子放到提取器滤纸筒上。在圆底烧瓶中加入 50～60 mL 石油醚，加热提取 2 h 左右[3]。待冷凝液刚虹吸下去，立刻停止加热。然后改成蒸馏装置[4]，在水浴上蒸去石油醚[5]，烧瓶中的剩余物即为油脂，称量，计算花生中油脂的含量。

(2)在所得的油脂中加入质量为其 1/3 的氢氧化钠，并将混合物溶于油脂质量 5 倍的95%乙醇中，水浴加热回流 1～2 h。蒸去乙醇后，加入少量水，溶解残余物，再用稀硫酸酸化至 pH 为 4～5，缓缓加热，逐渐游离出混合脂肪酸。在分液漏斗中用 20 mL 乙醚分两次萃取，萃取液用等体积水洗涤，然后加入无水硫酸钠干燥。蒸去乙醚，得到混合脂肪酸，称量。

(3)将混合脂肪酸配成 10%甲醇溶液，在 20℃左右的室温下放置过夜，或放入冰箱冷冻几小时，待晶体析出完全后，抽滤得饱和脂肪酸。将余下的母液蒸去甲醇，瓶中的剩余物即为不饱和脂肪酸。分别测定饱和脂肪酸和不饱和脂肪酸的红外光谱，根据谱图比较它们的结构差异。

【实验步骤流程图】

10 g花生米粉末
20 g无水硫酸钠 —50~60 mL石油醚 / 索氏提取2 h→ —蒸去乙醚→ 油脂，计算含量 —加入1/3质量的氢氧化钠→

—溶于5倍的95%乙醇→ —回流1~2 h→ —蒸去乙醇→ —水溶解残余物→ —①稀硫酸酸化至pH为4~5 / ②加热→ —20 mL乙醚 / 萃取两次→

—等体积水 / 洗涤萃取液→ —无水硫酸钠干燥→ —蒸去乙醚→ 混合脂肪酸，称量 —配成10%甲醇溶液→ —室温放置过夜→

—抽滤→ 饱和脂肪酸 —蒸去甲醇→ 不饱和脂肪酸

【注意事项】

[1] 花生米研得越细提取率越高，但太细的花生粉会从滤纸缝漏出，堵塞虹吸管或随石油醚流入烧瓶中。

[2] 滤纸筒的直径要略小于提取器的内径，其高度要超过虹吸管，但样品的高度不能超过虹吸管。

[3] 回流速度不能过快，否则冷凝管中冷凝的石油醚会被上升的石油醚顶出而造成事故。

[4] 蒸馏时加热温度不能太高，否则油脂容易焦化。

[5] 实验中使用的石油醚都是易燃试剂，务必注意安全。无论是操作还是回收溶剂，都要注意不得随意洒出。实验室内严禁明火。

【思考题】

(1) 花生需要在 105～110℃烘 2～4 h 才能被抽提，否则测定结果偏高，为什么？

(2) 如何检验花生中的油脂是否提取完全？

实验五十七　从烟叶中提取烟碱

【实验目的】

(1) 学习并掌握从烟叶中提取烟碱的原理和方法。

(2) 进一步训练和巩固萃取、洗涤、过滤、蒸馏及重结晶等实验操作。

【实验原理】

烟碱又称尼古丁，是存在于烟草中主要的生物碱，1928 年首次被分离出来。它是具有吡啶和吡咯两种杂环的含氮碱(结构式如下所示)，天然烟碱是左旋体。

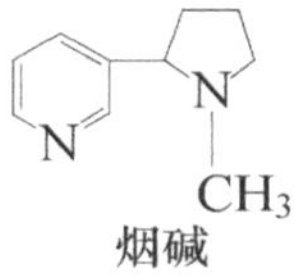

N　N　CH_3

烟碱

烟碱为无色油状液体(沸点 246℃)，能溶于水和许多有机溶剂。烟碱分子中两个氮原子都显碱性，能与 2 倍量的酸成盐。

烟碱主要用作杀虫剂及兽医药剂中寄生虫的驱除剂，对人类的毒害很大！

烟叶中含 2%～3%的烟碱，并与柠檬酸及苹果酸结合在一起。本实验用强碱溶液(5%氢氧化钠)萃取烟叶，使烟碱游离出来，再用乙醚将它从碱溶液中萃取出来，并进一步精制。由于烟碱是液体，并且从烟叶中离析出的量很少，不易纯化和操作，因此在萃取后的溶液中加入苦味酸，使烟碱成为二苦味酸盐的结晶而析出。

【仪器与试剂】

仪器：烧杯、锥形瓶、直形冷凝管、圆底烧瓶、蒸馏头、接液管、温度计、短颈漏斗、分液漏斗、布氏漏斗、抽滤瓶、抽气泵、玻璃钉漏斗、刮刀。

试剂：烟叶、5%氢氧化钠溶液、乙醚(AR)、甲醇(AR)、饱和苦味酸甲醇溶液。

【实验步骤】

在 400 mL 烧杯中加入 8.5 g 碾碎的烟叶[1]和 100 mL 5%氢氧化钠溶液，搅拌 15 min。然后抽滤，勿放置滤纸(滤纸在碱液中会立即膨胀并失去作用)。用干净的玻璃塞或小烧杯的底部挤压过滤的烟叶以挤出所有的碱提取液，再用 20 mL 水洗涤烟叶，并再次抽滤挤压。将抽滤后的碱提取液通过在颈口放置有玻璃棉的短颈漏斗，以除去少量穿过漏斗的烟叶碎片，用少量水洗涤玻璃棉并将洗涤液合并至碱提取液中。

将黑褐色的滤液移入 250 mL 分液漏斗中，用 25 mL 乙醚[2]萃取。萃取时应轻轻旋荡，但不要振荡漏斗，以免形成乳浊液而难以分层。分出下层水相于烧杯中并予以保留；当醚层趋近旋塞时，可能在漏斗尖底部出现少量黑色乳状液，细心地从漏斗上口将醚层倾倒于 100 mL 圆底烧瓶中并与乳浊液分离，水层再用乙醚萃取两次，每次 25 mL。

合并乙醚萃取液，在水浴上蒸去乙醚，并用水泵将溶剂抽干。乙醚倒入指定的回收瓶中。在残余物中加入 1 mL 水，并轻轻旋摇使残渣溶解。然后加入 4 mL 甲醇[2]，将溶液通过放有玻璃棉(或一小团棉花)的短颈漏斗过滤到小烧杯中，并用 5 mL 甲醇涮洗烧瓶和玻璃棉，合并至小烧杯中。此时溶液应是清亮的，否则需重新过滤。在搅拌下向烧杯中加入 10 mL 饱和苦味酸甲醇溶液，立即析出浅黄色的二苦味酸烟碱盐沉淀。用玻璃钉漏斗过滤，干燥后测定熔点。按此操作得到的二苦味酸烟碱盐[3]熔点为 217～220℃，称量并计算所提取的烟碱的产率。

用刮刀将粗产物转移至 50 mL 锥形瓶中，加入 20 mL 体积比为 1：1 的甲醇-水溶液，小心加热至沸腾使粗产物溶解，放置让其自然冷却。注意亮黄色长形棱状结晶的生成。结晶过程有时是缓慢的，可用刮刀摩擦内壁促使结晶或塞住瓶子放置至下次实验。抽滤，干燥后称量并测定熔点。纯净的二苦味酸烟碱盐的熔点为 222～223℃。

本实验需 3～4 h。

【实验步骤流程图】

8.5 g碎烟叶
100 mL 5%氢氧化钠溶液 —(搅拌 15 min)→ (无滤纸抽滤)→ (20 mL水洗)→ (滤液用玻璃棉再次过滤)→ (少量水洗涤)→ (乙醚萃取)→

(蒸去乙醚 除溶解剂)→ (1 mL水溶解)→ (4 mL甲醇 过滤)→ (5 mL甲醇清洗)→ 合并萃取液 —(加10 mL饱和苦味酸甲醇溶液)→

浅黄色二苦味酸烟碱盐沉淀 —(过滤 干燥)→ 测熔点并计算产率

【注意事项】

[1] 可用普通香烟烟丝代替烟叶。由于大多数烟厂都试图除去烟叶中的尼古丁，因此雪茄烟或市售的干燥烟叶是更理想的提取烟碱的原料。

[2] 乙醚和甲醇易燃且有毒，使用时禁用明火，避免口腔吸入或与皮肤接触，并注意实验室通风。

[3] 烟碱剧毒，操作时务必小心。若不慎手上沾上烟碱提取液，应立即用水冲洗后再用肥皂擦洗。

【思考题】

(1) 简述从烟叶中提取烟碱的基本原理。

(2) 查阅文献资料，简述烟碱的工业用途及吸烟对人体的危害。

实验五十八　从八角茴香中提取八角茴香油

【实验目的】

(1) 学习从八角茴香中提取八角茴香油的基本原理和方法，了解八角茴香油的一般性质。

(2) 掌握用水蒸气蒸馏法提取有机物的原理和方法。

(3) 进一步熟悉萃取和薄层层析的基本操作。

【实验原理】

八角茴香的形状如八芒星，故名八角。八角茴香味香浓，为调味佳品，可增进食欲，祛风健胃。八角茴香油的主要成分是茴香脑，化学名称为1-丙烯基-4-甲氧基苯，分子式 $C_{10}H_{12}O$，分子量 148.2，结构如下所示：

O

虽然各种食用香料植物中精油成分的沸点(包括八角茴香油的沸点)为 150～300℃，但是当将它们的含香部分根、茎、叶、花、果、籽、树皮适当粉碎后，均匀地装在蒸馏锅中与水蒸气接触时，从茴油细胞和组织中渗出的精油和水分形成多相、多组分的混合物。八角茴香油是与水不相混溶的两相混合物。互不相溶混合物的蒸气压等于各组分蒸气压的总和。因此，八角茴香油的蒸气压和水的蒸气压之和等于蒸馏锅内的压力情况下，在低于 100℃的温度下，八角茴香油就能与水蒸气一起蒸馏出来。这就是水蒸气蒸馏法能提取茴香油精油的原因，也是蒸馏法能在较低的温度下将精油提取出来的优点。

茴香脑 22.5℃时是凝固的液体，略有甜味和强烈的茴香气味，溶于乙醇，沸点 235.3℃，n_D^{20} =1.5591。

【仪器与试剂】

仪器：圆底烧瓶(长颈、短颈)、锥形瓶、直形冷凝管、电热套、T 形管、玻璃弯管、接液管、螺旋夹、烧杯、试管、分液漏斗、层析缸、紫外灯、层析板(铝板)、点样毛细管、直尺、铅笔。

试剂：八角、乙酸乙酯(AR)、展开剂($V_{石油醚}$: $V_{乙酸乙酯}$ = 5 : 1)、3%溴水、10%高锰酸钾溶液、浓硫酸(AR)。

【实验步骤】

1. 搭建水蒸气蒸馏装置

如图 6-2 所示安装水蒸气蒸馏装置，取 250 mL 圆底烧瓶 A 作为水蒸气发生器，玻璃弯管上端插入 60～80 cm 长的玻璃管作为安全管，管端几乎伸到烧瓶底部(这样当烧瓶内部压力增大时，可使水沿安全管上升以调节内压)，另一孔插入水蒸气导管。导管与 T 形管相连，T 形管接一橡皮管，并夹上螺旋夹。另取一 250 mL 圆底烧瓶 B，并通过 T 形管与烧瓶 A 相连，烧瓶 B 连接的弯形水蒸气导管与冷凝管相连，冷凝管的下侧通过接液管与锥形瓶相连，收集馏出液。

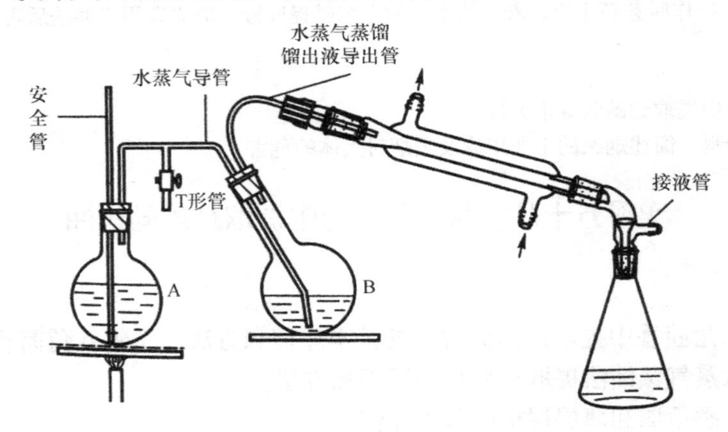

图 6-2　水蒸气蒸馏装置

2. 提取

装置安装完毕后，称取 5 g(约 5 颗)八角茴香，研碎后加入烧瓶 B 中，若进气口不能插到烧瓶底部，可加入适量水(约 20 mL)。在烧瓶 A 中加水不应超过烧瓶容量的 3/4，然后将塞子塞好，开始对烧瓶 A 加热，当水沸腾时，立即关闭 T 形管的螺旋夹使水蒸气经导管通入烧瓶 B 中进行蒸馏。

收集 40～50 mL 馏出液，停止蒸馏。蒸馏停止时，应先打开 T 形管的螺旋夹或将水蒸气发生瓶的瓶塞打开，然后关闭电热套开关。

3. 萃取

将馏出液加入分液漏斗，加入 10 mL 乙酸乙酯萃取两次，分离水层(下层)，保留上层有机层。上层放入 100 mL 干燥烧杯中，于通风橱内蒸汽浴加热，蒸去乙酸乙酯至剩 4 mL，残留液移入预先称量的 10 mL 试管中，再用约 1 mL 乙酸乙酯淋洗烧杯，淋洗液并入试管。将试管在蒸汽浴上加热浓缩，直至除油状物残留外无乙酸乙酯为止。最后称量，计算产率。

4. 薄层层析

(1) 取约 5 mL 展开剂($V_{石油醚}$: $V_{乙酸乙酯}$ = 5 : 1)倒入层析缸中，盖上瓶盖，轻轻摇动几次，静置 2 min，使展开瓶内充满饱和展开剂蒸气。

(2) 点样：用铅笔在层析板(铝板)距离上端 0.5 cm 处画一条直线，在距离铝板下端 0.5 cm 处也画一条直线(作为原点线)，平行间隔画 3 个原点，分别设为 1、2、3；然后分别在原点 1、2 上点取标准样品 1 和标准样品 2，在原点 3 上点取分液漏斗上层提取液，待有机溶剂挥发。

(3) 展开：用镊子夹住铝板上端轻放置于层析缸内(展开剂不能没过原点)，铝板上端靠在玻璃瓶壁上。待展开剂达到铝板上端记号线时，用镊子夹出铝板，待溶剂挥发干后，置于紫外灯 254 nm 光处，观察色点，用铅笔标出荧光点。

5. 不饱和性检验

取两支试管，一支加入 1 mL 3%溴水，另一支加入 10%高锰酸钾溶液和 5 滴浓硫酸。分别滴入 3 滴八角茴香油，振荡，观察两支试管内溶液变化情况并做出解释。

【实验步骤流程图】

1. 提取

5 g八角茴香 + 20 mL水 $\xrightarrow{\text{250 mL烧瓶A}}$ $\xrightarrow[\text{加热至沸}]{\text{沸石}}$ $\xrightarrow[\text{滴加水}]{\text{当有液体馏出时}}$ $\xrightarrow[\text{液体保持平衡}]{\text{使烧瓶内}}$ $\xrightarrow{\text{约90 min}}$ 收集40~50 mL馏出液

2. 萃取

馏出液 $\xrightarrow{\text{分液漏斗}}$ $\xrightarrow[\text{萃取两次}]{\text{10 mL乙酸乙酯}}$ $\xrightarrow[\text{水浴蒸发至2～4 mL}]{\text{干燥100 mL烧杯}}$ $\xrightarrow[\text{1 mL乙酸乙酯淋洗烧杯}]{\text{转入干燥小试管}}$ $\xrightarrow[\text{浓缩至无乙酸乙酯}]{\text{蒸汽浴}}$ 称量，计算产率→薄层层析进行产品鉴定

3. 不饱和性检验

提取的八角茴香油产品：
(1)加 $KMnO_4/H^+(H_2SO_4)$，观察现象。
(2)加 Br_2，观察现象。

【思考题】

(1)水蒸气蒸馏的原理是什么？与普通蒸馏相比，其优点是什么？
(2)如何判断八角茴香油的提取终点？
(3)酸性成分分离为什么先碱化再酸化？
(4)薄层层析中茴香油的显色反应的机制是什么？

实验五十九 从茶叶中提取咖啡因

【实验目的】

(1)初步了解和掌握从茶叶中提取咖啡因的原理和方法。
(2)巩固萃取分液、蒸馏的操作原理和方法。
(3)掌握升华法提纯物质的基本操作。

【实验原理】

茶叶中含有多种天然产物，其中咖啡因含量占 1%～5%，丹宁酸占 11%～12%，色素、纤维素、蛋白质等约占 0.6%。先用适当的溶剂从茶叶中提取出粗品，再用碱除去丹宁酸等杂质，最后用升华的方法进一步纯化。咖啡因是杂环化合物嘌呤的衍生物，化学名称为 1,3,7-三甲基-2,6-二氧嘌呤，其结构式如下：

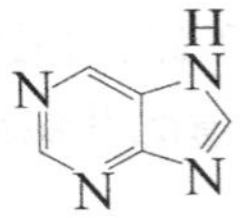

嘌呤 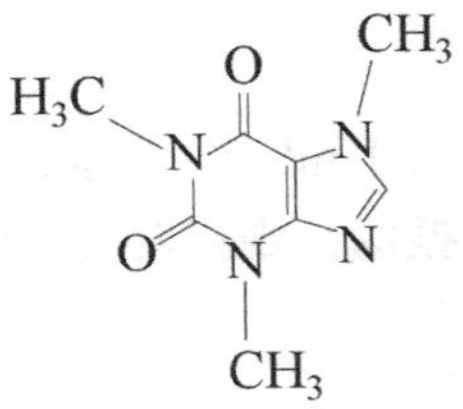　　　　咖啡因

咖啡因为白色针状晶体，熔点238℃，178℃时升华。咖啡因可溶于水、丙酮和乙醇，易溶于氯仿，较难溶于苯和乙醚。茶叶中的咖啡因可用水提取，鞣酸也能溶于水中，因此必须将鞣酸除去。鞣酸是一类分子量较大的酚类化合物，具有一定的酸性，若加入乙酸铅则生成铅盐而沉淀。用水提取得到的茶溶液的棕色是由类黄酮素和叶绿素及其氧化产物造成的，虽然叶绿素略能溶于氯仿，但其他物质大多不溶，因此用氯仿萃取时可得到几乎纯净的咖啡因，氯仿可蒸馏除去。

【仪器与试剂】

仪器：烧杯、电热套、分液漏斗、短颈漏斗、表面皿、圆底烧瓶、蒸馏头、温度计、直形冷凝管、接液管、接收瓶、蒸发皿、滤纸、漏斗、红外光谱仪。

试剂：干茶叶、碳酸钠(或碳酸钙)粉末(AR)、氯仿(AR)、生石灰、95%乙醇。

【实验步骤】

方法一：称取10.0 g茶叶装入250 mL圆底烧瓶中，加入100 mL乙醇，装上冷凝管，80℃回流30 min。稍冷却，改成蒸馏装置，回收乙醇80～85 mL。收集浓缩液，去除茶叶残渣，得到15～20 mL含咖啡因的浓缩液。转入蒸发皿，加入8.0 g生石灰(CaO)，在100～110℃下烘干、翻炒至粉末状。按图2-14(a)安装升华装置，缓缓加热，保持温度140～160℃。待滤纸、漏斗内壁出现白色晶体，停止加热，缓慢冷却至100℃以下，收集咖啡因晶体，测定熔点和红外光谱。

方法二：称取10 g干茶叶和14 g碳酸钠置于250 mL烧杯中，加入100 mL蒸馏水，煮沸30 min，不断搅拌(加热时需补加适量水，使其始终保持100 mL)。用一小团脱脂棉塞住漏斗颈，趁热过滤。滤液用250 mL烧杯收集，冷却至室温，移入250 mL分液漏斗。每次用10 mL氯仿提取两次(注意检验氯仿在上层还是下层)。合并两次氯仿提取液，倒入50 mL干燥蒸馏烧瓶中，安装蒸馏装置，水浴加热，收集氯仿并回收。当蒸馏瓶中剩余3 mL左右[1]的溶液时，停止蒸馏。趁热将溶液倒入干燥洁净的表面皿中，用蒸汽浴或空气浴蒸发至干[2]，得粗产物。称量，计算提取率。

合并2～3组粗产物，做升华实验。做咖啡因升华实验时[3]，始终都需小火间接加热。温度太高使滤纸炭化变黑，且产品易被一些有色物质污染。观察产品的外观，并测定熔点和红外光谱。

咖啡因的红外光谱见图6-3。

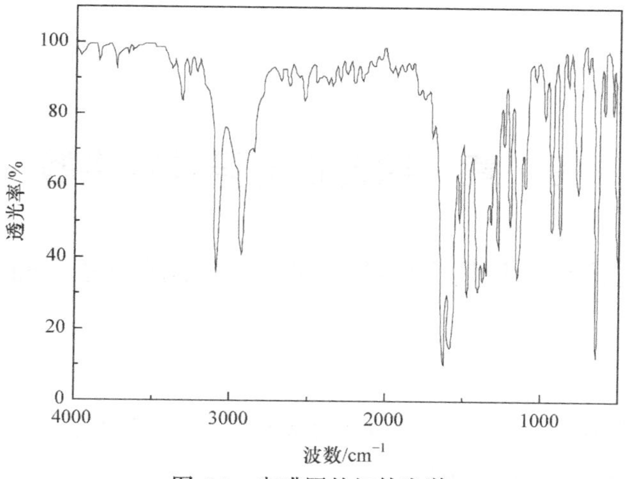

图 6-3 咖啡因的红外光谱

【实验步骤流程图】

方法一：

10.0 g茶叶 100 mL乙醇 $\xrightarrow[\text{回流30 min}]{80℃}$ 稍冷 $\xrightarrow[\text{回收乙醇80~85 mL}]{80℃蒸馏}$ $\xrightarrow[\text{去残渣}]{浓缩液}$ 约20mL置于蒸发皿 $\xrightarrow[100\text{~}110℃]{8.0\ g\ CaO}$

烘干、翻炒至粉末状 $\xrightarrow[140\text{~}160℃]{升华装置}$ 缓缓加热 ⟶ 白色晶体 $\xrightarrow{冷却}$ 收集纯咖啡因

⟶ 测熔点，红外光谱分析

方法二：

10 g干茶叶 14 g碳酸钠 $\xrightarrow{250\ mL烧杯}$ $\xrightarrow{100\ mL水}$ $\xrightarrow{煮沸30\ min}$ $\xrightarrow[\text{趁热过滤}]{搅拌}$ 滤液 $\xrightarrow{分液漏斗}$ $\xrightarrow[\text{萃取两次}]{10\ mL氯仿}$ $\xrightarrow{50\ mL烧瓶}$

$\xrightarrow[\text{氯仿}]{蒸馏除去}$ $\xrightarrow[\text{转入干燥表面皿}]{剩约3\ mL}$ $\xrightarrow[\text{蒸发}]{水浴}$ 称量(以茶叶为基础计算产率) $\xrightarrow{升华}$ 纯咖啡因 ⟶

测熔点，红外光谱分析

【注意事项】

[1] 浓缩提取液时不可蒸得太干，以防转移损失。否则残液很黏而难以转移。

[2] 残留液应尽可能蒸干，如留有少量水分，将会在下一步升华开始时带来烟雾，污染器皿。

[3] 在萃取回流充分的情况下，升华操作是实验成败的关键。升华过程中，始终保持低温间接加热(最好用沙浴)。若温度太高，会使产物发黄。注意温度计应放在合适的位置，能够正确反映出升华的温度。

【思考题】

(1)如何提高萃取的效率?

(2)萃取液中可能含有哪些物质?

(3)加入碳酸钠粉末的作用是什么?

(4)升华方法适用于哪些物质的纯化？如何改进升华的实验方法?

第 7 章　综合性与设计性实验

实验六十　植物生长调节剂 2,4-二氯苯氧乙酸的制备

【实验目的】

(1) 学习利用威廉森(Williamson)合成法合成酸的基本原理和方法。

(2) 掌握固体酸性产品的纯化方法。

(3) 学习 $FeCl_3$ 催化氯化法制备 4-氯苯氧乙酸的原理和方法。

(4) 学习次氯酸钠酸性介质氯化法制备 2,4-二氯苯氧乙酸的原理和方法。

(5) 进一步巩固固体酸性产品的纯化方法和回流、滴加、萃取、重结晶等基本操作。

【实验原理】

2,4-二氯苯氧乙酸简称 2,4-D，为白色结晶，在水中溶解度很小，易溶于乙醇、苯等有机溶剂，其钠盐、铵盐则易溶于水。1941 年由美国人波科尼次合成，1942 年齐默尔曼和希契科克首次报道 2,4-D 用作植物生长调节剂，1944 年美国农业部报道了 2,4-D 的除草效果，因其用量少、成本低，一直是世界主要除草剂品种之一。低于 30 μg/mL 的 2,4-二氯苯氧乙酸可作为植物生长调节剂，用于防治番茄、棉花、菠萝等落花落果及形成无子果实等。

目前，常用的生产 2,4-二氯苯氧乙酸的方法有两种：一是苯酚在熔融状态下氯化，再将得到的二氯酚与氯乙酸缩合而得；二是苯与氯乙酸在碱性条件下缩合生成苯氧乙酸，再用氯气氯化制备。

方法一：

OH (苯酚) ⟶ OH, Cl, Cl (2,4-二氯苯酚) $\xrightarrow[NaOH]{ClCH_2COOH}$ OCH_2COOH, Cl, Cl (2,4-二氯苯氧乙酸)

方法二：

OH (苯酚) $\xrightarrow[NaOH]{ClCH_2COOH}$ OCH_2COOH $\xrightarrow[H_2O_2]{HCl}$ OCH_2COOH, Cl (4 位) $\xrightarrow[CH_3COOH]{NaOCl}$ OCH_2COOH, Cl, Cl (2,4 位)

本实验按照先缩合、后氯化的合成思路，首先利用威廉森合成法由氯乙酸钠与苯酚钠反应，再经酸化，制得苯氧乙酸；然后采用浓盐酸/过氧化氢原位生成的氯气进行苯氧乙酸 4 位的氯化，再用次氯酸钠在酸性介质中进行苯氧乙酸 2 位的氯化，制备 2,4-二氯苯氧乙酸。

【仪器与试剂】

仪器：三颈烧瓶、磁力搅拌器、球形冷凝管、滴液漏斗、温度计套管、温度计、磁子、圆底烧瓶、砂芯漏斗、分液漏斗、锥形瓶、抽滤瓶、布氏漏斗、抽气泵。

试剂：氯乙酸(AR)、苯酚(AR)、乙醇(AR)、浓盐酸(AR)、35%氢氧化钠溶液、饱和碳酸钠溶液、冰醋酸(AR)、氯化铁(AR)、盐酸(AR)、33%过氧化氢溶液、5%次氯酸钠溶液、乙醚(AR)、四氯化碳(AR)、10%碳酸氢钠溶液、刚果红试纸等。

【实验步骤】

1. 苯氧乙酸的制备

1)氯乙酸钠的制备

在 100 mL 三颈烧瓶中加入 3.8 g(0.04 mol)氯乙酸和 5.00 mL 水，安装控温-滴加-回流装置。边搅拌边滴加饱和碳酸钠溶液[1]至体系 pH 为 7.0～8.0(记录用量)，得氯乙酸钠。

2)威廉森反应合成醚

在上述反应体系中加入 2.50 g(0.027 mol)苯酚和 5.00 mL 乙醇，在滴液漏斗中加入 35%氢氧化钠溶液，边搅拌边滴加[2]至体系 pH 为 12.0，回流 0.5 h 后冷却至室温。

3)酸化、提纯

在上述体系中缓慢滴加浓盐酸至 pH 为 3.0[3]，冰水冷却，抽滤，水洗，得苯氧乙酸粗产品。干燥，称量，得产品 3.51 g(0.023 mol)，产率 87.1%，熔点 97～99℃(文献值为 98～99℃)。

2. 2,4-二氯苯氧乙酸的制备

1)4-氯苯氧乙酸的制备

在 100 mL 三颈烧瓶中加入 3.00 g(0.02 mol)苯氧乙酸和 10.00 mL 冰醋酸，安装控温-滴加-回流装置。在搅拌下加热至 55℃，加入少量氯化铁和 10.00 mL 盐酸[4]，在 10 min 内边搅拌边滴加 3.00 mL 33%过氧化氢溶液[5,6]。滴完后保持温度 55℃反应 20 min，然后升温至反应体系中的固体全部溶解，冷却，抽滤，水洗 3 次，得粗产品。然后用乙醇-水混合溶剂(1∶3，体积比)重结晶，干燥，称量，得 2.82 g 4-氯苯氧乙酸，产率 75.6%，熔点 157～159℃(文献值 158～159℃)。

2)2,4-二氯苯氧乙酸的制备

在 100 mL 锥形瓶中加入 1.00 g(0.0053 mol)4-氯苯氧乙酸和 12.00 mL 冰醋酸，振荡使其溶解。置于冰水浴中，边振荡边分批加入 19.00 mL 5%次氯酸钠溶液[7]。加完后撤掉冰水浴，自然升至室温静置 5 min，反应体系颜色变深。加入 50.00 mL 水，然后用 6.00 mol/L 盐酸酸化至刚果红试纸变蓝色，再用 15.00 mL 乙醚萃取反应物 3 次，合并乙醚相。用 15.00 mL 水洗，再用 20.00 mL 10%碳酸氢钠溶液[8]萃取乙醚相，所得碱性水相转移至烧杯中，加入 25.00 mL 水后用盐酸酸化至刚果红试纸变蓝色，冷却，抽滤，冷水洗涤 3 次，得粗产品。用四氯化碳重结晶，得 0.77 g 2,4-二氯苯氧乙酸，产率 65.7%，熔点 137～139℃(文献值 139～141℃)。

【实验步骤流程图】

1. 苯氧乙酸的制备

3.8 g氯乙酸、5.00 mL水 —回流（滴加饱和碳酸钠溶液）→ 至pH为7～8（记录用量）→ 氧乙酸钠 —加入2.50 g苯酚（5.00 mL乙醇）→ 加35%氢氧化钠溶液（至pH为12）→ 回流0.5 h → 冷却至室温 → 滴加浓盐酸（至pH为3）→ 冰水冷却（抽滤）→ 水洗（干燥）→ 苯氧乙酸粗产品，称量，计算产率，测熔点

2. 2,4-二氯苯氧乙酸的制备

1) 4-氯苯氧乙酸的制备

3.00 g苯氧乙酸、10.00 mL冰醋酸 —回流（搅拌）→ 加热至55℃ → 加入少量氯化铁（加10.00 mL盐酸）→ 滴加3.00 mL 33% 过氧化氢溶液（10 min内）→ 55℃反应20 min → 升温至固体全部溶解 → 冷却（抽滤）→ 重结晶（干燥）→ 4-氯苯氧乙酸，称量，计算产率，测熔点

2) 2,4-二氯苯氧乙酸的制备

1.00 g 4-氯苯氧乙酸、12.00 mL冰醋酸 —冰水溶解→ 分批加19.00 mL 5%次氯酸钠溶液 → 升至室温（静置5 min）→ 加入50.00 mL水 → 加6.00 mol/L盐酸（至刚果红试纸变蓝色）→ 15.00 mL乙醚萃取3次（合并乙醚相）→ 用15.00mL水洗 → 20.00 mL 10%碳酸氢钠溶液萃取乙醚相（碱性水相转移至烧杯）→ 加入25.00 mL水 → 盐酸酸化（至刚果红试纸变蓝色）→ 冷却（抽滤）→ 重结晶 → 2,4-二氯苯氧乙酸，称量，计算产率，测熔点

【注意事项】

[1] 制备氯乙酸钠时，为防止氯乙酸水解，采用饱和碳酸钠溶液，不宜用氢氧化钠溶液。

[2] 成醚反应时，为防止氯乙酸水解，氢氧化钠溶液的滴加速度不宜过快。

[3] 酸化反应 pH 应控制在 3.0～3.5 为佳，pH 过大酸化不完全，pH 过小醚键易成盐，均会造成产率降低。

[4] 第一次氯化时，盐酸切勿过量，刚加盐酸时，氯化铁水解会有氢氧化铁沉淀生成，继续加盐酸又会溶解。

[5] 滴加过氧化氢溶液速度要慢，严格控制温度，让生成的氯气充分参与亲电取代反应。

[6] 氯气有刺激性，应注意防止逸出，并开窗通风。

[7] 第二次氯化时，要控制次氯酸钠溶液的用量，并使反应保持在室温以下。

[8] 将碳酸氢钠溶液倒入醚层后有二氧化碳生成，要注意放气。

【思考题】

(1) 醚化反应中加入乙醇的目的是什么?

(2) 本实验为非均相反应，除快速搅拌外，还有哪些措施提高非均相反应的产率?

(3) 用酚钠和氯乙酸制苯氧乙酸时，为什么要先将氯乙酸制成钠盐？能否直接用酚钠和氯乙酸制苯氧乙酸?

(4) 在合成 2,4-二氯苯氧乙酸的后处理过程中，乙醚和碳酸氢钠水溶液分别萃取的是什么?

(5) 从亲电取代反应的要求角度，说明本实验中调节 pH 的目的是什么。

实验六十一　有机硫杀菌剂代森锌的合成

【实验目的】

(1)通过实验掌握有机硫杀菌剂的合成原理和方法。

(2)进一步熟悉固体有机化合物的提纯方法——重结晶。

【实验原理】

代森锌为保护性有机硫杀菌剂，化学名称为亚乙基双二硫代氨基甲酸锌，纯品为灰白色粉末，工业品为灰白色或淡黄色粉末，有硫磺气味，157℃分解，无熔点，蒸气压＜0.01 mPa(20℃)。室温水中溶解度为 10 mg/L，不溶于大多数有机溶剂，但能溶于吡啶。对光、热、湿气不稳定，易分解产生二硫化碳而逐渐失效，遇碱性物质或含铜、汞的物质也易分解。吸湿性强，在潮湿空气中能吸收水分而分解失效。当从浓溶液中形成聚合沉淀后，失去杀菌活性。大鼠急性经口毒性 LD_{50} 5200 mg/kg 以上。对人畜低毒，但对人的皮肤、鼻、咽喉有刺激作用。代森锌对植物安全，化学性质活泼，在水中易被氧化成异硫氰化合物，对病原菌体内含有—SH 基的酶有强烈的抑制作用，并能直接杀死病菌孢子，抑制孢子的发芽，阻止病菌侵入植物体内，但对侵入植物体内的病原菌丝体的杀伤作用较小。主要剂型有 60%、65%和80%可湿性粉剂，4%粉剂。

在乙二胺溶液中滴加二硫化碳、氢氧化钠，生成代森钠溶液后，在 pH 6.5 条件下加硫酸锌(或氯化锌)，即制得代森锌。反应式如下：

$$\begin{matrix} H_2C-NH_2 \\ | \\ H_2C-NH_2 \end{matrix} + 2CHS_2 + 2NaOH \longrightarrow \begin{matrix} H_2C-NH-C(=S)-SNa \\ | \\ H_2C-NH-C(=S)-SNa \end{matrix} + 2H_2O$$

代森钠

$$\begin{matrix} H_2C-NH-C(=S)-SNa \\ | \\ H_2C-NH-C(=S)-SNa \end{matrix} + ZnCl_2 \longrightarrow \begin{matrix} H_2C-NH-C(=S)S \\ | \\ H_2C-NH-C(=S)S \end{matrix}\!\!>Zn + 2NaCl$$

代森锌

【仪器与试剂】

仪器：恒温水浴锅、滴液漏斗、磁力搅拌器、四颈烧瓶、抽滤瓶、布氏漏斗、抽气泵、温度计。

试剂：乙二胺(AR)、二硫化碳(AR)、10%氯化锌溶液、5%/20%氢氧化钠溶液、3%盐酸。

【实验步骤】

1. 代森钠的合成

在四颈烧瓶中加入 6 mL 乙二胺和 20 mL 水，搅拌溶解后，控温 20～25℃，用滴液漏斗于 20 min 内滴加 10 mL 二硫化碳，滴完后升温至(30±2)℃，搅拌下向反应液中缓慢滴加约 30 mL 20%氢氧化钠溶液。滴加氢氧化钠溶液时要不断检测反应液的pH，控制pH为9.0～10.0。加完后继续反应，每 10 min 测试一次，直至反应产物溶于水后无油滴，即表示反应已达终点。

2. 代森锌的合成

取 10 mL 已制得的代森钠溶液和 37 mL 水，加入四颈烧瓶中，搅拌 10 min 后用 3%盐酸调 pH 为 6.0。反应中产生的硫化氢气体可用 5%氢氧化钠溶液吸收。

向四颈烧瓶中加入 22 mL 10%氯化锌溶液，搅拌并升温至 40～45℃，反应 1 h。抽滤，滤液用 10%氯化锌溶液检查是否有白色沉淀，若无白色沉淀，即表示反应已达终点。

将产物用水多次洗涤、抽滤，滤饼于 60℃烘干后称量，计算产率。

【实验步骤流程图】

1. 代森钠的合成

6 mL乙二胺、20 mL水 —(搅拌溶解)→ —(控温20～25℃；20 min滴加10 mL二硫化碳)→ —(升温至(30±2)℃；滴加30 mL 20%氢氧化钠溶液)→ —(不断检测反应液的pH；控制pH为9～10)→ —(至反应产物溶于水后无油滴)→ 代森钠溶液

2. 代森锌的合成

10 mL代森钠溶液、37 mL水 —(搅拌10 min)→ —(3%盐酸调pH为6)→ —(加22 mL10%氯化锌溶液)→ —(升温至40～45℃；反应1 h)→ —(抽滤；用10%氯化锌溶液检查反应终点)→ —(洗涤；抽滤)→ 代森锌，称量，计算产率

【注意事项】

(1)葫芦科蔬菜对锌敏感，用药时要严格掌握浓度，不能过大。

(2)代森锌不能与碱性农药混用。

(3)代森锌受潮、热易分解，应存放于阴凉干燥处，容器严格密封。

(4)使用时注意勿使药液溅入眼、鼻、口等，用药后要用肥皂洗净脸和手。

【思考题】

(1)农药的种类主要有哪些？代森锌的主要用途有哪些？

(2)如何确定代森钠、代森锌两步反应的终点？

实验六十二　指示剂甲基橙的制备

【实验目的】

(1)通过甲基橙的制备学习重氮化反应和偶合反应的实验操作。

(2)巩固盐析和重结晶的原理和操作。

【实验原理】

甲基橙的化学名称为对二甲基氨基偶氮苯磺酸钠；1 份溶于 500 份水中，稍溶于冷水而

呈黄色，易溶于热水，溶液呈金黄色，几乎不溶于乙醇；主要用作酸碱滴定指示剂，也可用于印染纺织品；显碱性，可用于痕量测定锡(热时 Sn^{2+} 使甲基橙褪色)，强还原剂(Ti^{3+}、Cr^{2+})和强氧化剂(氯、溴)的消色指示剂。

甲基橙的变色范围是 pH ≤ 3.1 时变红，3.1～4.4 时呈橙色，pH ≥ 4.4 时变黄。在中性或碱性溶液中以磺酸钠盐的形式存在，在酸性溶液中转化为磺酸，这样酸性的磺酸基就与分子内的碱性二甲氨基形成对二甲氨基苯基偶氮苯磺酸的内盐，成为含有对位醌式结构的共轭体系，所以颜色随之改变。其变色原理如下：

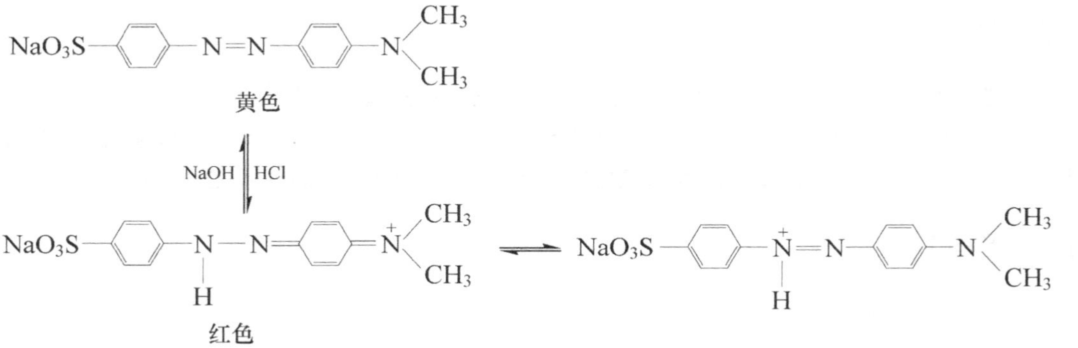

黄色

红色

对氨基苯磺酸是一种有机两性化合物，其酸性比碱性强，能形成酸性的内盐。它能与碱生成盐，难与酸作用成盐，所以不溶于酸，但是重氮化反应又要在酸性溶液中完成。因此，进行重氮化反应时，首先将对氨基苯磺酸与碱作用，变成水溶性较大的对氨基苯磺酸钠；重氮化反应中，溶液酸化时生成亚硝酸，对氨基苯磺酸钠也变为对氨基苯磺酸从溶液中以细颗粒状沉淀析出，并立即与亚硝酸反应，生成粉末状重氮盐；重氮盐再与 *N,N*-二甲基苯胺偶合，然后碱化得粗产品。反应式如下：

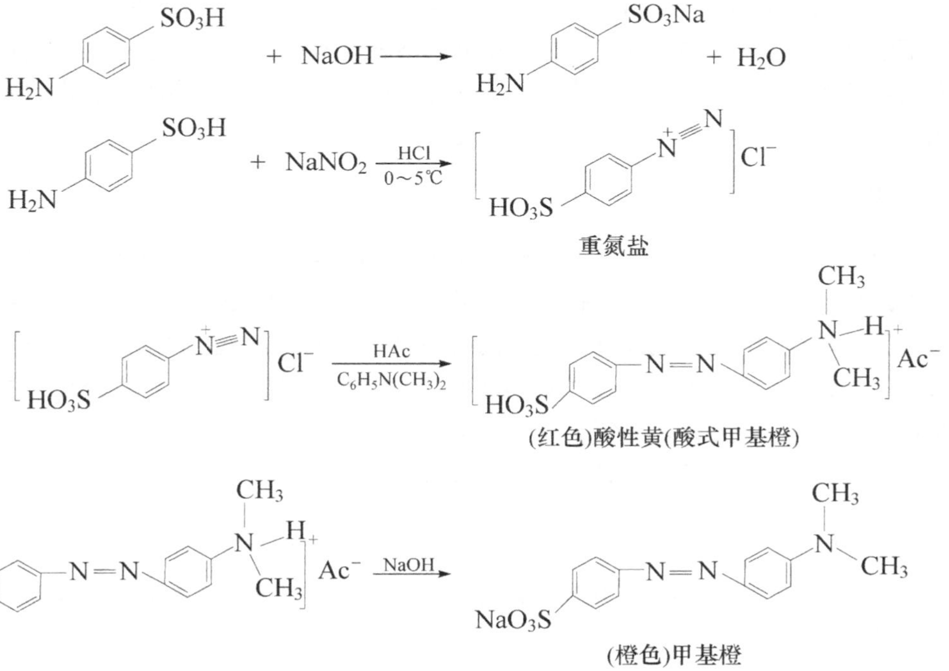

重氮盐

(红色)酸性黄(酸式甲基橙)

(橙色)甲基橙

主要合成原料与产品的物性见表 7-1。

表 7-1　主要合成原料与产品的物性

名称	外观、性状	沸点/℃	熔点/℃	分子量
对氨基苯磺酸	白色或灰白色晶体	500	365	173.18
N,N-二甲基苯胺	黄色油状液体，不溶于水，有毒性	193.1	2.5	121
甲基橙	橙红色鳞状晶体或粉末，显碱性	—	300	327.33

【仪器与试剂】

仪器：烧杯、水浴锅、试管、玻璃棒、抽滤瓶、布氏漏斗、抽气泵。

试剂：对氨基苯磺酸（AR）、*N,N*-二甲基苯胺（AR）、浓盐酸（AR）、5%/10%氢氧化钠溶液、冰醋酸（AR）、亚硝酸钠（AR）、饱和氯化钠溶液、乙醇（AR）、淀粉-碘化钾试纸。

【实验步骤】

1. 对氨基苯磺酸重氮盐的制备

在 100 mL 烧杯中加入 2 g 对氨基苯磺酸[1]和 10 mL 5%氢氧化钠溶液，热水浴使其溶解。冷至室温，加 0.8 g 亚硝酸钠，待溶解后，在搅拌下将该混合物溶液分批滴入盛有 13 mL 冰水和 2.5 mL 浓盐酸的烧杯中，使温度保持在 5℃以下[2]。滴加完后用淀粉-碘化钾试纸检验[3]。析出的细粒状白色沉淀即为对氨基苯磺酸重氮盐，为保证反应完全，继续在冰浴中放置 15 min。

2. 偶合

在一支试管中加入 1.3 mL *N,N*-二甲基苯胺[4]和 1 mL 冰醋酸，振荡使其混匀。在搅拌下将此溶液慢慢加到实验步骤 1.中冷却的对氨基苯磺酸重氮盐溶液中，加完后继续搅拌 10 min，此时有红色的酸性黄沉淀，然后在冷却下搅拌，慢慢加入 15 mL 10%氢氧化钠溶液。反应物变为橙色，析出物即为粗甲基橙细粒状沉淀[5]。

3. 精制[6]

将粗甲基橙沉淀加热至沸腾，溶解后稍冷，置于冰浴中冷却，待甲基橙全部重新结晶析出后，抽滤收集结晶。用饱和氯化钠溶液冲洗烧杯两次，每次 10 mL，并用这些冲洗液洗涤产品。

为得到较纯的产品，可将滤饼连同滤纸一起移到盛有 75 mL 热水的烧瓶中微微加热并不断搅拌，滤饼几乎全溶后取出滤纸让溶液冷却至室温，然后在冰浴中再冷却，待甲基橙结晶全析出后，抽滤。依次用少量乙醇、乙醚洗涤产品。产品干燥后称量，产量 2.5 g（产率 75%）。

产品没有明确的熔点，因此不必测定其熔点。

4. 检测

溶解少许产品于水中，加几滴稀盐酸，然后用稀氢氧化钠溶液中和，观察溶液的颜色有什么变化。

【实验步骤流程图】

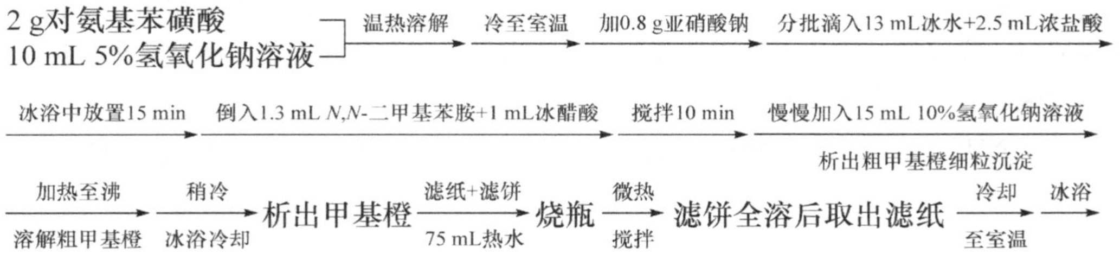

2 g对氨基苯磺酸 + 10 mL 5%氢氧化钠溶液 —温热溶解→ —冷至室温→ —加0.8 g亚硝酸钠→ —分批滴入13 mL冰水+2.5 mL浓盐酸→ —冰浴中放置15 min→ —倒入1.3 mL *N*,*N*-二甲基苯胺+1 mL冰醋酸→ —搅拌10 min→ —慢慢加入15 mL 10%氢氧化钠溶液 / 析出粗甲基橙细粒沉淀→ —加热至沸 / 溶解粗甲基橙→ —稍冷 / 冰浴冷却→ 析出甲基橙 —滤纸+滤饼 / 75 mL热水→ 烧瓶 —微热 / 搅拌→ 滤饼全溶后取出滤纸 —冷却 / 至室温→ —冰浴→

析出结晶，抽滤

【注意事项】

[1] 对氨基苯磺酸为两性化合物，酸性强于碱性，它能与碱作用成盐而不能与酸作用成盐。

[2] 制备重氮盐时，温度应保持在 5℃以下。如果重氮盐的水溶液温度升高，重氮盐会水解生成酚，降低产率。

[3] 若淀粉-碘化钾试纸不显色，需补充亚硝酸钠溶液，显蓝色说明亚硝酸过量。

[4] *N*,*N*-二甲基苯胺有毒，致癌，实验时小心使用，接触后立即洗手。

[5] 若粗产品颜色偏黑，可加入 0.5 g 氢氧化钠溶解，再次重结晶。

[6] 重结晶操作要迅速，否则由于产物呈碱性，温度高时易变质，颜色变深。用乙醇洗涤的目的是使其迅速干燥。

【思考题】

(1) 在本实验中，重氮盐的制备为什么要控制在 0～5℃进行？偶合反应为什么在弱酸性介质中进行？

(2) 在制备重氮盐中加入氯化亚铜将出现什么结果？

(3) *N*,*N*-二甲基苯胺与重氮盐偶合为什么总是在氨基的对位发生？

实验六十三　磺胺药物对氨基苯磺酰胺的制备

【实验目的】

(1) 学习苯胺乙酰化反应的原理和方法。

(2) 学习掌握乙酰苯胺氯磺酰化、氨解、水解的原理和方法。

(3) 进一步巩固气体捕集器操作和回流、分馏、脱色、重结晶等基本操作。

【实验原理】

磺胺类药物是含有对氨基苯磺酰胺结构抗菌药的总称，能够抑制多种细菌和病菌的繁殖，主要用于预防和治疗感染性疾病，具有抗菌谱广、性质稳定、生产时不耗用粮食等优点。特别是抗菌增效剂甲氧苄啶(TMP)发现后，磺胺类药物与 TMP 联用可增强其抗菌作用，扩大其治疗范围。因此，即便在大量抗生素问世的今天，磺胺类药物仍作为重要的化学治疗药物用于某些治疗中。对氨基苯磺酰胺又名磺胺，为白色颗粒或粉末状晶体，熔点 164～166℃，味微苦，无臭，微溶于水、乙醇和丙酮，易溶于沸水、丙三醇和盐酸，不溶于苯和氯仿，是结构最简单的磺胺类化合物。

制备对氨基苯磺酰胺的常用方法有苯胺法、氯苯法和二苯脲法。本实验采用苯胺法，以苯胺为原料，先经氨基酰化得到乙酰苯胺，再依次经氯磺酰化、氨解、水解系列反应，得到对氨基苯磺酰胺。反应式如下：

$$C_6H_5NH_2 \xrightarrow[\triangle]{(CH_3CO)_2O} C_6H_5NHCOCH_3 \xrightarrow{ClSO_3H} p\text{-}ClO_2S\text{-}C_6H_4\text{-}NHCOCH_3 \xrightarrow{NH_3} p\text{-}H_2NO_2S\text{-}C_6H_4\text{-}NHCOCH_3$$

$$\xrightarrow{H_2O} p\text{-}H_2NO_2S\text{-}C_6H_4\text{-}NH_2 + CH_3COOH$$

【仪器与试剂】

仪器：锥形瓶、橡皮塞、量筒、导气管、烧杯、玻璃棒、磁力搅拌器、水浴锅、圆底烧瓶、分馏柱、蒸馏头、温度计套管、温度计、直形冷凝管、磁子、接液管、球形冷凝管、砂芯漏斗、抽滤瓶、布氏漏斗、抽气泵。

试剂：苯胺(AR)、冰醋酸(AR)、锌粉(AR)、活性炭(AR)、氯磺酸(AR)、浓氨水(AR)、10%盐酸、碳酸钠(AR)等。

【实验步骤】

1. 乙酰苯胺的制备

1) 分馏

在 50 mL 圆底烧瓶中加入 10 mL (0.11 mol) 苯胺[1]、15 mL (0.26 mol) 冰醋酸和 0.10 g (0.0015 mol) 锌粉[2]，安装分馏装置[3]。先缓缓加热，保持微沸 30 min。然后逐渐升高温度分馏，将反应体系中的水和少量乙酸缓慢、稳定地蒸出(馏出温度 104～105℃)，约 1 h 后反应生成的水及大部分乙酸已蒸出，柱顶温度下降，停止加热。

2) 分离精制[4]

在不断搅拌下，将反应混合物趁热倒入盛有冰水的烧杯中，冷却结晶，抽滤，得乙酰苯胺粗产品。用水进行重结晶，加活性炭(约 0.50 g)脱色，趁热过滤，冷却结晶，抽滤，干燥，称量，得 9.85 g 乙酰苯胺，产率 66.3%，熔点 113～114℃(文献值 114℃)。

2. 磺胺的制备

1) 对乙酰氨基苯磺酰氯的制备

在 100 mL 干燥锥形瓶中加入 5.00 g (0.037 mol) 乙酰苯胺，微热熔融后转动锥形瓶，使其在瓶底形成薄膜，用橡皮塞塞好瓶口，水浴冷却备用。用干燥的量筒量 13 mL 氯磺酸[5]，迅速倒入乙酰苯胺中，塞上带有导气管的塞子并不断振摇锥形瓶使反应物充分接触，并保持反应温度在 15℃以下[6]。当大部分乙酰苯胺溶解后，将锥形瓶置于水浴上加热至 60～70℃，待固体全部消失后，再保温 10 min，停止加热，冷却。然后将反应混合物慢慢倒入盛有 80～100 g 碎冰块的烧杯中，搅拌，冷却，抽滤，少量冷水洗涤 3 次，抽干，得对乙酰氨基苯磺酰氯粗产品。

2) 对乙酰氨基苯磺酰胺的制备

将制得的对乙酰氨基苯磺酰氯粗产品移入 50 mL 烧杯中，在不断搅拌下慢慢加入 25 mL 浓氨水(在通风橱内)[7]，立即放热反应生成白色糊状物。加完浓氨水后继续搅拌 10 min，再在 70℃水浴中加热 10 min，并不断搅拌以除去多余的氨。冷却，抽滤，冷水洗涤，抽干，得对乙酰氨基苯磺酰胺粗产品。

3) 对氨基苯磺酰胺的制备

将上述对乙酰氨基苯磺酰胺加入 50 mL 圆底烧瓶中，加入 20 mL 10%盐酸，安装回流装置，边搅拌边缓慢加热至回流，直至全部产品溶解(约 0.5 h)。若溶液呈黄色，则加入少量活性炭脱色。冷却后加入固体碳酸钠[8](约 4 g)中和至 pH 为 7.0～8.0，冰水冷却，抽滤，少量水洗涤，抽干，得对氨基苯磺酰胺粗产品。粗产品经水重结晶(每克约需 12 mL 水)，抽滤，干燥，称量，得 4.12 g 对氨基苯磺酰胺[9]，产率 64.8%，熔点 163～165℃(文献值 164～166℃)。

【实验步骤流程图】

1. 乙酰苯胺的制备

10 mL苯胺
15 mL冰醋酸
0.10 g锌粉 $\xrightarrow{\text{微沸30 min}}$ $\xrightarrow[\text{约1 h}]{\text{分馏出水和乙酸}}$ $\xrightarrow[\text{趁热倒入冰水中}]{\text{搅拌下将反应物}}$

$\xrightarrow[\text{抽滤}]{\text{冷却结晶}}$ $\xrightarrow[\text{活性炭脱色}]{\text{用水重结晶}}$ $\xrightarrow[\text{冷却结晶}]{\text{趁热过滤}}$ $\xrightarrow{\text{抽滤}}$ 对甲基乙酰苯胺

2. 磺胺的制备

1) 对乙酰氨基苯磺酰氯的制备

5.00 g乙酰苯胺 $\xrightarrow[\text{微热熔融}]{\text{100 mL干燥锥形瓶}}$ $\xrightarrow[\text{在瓶底形成薄膜}]{\text{转动锥形瓶}}$ $\xrightarrow{\text{水浴冷却}}$ $\xrightarrow{\text{加13 mL氯磺酸}}$

$\xrightarrow[\text{保持温度15℃以下}]{\text{振摇使大部分乙酰苯胺溶解}}$ $\xrightarrow{\text{加热至60~70℃}}$ $\xrightarrow[\text{保温10 min}]{\text{至固体全部消失}}$ $\xrightarrow[\text{倒入80~100 g碎冰块中}]{\text{冷却}}$

$\xrightarrow{\text{搅拌、冷却、抽滤}}$ 对乙酰氨基苯磺酰氯粗产品

2) 对乙酰氨基苯磺酰胺的制备

对乙酰氨基苯磺酰氯 $\xrightarrow[\text{搅拌10 min}]{\text{加入25 mL浓氨水}}$ $\xrightarrow[\text{不断搅拌}]{\text{70℃加热10 min}}$ $\xrightarrow[\text{抽滤}]{\text{冷却}}$ 对乙酰氨基苯磺酰胺粗产品

3)对氨基苯磺酰胺的制备

对乙酰氨基苯磺酰胺、20 mL 10%盐酸 $\xrightarrow[\text{搅拌至溶解}]{\text{回流}}$ $\xrightarrow{\text{冷却}}$ $\xrightarrow[\text{至pH为7~8}]{\text{加入固体碳酸钠}}$ $\xrightarrow[\text{抽滤}]{\text{冷却}}$ 对氨基苯磺酰胺粗产品

$\xrightarrow{\text{重结晶}}$ $\xrightarrow[\text{干燥}]{\text{抽滤}}$ 对氨基苯磺酰胺，称量，计算产率，测熔点

【注意事项】

[1] 久置的苯胺由于氧化而常有黄色，会影响产品的质量，所以在使用前应重蒸。

[2] 锌粉的作用是防止苯胺氧化。锌粉不能加得太多，否则不仅会消耗乙酸生成乙酸锌，而且乙酸锌还会在精制过程中水解成氢氧化锌，很难从乙酰苯胺中分离出来。

[3] 分馏时要尽量减少分馏柱上的热量损失及温度波动，如有必要应包裹分馏柱进行保温。

[4] 精制产品时，切勿将活性炭加入沸腾的溶液中，防止溶液溢出。

[5] 氯磺酸具有强腐蚀性，取用时需小心。

[6] 氯磺酰化反应时要防止局部过热，可将锥形瓶置于冰水浴中冷却下滴加氯磺酸。

[7] 对乙酰氨基苯磺酰胺可溶于过量的浓氨水，冷却后可加入稀硫酸至刚果红试纸变蓝色，使对乙酰氨基苯磺酰胺沉淀完全。

[8] 用碳酸钠中和时必须严格控制 pH，防止生成的对氨基苯磺酰胺溶于强酸或强碱，造成产品损失。

[9] 对氨基苯磺酰胺可用水或乙醇作为重结晶溶剂。

【思考题】

(1)本实验为可逆反应，是通过什么方法提高反应的产率?

(2)用苯胺作原料进行苯环上的取代反应时，为什么通常需要先进行酰化?

(3)对乙酰氨基苯磺酰胺分子中既含有羧酰胺又含有磺酰胺，水解时羧酰胺优先，为什么?

(4)为什么苯胺要乙酰化后再氯磺化?

实验六十四　昆虫信息素 2-庚酮的制备

【实验目的】

(1)学习和掌握乙酰乙酸乙酯在合成中的应用。

(2)学习乙酰乙酸乙酯的钠代、烃基取代、碱性水解和酸化脱羧的原理和方法。

(3)进一步巩固蒸馏、减压蒸馏、萃取的基本操作。

【实验原理】

2-庚酮又称甲基戊基酮，无色液体，发现于成年工蜂的颈腺中，是工蜂的一种警戒信息素，同时也是小黄蚁的警戒信息素。丁香油、肉桂油、椰子油中也存在微量的 2-庚酮，具有强烈的水果香气，可以用作香精。另外，2-庚酮还可以用作硝化纤维素的溶剂和涂料、惰性反应介质。

2-庚酮的合成可采用格氏试剂法、乙酰乙酸乙酯法和丙二酸乙酯法等。本实验采用乙酰乙酸乙酯法制备 2-庚酮。乙酰乙酸乙酯在碱性条件下与正溴丁烷发生 S_N2 烷基化制备正丁基

乙酰乙酸乙酯，正丁基乙酰乙酸乙酯依次经水解、酸化、脱羧系列反应制备 2-庚酮。反应式如下：

$$CH_3COCH_2COOEt \xrightarrow{EtONa} CH_3CO\overset{-}{C}HCOOEt \xrightarrow{C_4H_9Br} CH_3CO\underset{}{\overset{C_4H_9}{\overset{|}{C}}}HCOOEt \xrightarrow{稀NaOH}$$

$$CH_3CO\overset{C_4H_9}{\overset{|}{C}}HCOONa \xrightarrow{H_2SO_4} CH_3\overset{O}{\overset{\|}{C}}C_5H_{11}$$

【仪器与试剂】

仪器：三颈烧瓶、磁子、磁力搅拌器、滴液漏斗、球形冷凝管、干燥管、分液漏斗、锥形瓶、圆底烧瓶、温度计套管、温度计、蒸馏头、直形冷凝管、接液管、抽滤瓶、布氏漏斗、抽气泵。

试剂：钠丝、无水乙醇(AR)、碘化钾(AR)、乙酰乙酸乙酯(AR)、正溴丁烷(AR)、红色石蕊试纸、1%盐酸、二氯甲烷(AR)、5%氢氧化钠溶液、20%硫酸、颗粒状氢氧化钠(AR)。

【实验步骤】

1. 正丁基乙酰乙酸乙酯的制备

在干燥的 100 mL 三颈烧瓶中放置 1.15 g(0.05 mol)金属钠丝，搭建带干燥管的控温-滴加-回流装置。由滴液漏斗逐滴滴加 25 mL 无水乙醇，控制滴加速度，保持反应液呈微沸状态。待金属钠全部反应完后，加入 0.6 g 碘化钾粉末，加热至沸腾，使固体溶解。冷却，室温下边搅拌边滴加 6.3 mL(0.05 mol)乙酰乙酸乙酯[1]，加完后继续搅拌回流 10 min[2]。然后，在回流下慢慢滴加 6.0 mL(0.055 mol)正溴丁烷[3]，加完后继续回流 3～4 h 至反应完成。此时，反应液呈橘红色，并有白色沉淀析出。为检验反应是否完成，可取 1 滴反应液点在湿润的红色石蕊试纸上，如果仍呈红色，说明反应已经完成。反应体系冷却至室温后，抽滤除去溴化钠晶体，用 2.5 mL 无水乙醇洗涤 2 次。合并滤液，蒸馏除去乙醇。然后冷却至室温，加入 5 mL 1%盐酸洗涤，分出有机相，水相用 5 mL 二氯甲烷萃取 2 次，合并有机层。有机相用 4 mL 水洗涤，分液待用。

2. 2-庚酮的制备

将上述有机相转移至 100 mL 三颈烧瓶中，加入 30 mL 5%氢氧化钠溶液，室温剧烈搅拌 2.5 h。然后边搅拌边慢慢滴加 20%硫酸(约 8 mL)调节 pH 为 2.0～3.0[4]，此时有大量二氧化碳气体放出。当二氧化碳气体不再逸出时，停止搅拌，改成蒸馏装置进行简易水蒸气蒸馏，将产物和水一起蒸出，直至无油状物蒸出为止。在馏出液中溶解颗粒状氢氧化钠，直至红色石蕊试纸刚呈碱性为止。分出有机相，水相用 5 mL 二氯甲烷萃取 2 次，合并有机相，干燥，蒸馏除去二氯甲烷，收集 145～152℃馏分 3.28 g，即 2-庚酮，为无色液体，产率 57.6%。

纯 2-庚酮的沸点为 151.4℃，$n_D^{20} = 1.4088$。

【实验步骤流程图】

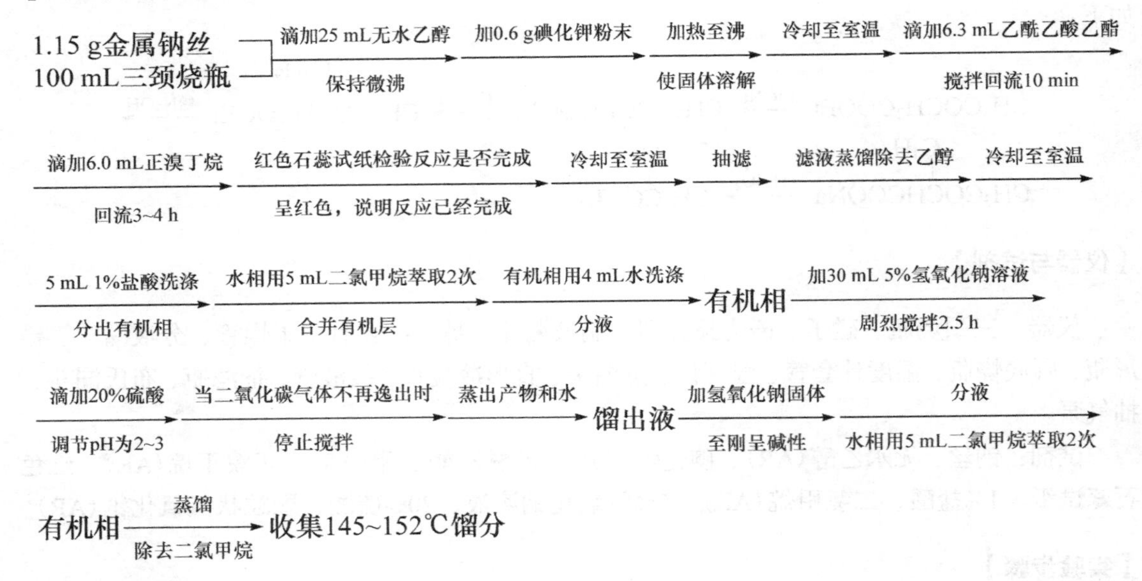

【注意事项】

[1] 乙酰乙酸乙酯久置会部分分解，用前需要减压蒸馏重新纯化。

[2] 制备正丁基乙酰乙酸乙酯回流时，由于溴化钠的生成会出现剧烈的暴沸现象，需快速搅拌。

[3] 正溴丁烷使用前需用氯化钙干燥，然后重新蒸馏提纯。为防止二烷基乙酰乙酸乙酯副产物的生成，正溴丁烷不宜过量太多。

[4] 制备2-庚酮用硫酸酸化时需缓慢滴加，防止大量二氧化碳生成，造成冲料。

【思考题】

(1) 乙酰乙酸乙酯类化合物在稀碱和浓碱存在条件下分解产物有什么不同?

(2) 为什么用碘化钾可以催化乙酰乙酸乙酯亚甲基上的烷基化反应?

参 考 文 献

胡明星, 宿辉. 2009. 绿色化学理念在高等化学教育中的融入. 黑龙江高教研究, (7): 175-176.
李景宁. 2011. 有机化学(上、下). 5 版. 北京: 高等教育出版社.
李玉兰. 2002. 重点理工科院校实验仪器设备管理工作的体会与思考. 实验技术与管理, 19(4): 131-134.
李振键, 金军, 邓慧云, 等. 2004. 实验室开放是培养高素质创新人才的有效途径. 实验技术与管理, 21(2): 1-4.
林敏, 陈毅辉, 郑锦丽, 等. 2000. 小量-半微量-微量有机化学实验教学模式的探讨与实践. 广西师范大学学报, (6): 95-97.
刘华, 胡冬华. 2015. 有机化学实验教程. 北京: 清华大学出版社.
强亮生. 2015. 精细化工综合实验. 哈尔滨: 哈尔滨工业大学出版社.
王学利, 毛燕. 2008. 化学实验: 有机化学实验. 成都: 电子科技大学出版社.
曾和平, 王辉, 李兴奇. 2018. 有机化学实验. 4 版. 北京: 高等教育出版社.
钟明, 何节玉, 黄宏新. 2002. 基于网络的有机化学实验 ICAI 课件的制作. 安庆师范学院学报(自然科学版), 8(4): 68-70.
朱文, 贾春满, 陈红军. 2015. 有机化学实验. 北京: 化学工业出版社.
Noyori R. 2005. Pursuing practical elegance in chemical synthesis. Chemical Communications, (14): 1807-1811.

附　　录

附录 1　常用化学试剂的纯化和配制

1. 2,4-二硝基苯肼溶液

方法Ⅰ：在 15 mL 浓硫酸中溶解 3 g 2,4-二硝基苯肼。另在 70 mL 95%乙醇中加 20 mL 水，然后把硫酸苯肼倒入稀乙醇溶液中，搅拌混合均匀即成橙红色溶液(若有沉淀应过滤)。

方法Ⅱ：将 1.2 g 2,4-二硝基苯肼溶于 50 mL 30%高氯酸中，配好后储于棕色瓶中，不易变质。

方法Ⅰ配制的试剂 2,4-二硝基苯肼浓度较大，反应时沉淀多，便于观察。方法Ⅱ配制的试剂由于高氯酸盐在水中溶解度很大，因此便于检验水中的醛且较稳定，长期储存不易变质。

2. 卢卡斯试剂

将 34 g 无水氯化锌在蒸发皿中强热熔融，稍冷后放在干燥器中冷至室温。取出捣碎，溶于 23 mL 浓盐酸(相对密度 1.187)中。配制时须加以搅动，并把容器放在冰水浴中冷却，以防氯化氢逸出。此试剂一般是临用时配制。

3. 托伦试剂

方法Ⅰ：取 0.5 mL 10%硝酸银溶液于试管中，滴加氨水，开始出现黑色沉淀，再继续滴加氨水，边滴边摇动试管，滴到沉淀刚好溶解为止，得澄清的硝酸银氨水溶液，即托伦试剂。

方法Ⅱ：取一支干净试管，加入 1 mL 5%硝酸银溶液，滴加 2 滴 5%氢氧化钠溶液，产生沉淀，然后滴加 5%氨水，边摇边滴加，直到沉淀消失为止，即为托伦试剂。

无论方法Ⅰ还是方法Ⅱ，氨水的量不宜多，否则会影响试剂的灵敏度。方法Ⅰ配制的托伦试剂较方法Ⅱ的碱性弱，在进行糖类实验时，用方法Ⅰ配制的试剂较好。

4. 谢里瓦诺夫(Seliwanoff)试剂

将 0.05 g 间苯二酚溶于 50 mL 浓盐酸中，再用蒸馏水稀释至 100 mL。

5. 席夫试剂

在 100 mL 热水中溶解 0.2 g 品红盐酸盐，放置冷却后，加入 2 g 亚硫酸氢钠和 2 mL 浓盐酸，再用蒸馏水稀释至 200 mL。或先配制 10 mL 二氧化硫的饱和水溶液，冷却后加入 0.2 g 品红盐酸盐，溶解后放置数小时使溶液变成无色或淡黄色，用蒸馏水稀释至 200 mL。此外，也可将 0.5 g 品红盐酸盐溶于 100 mL 热水中，冷却后用二氧化硫气体饱和至粉红色消失，加入 0.5 g 活性炭，振荡过滤，再用蒸馏水稀释至 500 mL。

本试剂所用的品红是假洋红(para-rosaniline 或 para-fuchsin)，此物与洋红(rosaniline 或

fuchsin)不同。席夫试剂应密封储存在暗冷处，若受热或见光，或露置空气中过久，试剂中的二氧化硫易失去，结果又显桃红色。遇此情况，应再通入二氧化硫，使颜色消失后使用。但应指出，试剂中过量的二氧化硫越少，反应就越灵敏。

6. 0.1%茚三酮溶液

将 0.1 g 茚三酮溶于 124.9 mL 95%乙醇中，用时新配。

7. 饱和亚硫酸氢钠溶液

先配制 40%亚硫酸氢钠水溶液，然后在 100 mL 40%亚硫酸氢钠水溶液中加 25 mL 不含醛的无水乙醇，溶液呈透明清亮状。

由于亚硫酸氢钠久置后易失去二氧化硫而变质，所以上述溶液也可按下法配制：将研细的碳酸钠晶体($Na_2CO_3 \cdot 10H_2O$)与水混合，水的用量以使粉末上只覆盖一薄层水为宜，然后在混合物中通入二氧化硫气体，至碳酸钠几乎完全溶解，或将二氧化硫通入 1 份碳酸钠与 3 份水的混合物中，至碳酸钠全部溶解为止，配制好后密封放置，但不可放置太久，最好是用时新配。

8. 饱和溴水

溶解 15 g 溴化钾于 100 mL 水中，加入 10 g 溴，振荡即成。

9. 莫利希试剂

将 2 g α-萘酚溶于 20 mL 95%乙醇中，用 95%乙醇稀释至 100 mL，储于棕色瓶中，一般用前配制。

10. 盐酸苯肼-乙酸钠溶液

将 5 g 盐酸苯肼溶于 100 mL 水中，必要时可微热助溶，如果溶液呈深色，加活性炭共热，过滤后加 9 g 乙酸钠晶体或用相同量的无水乙酸钠，搅拌使其溶解，储于棕色瓶中。

11. 本尼迪克特试剂

把 4.3 g 研细的硫酸铜溶于 25 mL 热水中，冷却后用水稀释至 40 mL。另把 43 g 柠檬酸钠及 25 g 无水碳酸钠(若用有结晶水的碳酸钠，则用量应按比例计算)溶于 150 mL 水中，加热溶解，待溶液冷却后，再加入上面所配的硫酸铜溶液，加水稀释至 250 mL，将试剂储于试剂瓶中，瓶口用橡皮塞塞紧。

12. 淀粉-碘化钾试纸

取 3 g 可溶性淀粉，加入 25 mL 水，搅匀，倾入 225 mL 沸水中，再加入 1 g 碘化钾及 1 g 结晶硫酸钠，加水稀释至 500 mL，将滤纸片(条)浸渍，取出晾干，密封备用。

13. 蛋白质溶液

取 50 mL 新鲜鸡蛋清，加蒸馏水至 100 mL，搅拌溶解。如果溶液浑浊，加入 5%氢氧化钠至溶液刚清亮为止。

14. 10%淀粉溶液

将 1 g 可溶性淀粉溶于 5 mL 冷蒸馏水中，用力搅成稀浆状，然后倒入 94 mL 沸水中，即得几乎透明的胶体溶液，放冷使用。

15. β-萘酚碱溶液

取 4 g β-萘酚，溶于 40 mL 5%氢氧化钠溶液中。

16. 费林试剂

费林试剂由费林试剂 A 和费林试剂 B 组成，使用时将两者等体积混合。费林试剂 A：将 3.5 g 含有五个结晶水的硫酸铜溶于 100 mL 水中，即得淡蓝色的费林试剂 A。费林试剂 B：将 17 g 含有五个结晶水的酒石酸钾钠溶于 20 mL 热水中，然后加入 20 mL 含有 5 g 氢氧化钠的水溶液，稀释至 100 mL，即得无色清亮的费林试剂 B。

17. 碘溶液

方法Ⅰ：将 20 g 碘化钾溶于 100 mL 蒸馏水中，然后加入 10 g 研细的碘粉，搅动使其全溶，即得深红色溶液。

方法Ⅱ：将 1 g 碘化钾溶于 100 mL 蒸馏水中，然后加入 0.5 g 碘，加热溶解即得红色清亮溶液。

18. 无水乙醇

检验乙醇是否含有水分，常用的方法有下列两种：

(1)取一支干净试管，加入 2 mL 制得的无水乙醇，随即加入少量无水硫酸铜粉末。如果乙醇中含有水分，则白色无水硫酸铜变为蓝色硫酸铜。

(2)另取一支干净试管，加入 2 mL 制得的无水乙醇，随即加入几粒干燥的高锰酸钾。如果乙醇中含有水分，则呈紫红色溶液。

19. 无水乙醚

(1)检验有无过氧化物的存在及除去。

制备无水乙醚首先必须检验有无过氧化物的存在，否则容易发生危险。检验的方法是：取少量乙醚和等体积的 2%碘化钾溶液，加入数滴稀盐酸，振摇，如果能使淀粉溶液呈蓝色或紫色，为正反应。然后将乙醚置于分液漏斗中，加入相当于乙醚体积 1/5 的新配的硫酸亚铁溶液，用力振荡后，分去水层。

硫酸亚铁溶液的制备：取 100 mL 水，慢慢加入 6 mL 浓硫酸，再加入 60 g 硫酸亚铁溶解而成。

(2)干燥剂可用浓硫酸及金属钠或无水氯化钙-五氧化二磷。具体操作请参阅有关书籍。

20. 丙酮

市售的丙酮往往含有甲醇、乙醛、水等杂质，不可能利用简单蒸馏把这些杂质分离。含有上述杂质的丙酮不能作为格氏反应等的试剂，必须经过处理才能使用。

常用的方法是：在 100 mL 丙酮中加入 0.5 g $KMnO_4$ 回流，若紫色很快褪去，再加入少量 $KMnO_4$，继续回流，直到紫色不再褪去时，停止回流，将丙酮蒸出，用无水碳酸钠干燥 1 h 后，蒸馏，收集 55～56.5℃馏出液。

21. 无水甲醇

市售试剂纯度能达 99.85%，其中可能含少量水和丙酮。

22. 苯

普通苯中可能含有少量噻吩。欲除去噻吩，可用等体积 15% H_2SO_4 溶液洗涤数次，直至酸层为无色或浅黄色。再分别用水、10% Na_2CO_3 溶液、水洗涤后，用无水氯化钙干燥过夜，过滤，蒸馏。

23. 甲苯

一般甲苯可能含少量甲基噻吩，用浓硫酸(甲苯：浓硫酸=10：1，体积比)摇荡 30 min(温度不要超过 30℃)，除去酸层，用水、10% Na_2CO_3 溶液、水洗涤，用无水氯化钙干燥过夜，过滤，蒸馏。

24. 碘-碘化钾溶液

2 g 碘和 5 g 碘化钾溶于 100 mL 水中。

25. 刚果红试纸

取 0.2 g 刚果红溶于 100 mL 蒸馏水制成溶液，把滤纸放在刚果红溶液中浸透后，取出晾干，裁成纸条(长 70～80 mm，宽 10～20 mm)，试纸呈鲜红色。

刚果红适合作酸性物质的指示剂，变色范围 pH 为 3～5。刚果红与弱酸作用显蓝黑色，与强酸作用显稳定的蓝色，遇碱则又变红。

26. 氯化亚铜氨溶液

取 1 g 氯化亚铜，加 1～2 mL 浓氨水和 10 mL 水，用力摇动后，静置片刻，倾出溶液，并投入一块铜片(或一根铜丝)，储存备用。

$$CuCl + 2NH_4OH = Cu(NH_3)_2Cl + 2H_2O$$

亚铜盐很容易被空气中的氧气氧化成二价铜盐，此时试剂呈蓝色，将掩盖乙炔亚铜的红色。为了便于观察现象，可在温热的试剂中滴加 20%盐酸羟胺($HONH_2 \cdot HCl$)溶液至蓝色褪去后，再通入乙炔，羟胺是强还原剂，可将 Cu^{2+} 还原成 Cu^+。

$$4Cu^{2+} + 2NH_2OH = 4Cu^+ + N_2O + H_2O + 4H^+$$

附录 2　实验室常用酸、碱等溶液的配制

1. 常用酸溶液

名称	化学式	浓度	配制方法
盐酸	HCl	12 mol/L	相对密度为 1.19 的浓 HCl
		8 mol/L	666.7 mL 12 mol/L 浓 HCl，加水稀释至 1 L
		6 mol/L	12 mol/L 浓 HCl，加等体积水稀释
		2 mol/L	167 mL 12 mol/L 浓 HCl，加水稀释至 1 L
		1 mol/L	84 mL 12 mol/L 浓 HCl，加水稀释至 1 L
硝酸	HNO_3	16 mol/L	相对密度为 1.42 的浓 HNO_3
		6 mol/L	380 mL 16 mol/L 浓 HNO_3，加水稀释至 1 L
		3 mol/L	190 mL 16 mol/L 浓 HNO_3，加水稀释至 1 L
		2 mol/L	127 mL 16 mol/L 浓 HNO_3，加水稀释至 1 L
硫酸	H_2SO_4	18 mol/L	相对密度为 1.84 的浓 H_2SO_4
		6 mol/L	332 mL 18 mol/L 浓 H_2SO_4，加水稀释至 1 L
		3 mol/L	166 mL 18 mol/L 浓 H_2SO_4，加水稀释至 1 L
		1 mol/L	56 mL 18 mol/L 浓 H_2SO_4，加水稀释至 1 L
乙酸	HAc	17 mol/L	相对密度为 1.05 的冰醋酸
		6 mol/L	353 mL 17 mol/L 冰醋酸，加水稀释至 1 L
		2 mol/L	118 mL 17 mol/L 冰醋酸，加水稀释至 1 L
		1 mol/L	57 mL 17 mol/L 冰醋酸，加水稀释至 1 L
酒石酸	$H_2C_4H_4O_6$	饱和	将酒石酸溶于水中，使其饱和

2. 常用碱溶液

名称	化学式	浓度	配制方法
氢氧化钠	NaOH	6 mol/L	240 g NaOH 溶于水中，冷却后稀释至 1 L
		2 mol/L	80 g NaOH 溶于水中，冷却后稀释至 1 L
氢氧化钾	KOH	1 mol/L	56 g KOH 溶于水中，冷却后稀释至 1 L

续表

名称	化学式	浓度	配制方法
氨水	$NH_3 \cdot H_2O$	15 mol/L	相对密度为 0.9 的浓氨水
		6 mol/L	400 mL 15 mol/L 浓氨水，加水稀释至 1 L
		3 mol/L	200 mL 15 mol/L 浓氨水，加水稀释至 1 L
		1 mol/L	67 mL 15 mol/L 浓氨水，加水稀释至 1 L

3. 常用铵盐溶液

名称	化学式	浓度	配制方法
氯化铵	NH_4Cl	3 mol/L	160 g NH_4Cl 溶于适量水中，加水稀释至 1 L
硫化铵	$(NH_4)_2S$	3 mol/L	通 H_2S 于 200 mL 15 mol/L 浓氨水中达到饱和，再加 200 mL 15 mol/L 浓氨水，加水稀释至 1 L
碳酸铵	$(NH_4)_2CO_3$	2 mol/L	192 g $(NH_4)_2CO_3$ 溶于 500 mL 3 mol/L 氨水中，加水稀释至 1 L
		120 g/L	120 g $(NH_4)_2CO_3$ 溶于适量水中，加水稀释至 1 L
乙酸铵	NH_4Ac	3 mol/L	231 g NH_4Ac 溶于适量水中，加水稀释至 1 L
硫氰酸铵	NH_4SCN	饱和	将 NH_4SCN 溶于水中，使其饱和
		0.5 mol/L	38 g NH_4SCN 溶于适量水中，加水稀释至 1 L
磷酸氢二铵	$(NH_4)_2HPO_4$	4 mol/L	528 g $(NH_4)_2HPO_4$ 溶于 1 L 水中
硫酸铵	$(NH_4)_2SO_4$	饱和	将 $(NH_4)_2SO_4$ 溶于水中，使其饱和
碘化铵	NH_4I	0.5 mol/L	73 g NH_4I 溶于适量水中，加水稀释至 1 L
钼酸铵	$(NH_4)_2MoO_4$		100 g $(NH_4)_2MoO_4$ 溶于 1 L 水，将所得溶液倒入 1 L 6 mol/L 硝酸中(切不可将硝酸倒入溶液中)。溶液放置 48 h，倾出清液使用

4. 常用盐溶液及一些特殊试剂

名称	化学式	浓度	配制方法
硝酸银	$AgNO_3$	0.5 mol/L	85 g $AgNO_3$ 溶于 1 L 水中
氯化钡	$BaCl_2$	0.25 mol/L	61 g $BaCl_2 \cdot 2H_2O$ 溶于 1 L 水中
氯化钙	$CaCl_2$	0.5 mol/L	109.5 g $CaCl_2 \cdot 6H_2O$ 溶于 1 L 水中
硫酸钙	$CaSO_4$	饱和	约 2.2 g $CaSO_4 \cdot 2H_2O$ 置于 1 L 水中，搅拌至饱和
氯化钴	$CoCl_2$	0.2 g/L	0.2 g $CoCl_2$ 溶于 1 L 0.5 mol/L 盐酸中
硫酸铜	$CuSO_4$	20 g/L	31 g $CuSO_4 \cdot 5H_2O$ 溶于 1 L 水中
氯化铁	$FeCl_3$	0.5 mol/L	135 g $FeCl_3 \cdot 6H_2O$ 溶于 1 L 水中
		0.1 mol/L	27 g $FeCl_3 \cdot 6H_2O$ 溶于 1 L 水中
硫酸亚铁	$FeSO_4$	0.1 mol/L	27.8 g $FeSO_4 \cdot 7H_2O$ 溶于 1 L 水中
氯化汞	$HgCl_2$	0.2 mol/L	54 g $HgCl_2$ 溶于 1 L 水中

续表

名称	化学式	浓度	配制方法
铬酸钾	K_2CrO_4	0.25 mol/L	48.5 g K_2CrO_4 溶于适量水中，加水稀释至 1 L
亚铁氰化钾	$K_4[Fe(CN)_6]$	0.25 mol/L	106 g $K_4[Fe(CN)_6]\cdot 3H_2O$ 溶于 1 L 水中
铁氰化钾	$K_3[Fe(CN)_6]$	0.25 mol/L	82.3 g $K_3[Fe(CN)_6]$ 溶于 1 L 水中
		2 g/L	2 g $K_3[Fe(CN)_6]$ 溶于 1 L 水中
碘化钾	KI	1 mol/L	166 g KI 溶于 1 L 水中
		40 g/L	40 g KI 溶于 1 L 水中
高锰酸钾	$KMnO_4$	0.01 mol/L	1.6 g $KMnO_4$ 溶于 1 L 水中
乙酸钠	NaAc	3 mol/L	408 g $NaAc\cdot 3H_2O$ 溶于 1 L 水中
		0.5 mol/L	68 g $NaAc\cdot 3H_2O$ 溶于 1 L 水中
碳酸钠	Na_2CO_3	2 mol/L	212 g Na_2CO_3 溶于 1 L 水中
硫化钠	Na_2S	2 mol/L	480 g $Na_2S\cdot 9H_2O$ 及 40 g NaOH 溶于适量水中，稀释至 1 L(临用前配制)
亚硫酸钠	Na_2SO_3	饱和	将 Na_2SO_3 溶于水，使其饱和
氯化亚锡	$SnCl_2$	0.25 mol/L	56.5 g $SnCl_2\cdot 2H_2O$ 溶于 230 mL 12 mol/L 浓盐酸中，用水稀释至 1 L 并加入几粒锡粒
乙酸铅	$Pb(Ac)_2$	0.25 mol/L	95 g $Pb(Ac)_2\cdot 2H_2O$ 溶于 500 mL 水中及 10 mL 17 mol/L 冰醋酸中，加水稀释至 1 L
过氧化氢	H_2O_2	3%	100 mL 30% H_2O_2 加水稀释至 1 L
		6%	200 mL 30% H_2O_2 加水稀释至 1 L
溴水		饱和	3.2 mL 溴注入有 1 L 水的具塞磨口瓶中，振荡至饱和(临用前配制)
碘水		0.5 mol/L	127 g I_2 及 200 g KI 溶于尽可能少的水中，稀释至 1 L
硫代乙酰胺	TAA	5 g/L	50 g TAA 溶于 1 L 水中
甲基紫		1 g/L	1 g 甲基紫溶于 1 L 水中，临用前配制
硫脲		25 g/L	25 g 硫脲溶于 1 L 水中
邻二氮菲		5 g/L	5 g 邻二氮菲溶于少量乙醇中，加水稀释至 1 L
铝试剂		1 g/L	1 g 铝试剂溶于 1 L 水中
镁试剂 I		0.1 g/L	0.1 g 镁试剂 I 溶于 1 L 2 mol/L NaOH 溶液中
EDTA		0.1 mol/L	37.2 g EDTA 溶于水，稀释至 1 L
丁二酮肟		10 g/L	10 g 丁二酮肟溶于 1 L 乙醇中
奈氏试剂			115 g HgI_2 及 80 g KI 溶于适量水中，稀释至 500 mL，再加入 500 mL 6 mol/L NaOH 溶液，搅拌后静置，取其清液使用
品红		1 g/L	1 g 品红溶于 1 L 水中
无色品红			于 1 g/L 品红溶液中，滴加 $NaHSO_3$ 溶液至红色褪去
淀粉		10 g/L	10 g 淀粉用水调成糊状，倾入 1 L 沸水中，再煮沸几分钟。冷却后使用(临用时配制)
对氨基苯磺酸		4 g/L	4 g 对氨基苯磺酸溶于 100 mL 17 mol/L HAc 及 900 mL 水中

5. 常用指示剂

1)酸碱指示剂

指示剂名称	变色范围 pH	颜色变化	配制方法
甲酚红	0.2～1.8	红～黄	0.04 g 指示剂溶于 100 mL 50%乙醇中
百里酚蓝(麝香草酚蓝)	1.2～2.8	红～黄	0.1 g 指示剂溶于 100 mL 20%乙醇中
二甲基黄	2.9～4.0	红～黄	0.1 g 或 0.01 g 指示剂溶于 100 mL 90%乙醇中
甲基橙	3.1～4.4	红～橙黄	0.1 g 指示剂溶于 100 mL 水中
溴酚蓝	3.0～4.6	黄～蓝	0.1 g 指示剂溶于 100 mL 20%乙醇中
刚果红	3.0～5.2	蓝紫～红	0.1 g 指示剂溶于 100 mL 水中
溴甲酚绿	3.8～5.4	黄～蓝	0.1 g 指示剂溶于 100 mL 20%乙醇中
甲基红	4.4～6.2	红～黄	0.1 g 或 0.2 g 指示剂溶于 100 mL 20%乙醇中
溴酚红	5.0～6.8	黄～红	0.1 g 或 0.04 g 指示剂溶于 100 mL 20%乙醇中
溴甲酚紫	5.2～6.8	黄～紫红	0.1 g 指示剂溶于 100 mL 20%乙醇中
溴百里酚蓝	6.0～7.6	黄～蓝	0.05 g 指示剂溶于 100 mL 20%乙醇中
中性红	6.8～8.0	红～亮黄	0.1 g 指示剂溶于 100 mL 20%乙醇中
酚红	6.8～8.0	黄～红	0.1 g 指示剂溶于 100 mL 20%乙醇中
甲酚红	7.2～8.8	亮黄～紫红	0.1 g 指示剂溶于 100 mL 50%乙醇中
百里酚蓝(麝香草酚蓝)	8.0～9.0	黄～蓝	0.1 g 指示剂溶于 100 mL 20%乙醇中
酚酞	8.2～10.0	无～淡粉	0.1 g 或 1 g 指示剂溶于 90 mL 乙醇，加水至 100 mL
百里酚酞	9.4～10.6	无～蓝	0.1 g 指示剂溶于 90 mL 乙醇，加水至 100 mL

2)混合酸碱指示剂

指示剂名称	变色 pH	颜色		配制方法
		酸	碱	
甲基橙-靛蓝(二磺酸)	4.1	紫	黄绿	一份 1 g/L 甲基橙溶液 一份 2.5 g/L 靛蓝(二磺酸)水溶液
溴百里酚绿-甲基橙	4.3	黄	蓝绿	一份 1 g/L 溴百里酚绿钠盐水溶液 一份 2 g/L 甲基橙水溶液
溴甲酚绿-甲基红	5.1	酒红	绿	三份 1 g/L 溴甲酚绿乙醇溶液 二份 2 g/L 甲基红乙醇溶液
甲基红-亚甲基蓝	5.4	红紫	绿	一份 2 g/L 甲基红乙醇溶液 一份 1 g/L 亚甲基蓝乙醇溶液
溴甲酚紫-溴百里酚蓝	6.7	黄	蓝紫	一份 1 g/L 溴甲酚紫钠盐水溶液 一份 1 g/L 溴百里酚蓝钠盐水溶液
中性红-亚甲基蓝	7.0	紫蓝	绿	一份 1 g/L 中性红乙醇溶液 一份 1 g/L 亚甲基蓝乙醇溶液
溴百里酚蓝-酚红	7.5	黄	绿	一份 1 g/L 溴百里酚蓝钠盐水溶液 一份 1 g/L 酚红钠盐水溶液
甲酚红-百里酚蓝	8.3	黄	紫	一份 1 g/L 甲酚红钠盐水溶液 三份 1 g/L 百里酚蓝钠盐水溶液

3）金属离子指示剂

指示剂名称	颜色		配制方法
	游离态	化合态	
铬黑 T（EBT）	蓝	红	（1）将 0.2 g 铬黑 T 溶于 15 mL 三乙醇胺及 5 mL 乙醇中；（2）将 1 g 铬黑 T 与 100 g NaCl 研细混匀
钙指示剂	蓝	酒红	0.5 g 钙指示剂与 100 g NaCl 研细混匀
二甲酚橙（XO）	黄	红	0.2 g 二甲酚橙溶于 100 mL 去离子水中
K-B 指示剂	蓝	红	0.5 g 酸性铬蓝 K、1.25 g 萘酚绿 B 及 25 g 硫酸钾研细混匀
磺酸水杨酸	无	红	10 g 磺酸水杨酸溶于 100 mL 水中
PAN 指示剂	黄	红	0.1 g 或 0.2 g PAN 溶于 100 mL 乙醇中

4）氧化还原指示剂

指示剂名称	变色电位 φ/V	颜色		配制方法
		氧化态	还原态	
二苯胺	0.76	紫	无	将 1 g 二苯胺在搅拌下溶于 100 mL 浓硫酸和 100 mL 浓磷酸，储于棕色瓶中
二苯胺磺酸钠	0.85	紫	无	将 0.5 g 二苯胺磺酸钠溶于 100 mL 水中，必要时过滤
邻菲咯啉-Fe（Ⅱ）	1.06	淡蓝	红	将 0.5 g $FeSO_4 \cdot 7H_2O$ 溶于 100 mL 水中，加 2 滴硫酸，加 0.5 g 邻菲咯啉
邻苯氨基苯甲酸	1.08	紫红	无	将 0.2 g 邻苯氨基苯甲酸加热溶解于 100 mL 0.2% Na_2CO_3 溶液中，必要时过滤

5）沉淀及吸附指示剂

指示剂名称	颜色变化		配制方法
铬酸钾	黄	砖红	5 g 铬酸钾溶于 100 mL 水中
硫酸铁铵（40%饱和溶液）	无	血红	40 g $NH_4Fe(SO_4)_2 \cdot 12H_2O$ 溶于 100 mL 水中，加数滴浓硝酸
荧光黄	绿色荧光	玫瑰红	0.5 g 荧光黄溶于乙醇，并用乙醇稀释至 100 mL
二氯荧光黄	绿色荧光	玫瑰红	0.1 g 二氯荧光黄溶于 100 mL 水中
曙红	橙	深红	0.5 g 曙红溶于 100 mL 水中

6. 常用缓冲溶液

pH	配制方法
0	1 mol/L HCl 溶液（当不允许有 Cl^- 时，用硝酸）
1.0	0.1 mol/L HCl 溶液（当不允许有 Cl^- 时，用硝酸）
2.0	0.01 mol/L HCl 溶液（当不允许有 Cl^- 时，用硝酸）
3.6	8 g $NaAc \cdot 3H_2O$ 溶于适量水中，加 134 mL 6 mol/L HAc 溶液，用水稀释至 500 mL
4.0	60 mL 冰醋酸和 16 g 无水乙酸钠溶于 100 mL 水中，用水稀释至 500 mL
4.5	30 mL 冰醋酸和 30 g 无水乙酸钠溶于 100 mL 水中，用水稀释至 500 mL

续表

pH	配制方法
5.0	30 mL 冰醋酸和 60 g 无水乙酸钠溶于 100 mL 水中，用水稀释至 500 mL
5.4	40 g 六次甲基四胺溶于 90 mL 水中，加 20 mL 6 mol/L HCl 溶液
5.7	100 g $NaAc \cdot 3H_2O$ 溶于适量水中，加 13 mL 6 mol/L HAc 溶液，用水稀释至 500 mL
7.0	77 g NH_4Ac 溶于适量水中，用水稀释至 500 mL
7.5	66 g　NH_4Cl 溶于适量水中，加 1.4 mL 浓氨水，用水稀释至 500 mL
8.0	50 g　NH_4Cl 溶于适量水中，加 3.5 mL 浓氨水，用水稀释至 500 mL
8.5	40 g　NH_4Cl 溶于适量水中，加 8.8 mL 浓氨水，用水稀释至 500 mL
9.0	35 g　NH_4Cl 溶于适量水中，加 24 mL 浓氨水，用水稀释至 500 mL
9.5	30 g　NH_4Cl 溶于适量水中，加 65 mL 浓氨水，用水稀释至 500 mL
10.0	27 g　NH_4Cl 溶于适量水中，加 175 mL 浓氨水，用水稀释至 500 mL
11.0	3 g　NH_4Cl 溶于适量水中，加 207 mL 浓氨水，用水稀释至 500 mL
12.0	0.01 mol/L NaOH 溶液（当不允许有 Na^+时，用 KOH）
13.0	0.1 mol/L NaOH 溶液（当不允许有 Na^+时，用 KOH）

附录 3　几种酸碱含量、相对密度、浓度对照表

1. 盐酸

含量/%	相对密度（20℃）	质量浓度/(g/L)	摩尔浓度/(mol/L)
1.00	1.0049	10.0	0.275
2.00	1.0098	20.2	0.553
3.00	1.0148	30.4	0.833
4.00	1.0197	40.7	1.116
5.00	1.0246	51.1	1.402
6.00	1.0296	61.7	1.691
7.00	1.0345	72.3	1.982
8.00	1.0395	83.0	2.276
9.00	1.0445	93.8	2.573
10.00	1.0494	104.8	2.872
11.00	1.0544	115.8	3.175
12.00	1.0594	126.9	3.480
13.00	1.0645	138.1	3.788
14.00	1.0695	149.5	4.098
15.00	1.0745	160.9	4.412
16.00	1.0796	172.4	4.728
17.00	1.0847	184.1	5.047
18.00	1.0898	195.8	5.369
19.00	1.0949	207.7	5.694

续表

含量/%	相对密度(20℃)	质量浓度/(g/L)	摩尔浓度/(mol/L)
20.00	1.1000	219.6	6.022
22.00	1.1102	243.8	6.686
24.00	1.1205	268.4	7.361
26.00	1.1308	293.5	8.047
28.00	1.1411	318.9	8.745
30.00	1.1513	344.8	9.454
32.00	1.1614	371.0	10.173
34.00	1.1714	397.6	10.901
36.00	1.1812	424.5	11.639
38.00	1.1907	451.7	12.385
40.00	1.1999	479.1	13.137

2. 硫酸

含量/%	相对密度(20℃)	质量浓度/(g/L)	摩尔浓度/(mol/L)
1.00	1.0067	10.0	0.102
5.00	1.0336	51.6	0.526
10.00	1.0680	106.6	1.087
15.00	1.1039	165.3	1.685
20.00	1.1418	228.0	2.324
24.00	1.1735	281.1	2.866
28.00	1.2052	336.9	3.435
30.00	1.2213	365.7	3.736
34.00	1.2540	425.6	4.339
38.00	1.2878	488.5	4.981
40.00	1.3051	521.1	5.313
44.00	1.3410	589.0	6.005
48.00	1.3783	660.4	6.734
50.00	1.3977	697.6	7.113
54.00	1.4377	775.0	7.901
58.00	1.4796	856.7	8.734
60.00	1.5013	899.2	9.168
64.00	1.5448	986.9	10.062
68.00	1.5902	1079.4	11.005
70.00	1.6314	1127.4	11.495
74.00	1.6603	1226.5	12.505
78.00	1.7073	1329.4	13.554
80.00	1.7303	1381.8	14.088
84.00	1.7724	1486.2	15.153
88.00	1.8054	1585.9	16.169
90.00	1.8176	1633.0	16.650

续表

含量/%	相对密度(20℃)	质量浓度/(g/L)	摩尔浓度/(mol/L)
92.00	1.8272	1678.1	17.110
94.00	1.8344	1721.3	17.550
96.00	1.8388	1762.1	17.966
98.00	1.8394	1799.4	18.346
100.00	1.8337	1830.5	18.663

3. 硝酸

含量/%	相对密度(20℃)	质量浓度/(g/L)	摩尔浓度/(mol/L)
1.00	1.0054	10.0	0.159
2.00	1.0109	20.2	0.320
3.00	1.0164	30.4	0.483
4.00	1.0220	40.8	0.648
5.00	1.0276	51.3	0.814
6.00	1.0332	61.9	0.982
7.00	1.0389	72.6	1.152
8.00	1.0446	83.4	1.324
9.00	1.0504	94.4	1.497
10.00	1.0562	105.4	1.673
11.00	1.0620	116.6	1.850
12.00	1.0679	127.9	2.030
13.00	1.0739	139.4	2.211
14.00	1.0799	150.9	2.395
15.00	1.0859	162.6	2.580
16.00	1.0921	174.4	2.768
17.00	1.0982	186.4	2.957
18.00	1.1044	198.4	3.149
19.00	1.1107	210.7	3.343
20.00	1.1170	223.0	3.533
22.00	1.1297	248.1	3.937
24.00	1.1426	273.7	4.344
26.00	1.1557	299.9	4.759
28.00	1.1688	326.7	5.184
30.00	1.1822	354.0	5.618
32.00	1.1955	381.9	6.060
34.00	1.2090	410.3	6.511
36.00	1.2224	439.3	6.970
38.00	1.2357	468.7	7.438
40.00	1.2489	498.7	7.913

4. 磷酸

含量/%	相对密度(20℃)	质量浓度/(g/L)	摩尔浓度/(mol/L)
1.00	1.0056	10.0	0.102
2.00	1.0110	20.2	0.206
3.00	1.0164	30.4	0.311
4.00	1.0218	40.8	0.416
5.00	1.0272	51.3	0.523
6.00	1.0327	61.9	0.631
7.00	1.0381	72.5	0.740
8.00	1.0437	83.3	0.850
9.00	1.0493	94.3	0.962
10.00	1.0550	105.3	1.075
11.00	1.0607	116.5	1.189
12.00	1.0665	127.8	1.304
13.00	1.0724	139.2	1.420
14.00	1.0784	150.7	1.538
15.00	1.0844	162.4	1.657
16.00	1.0905	174.2	1.777
17.00	1.0966	186.1	1.899
18.00	1.1028	198.2	2.022
19.00	1.1091	210.4	2.146
20.00	1.1154	222.7	2.272
22.00	1.1283	247.8	2.528
24.00	1.1415	273.5	2.790
26.00	1.1549	299.7	3.059
28.00	1.1685	326.6	3.333
30.00	1.1825	354.1	3.613
32.00	1.1966	382.2	3.900
34.00	1.2111	411.0	4.194
36.00	1.2257	440.5	4.495
38.00	1.2407	470.6	4.802
40.00	1.2558	501.4	5.117

5. 氢氧化钠

含量/%	相对密度(20℃)	质量浓度/(g/L)	摩尔浓度/(mol/L)
1.00	1.00113	10.1	0.252
2.00	1.0225	20.4	0.510
3.00	1.0336	31.0	0.774
4.00	1.0446	41.7	1.043
5.00	1.0557	52.7	1.317
6.00	1.0667	63.9	1.597
7.00	1.0777	75.3	1.882

续表

含量/%	相对密度(20℃)	质量浓度/(g/L)	摩尔浓度/(mol/L)
8.00	1.0888	86.9	2.173
9.00	1.0998	98.8	2.470
10.00	1.1109	110.9	2.772
11.00	1.1219	123.2	3.079
12.00	1.1329	135.7	3.392
13.00	1.1440	148.5	3.710
14.00	1.1550	161.4	4.034
15.00	1.1661	174.6	4.364
16.00	1.1771	188.0	4.699
17.00	1.1882	201.6	5.040
18.00	1.1993	215.5	5.386
19.00	1.2103	229.6	5.737
20.00	1.2214	243.8	6.094
22.00	1.2434	273.1	6.825
24.00	1.2653	303.1	7.576
26.00	1.2871	334.0	8.349
28.00	1.3087	365.8	9.142
30.00	1.3301	398.3	9.956
32.00	1.3512	431.6	10.788
34.00	1.3721	465.7	11.639
36.00	1.3926	500.5	12.508
38.00	1.4127	535.9	13.394
40.00	1.4324	571.9	14.295

6. 市售酸、碱试剂

试剂	相对密度(20℃)	质量浓度/(g/L)	含量/%
冰醋酸	1.05	17.4	99.7
乙酸	1.05	6.0	37.0
氨水	0.9	14.8	28.0
苯胺	1.022	11.0	99.0
盐酸	1.19	11.9	36.5
氢氟酸	1.14	27.4	48.0
硝酸	1.42	15.8	70.0
高氯酸	1.67	11.6	70.0
磷酸	1.69	14.6	85.0
硫酸	1.84	17.8	95.0
三乙醇胺	1.124	7.5	85.0/97.0

附录 4 关于毒性、危害性化学药品的知识

1. 化学药品、试剂毒性分类参考举例

1) 致癌物质

黄曲霉素 B_1
亚硝胺
3, 4-苯并芘等（以上为强致癌物质）
2-乙酰氨基芴
4-氨基联苯
联苯胺及其盐类
3, 3-二氯联苯胺
4-二甲基氨基偶氮苯
1-萘胺
2-萘胺
N-亚硝基邻甲胺
β-丙内酯
乙撑亚胺
氯甲基甲醚
4, 4-甲叉（双）-2-氯苯胺
二硝基苯
羰基镍
氯乙烯
间苯二酚
二氯甲醚
……

2) 剧毒品

六氯苯　羰基铁　氰化钠　氢氟酸　氢氰酸　氯化氰
氯化汞　砷酸汞　汞蒸气　砷化氢　光气　氟光气
磷化氢　三氧化二砷　有机砷化物　有机磷化物　有机氟化物　有机硼化物
丙烯腈　铍及其化合物　乙腈　……

3) 高毒品

氟化钠　对二氯苯　甲基丙烯腈　丙酮氰醇　二氯乙烷　三氯乙烷
偶氮二异丁腈　黄磷　三氯氧磷　五氯化磷　三氯化磷　五氧化二磷
三氯甲烷　溴甲烷　二乙烯酮　氧化亚氮　铊化合物　四乙基铅
四乙基锡　三氯化锑　溴水　氯气　五氧化二钒　二氧化锰
二氯硅烷　三氯甲硅烷　苯胺　硫化氢　硼烷　氯化氢
氟乙酸　丙烯醛　乙烯酮　氟乙酰胺　碘乙酸乙酯　溴乙酸乙酯
氯乙酸乙酯　有机氯化物　芳香胺　叠氮钠　砷化钠　……

4) 中毒品

苯　四氯化碳　三氯硝基甲烷　乙烯吡啶　三硝基甲苯　五氯酚钠
硫酸　砷化镓　丙烯酰胺　环氧乙烷　环氧氯丙烷　烯丙醇
二氯丙醇　糠醛　三氟化硼　四氯化硅　硫酸镉　氯化镉
硝酸　甲醛　甲醇　肼（联氨）　二硫化碳　甲苯
二甲苯　一氧化碳　一氧化氮　……

5) 低毒品

三氯化铝　钼酸　间苯二胺　正丁醇　叔丁醇　乙二醇
丙烯酸　甲基丙烯酸　顺丁烯二酸酐　二甲基甲酰胺　己内酰胺　亚铁氰化钾
铁氰化钾　氨及氢氧化铵　四氯化锡　氯化锗　对氯苯胺　硝基苯
三硝基甲苯　对硝基氯苯　二苯甲烷　苯乙烯　二乙烯苯　邻苯二甲酸
四氢呋喃　吡啶　三苯基膦　烷基铝　苯酚　三硝基酚
对苯二酚　丁二烯　异戊二烯　氢氧化钾　盐酸　氯磺酸
乙醚　丙酮　……

2. 有毒化学物质对人体的危害

1) 骨骼损害

长期接触氟可引起氟骨症。磷中毒可引起下颌改变，严重者发生下颌骨坏死。长期接触

氯乙烯可导致肢端溶骨症，即指骨末端发生骨缺损。中毒可引起骨软化。

2) 眼损害

生产性毒物引起的眼损害分为接触性和中毒性两类。接触性眼损害主要是指酸、碱及其他腐蚀性毒物引起的眼灼伤。眼部的化学灼伤救治不及时可造成终生失明。引起中毒性眼损害最主要的毒物为甲醇和三硝基甲苯，甲醇急性中毒者的眼部表现为视觉模糊、眼球压痛、畏光、视力减退、视野缩小等症状；严重中毒时可导致复视、双目失明。慢性三硝基甲苯中毒的主要临床表现之一为中毒性白内障，即眼晶状体发生浑浊，浑浊一旦出现，停止接触不会自行消退，晶状体全部浑浊时可导致失明。

3) 皮肤损害

职业性疾病中常见、发病率最高的是职业性皮肤病，其中由化学性因素引起者占多数。引起皮肤损害的化学性物质分为原发性刺激物、致敏物和光敏感物。常见原发性刺激物为酸类、碱类、金属盐、溶剂等；常见皮肤致敏物有金属盐类(如铬盐、镍盐)、合成树脂类、染料、橡胶添加剂等；光敏感物有沥青、焦油、吡啶、蒽、菲等。常见的职业性皮肤病包括接触性皮炎、油疹及氯痤疮、皮肤黑变病、皮肤溃疡、角化过度及皲裂等。

4) 化学灼伤

化学灼伤是化工生产中的常见急症，是指由化学物质对皮肤、黏膜刺激及化学反应热引起的急性损害。按临床表现分为体表(皮肤)化学灼伤、呼吸道化学灼伤、消化道化学灼伤、眼化学灼伤。常见的致伤物有酸、碱、酚类、黄磷等。某些化学物质在致伤的同时可经皮肤黏膜吸收引起中毒，如黄磷灼伤、酚灼伤、氯乙酸灼伤，甚至导致死亡。

5) 职业性肿瘤

接触职业性致癌性因素而引起的肿瘤称为职业性肿瘤。国际癌症研究机构(International Agency for Research on Cancer，IARC) 1994 年公布了对人肯定有致癌性的 63 种物质或环境。致癌物质有苯、钛及其化合物、镉及其化合物、六价铬化合物、镍及其化合物、环氧乙烷、砷及其化合物、α-萘胺、4-氨基联苯、联苯胺、煤焦油沥青、石棉、氯甲醚等；致癌环境有煤的气化、焦炭生产等场所。我国 1987 年颁布的职业病名单中规定：石棉所致肺癌、间皮瘤；联苯胺所致膀胱癌；苯所致白血病；氯甲醚所致肺癌；砷所致肺癌、皮肤癌；氯乙烯所致肝血管肉瘤；焦炉工人肺癌和铬酸盐制造工人肺癌为法定的职业性肿瘤。

毒物引起的中毒易造成多器官、多系统的损害，如常见毒物铅可引起神经系统、消化系统、造血系统及肾脏损害；三硝基甲苯中毒可导致白内障、中毒性肝病、贫血等。同一种毒物引起的急性和慢性中毒，症状表现也有很大差别。例如，苯急性中毒主要表现为对中枢神经系统的麻醉，而慢性中毒主要表现为造血系统的损害。此外，有毒化学物质对机体的危害还取决于一系列因素和条件，如毒物本身的特性(化学结构、理化特性)，毒物的剂量、浓度和作用时间，毒物的联合作用，个体的感受性等。总之，机体与有毒化学物质之间的相互作用是一个复杂的过程，中毒后的表现千变万化，了解和掌握这些过程和表现将有助于对化学物质中毒的防治。